# これでわかる
# 電気化学

矢野 潤・木谷 晧 共著

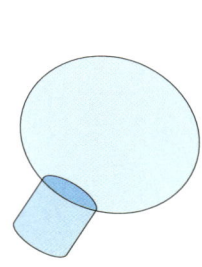

三共出版

# まえがき

　本書は高等専門学校，短期大学や大学の理工学系の学部の専門課程の電気化学の教科書あるいは参考書として書かれたものである。電気化学は，電池，スーパーキャパシタ，センサ，防食材料，メッキ，電解精錬など多種多様な実用面の研究開発の基盤となる重要な学問である。このため，各国や国際間で化学会とは別に独立した学協会が存在し，多くの学会誌や学術雑誌が刊行されている。

　電気化学は物理化学の一分野ではあるが，上述したような重要性から化学系や材料系の大学および短期大学の学部・学科や工業高等専門学校においては，物理化学とは別に電気化学の講義を行っている場合が多い。また，学科によっては，物理化学が開講されていなくても電気化学の講義は開講されている場合もある。いずれにしても，その講義は週1回程度で半期か通年で開講されている。電気化学の教科書は優れたものがいくつか出版されているが，取り扱われている内容が多く，週1回程度で通年の講義でさえそれらのすべてを講述することは不可能と思われる。またいくつかの大学においては，物理化学における熱力学を履修していない学生が受講する場合も多くある。そうした学生向けの教科書はほとんど見受けられない。さらに週1回半期で講述する場合，重要な箇所を最低限講述する必要がある。こうした背景から本書の執筆を思い立った訳である。

　本書は大学の教養課程の化学の知識がなくても，理解できるように配慮した。たとえば，化学熱力学のギブスの自由エネルギーや化学ポテンシャルの内容を知らなくても理解できるように努めた。しかし，最低限に必要な基礎知識はなるべく説明するように努め，必要に応じて「発展」の項に少し高度な内容を加えた。この「発展」の項はさらに理解したい読者のためのもので，実際の講義時には自由に取捨選択してかまわない。

　全般的な内容としては，基礎的事項のみだけでなく，実用電池などの応用例についても解説し，そのバランスにも留意した。各項目はなるべく見開き2ページになるようにし，図などを用いてわかりやすく記述するように努力した。また，演習問題を充実させることを試みた。本文中に解き方を詳しく解説した例題，そしてその例題から円滑に移行できる問題を配した。

　本書の形式や内容が学生の実力向上に最適なものとは限らない。わかりやすさを重視したばかりに厳密性を欠いた説明になったり，説明不足の個所があったり，執筆者らの浅学のために生じた間違いや誤解を生む箇所などもあるに違いない。執筆者は相互に緊密に連絡・相談し合って調整に努めてきたつもりであるが，不備な点などもあると思われる。これらの点に関しては，本書を使用される諸賢の愛情ある御叱正により，改めるべきところは改めて期待に添えるような良書に近づけたいと切に念願している次第である。

　本書は単位や物理定数，標準電極電位，イオンの導電率などのデータを記載していない。なお，もし参考にしたい場合は，初学者用として渡辺正他「電気化学」（丸善），一般用として大堺利行他「ベーシック電気化学」（化学同人）などを参照するとよい。

　電気化学に興味をお持ちの方が研究・開発の状況を知りたければ，以下のような学協会誌や学術雑誌の刊行物を参照していただければよい。

　　*Electrochimica Acta*
　　*Electrochemistry Communications*

*Journal of The Electrochemical Society*
*Electrochemistry Letters*
*Electrochemistry*
*Journal of Applied Electrochemistry*
*Journal of Solid state Electrochemistry*
*Journal of Electroanalytical Chemistry*

　終わりに，本書を完成させ発刊させるにあたって多大な御支援と御声援を賜った三共出版株式会社の飯野久子氏，秀島功氏をはじめご関係された各位に感謝したい。

平成 26 年 2 月 10 日

矢野　潤
木谷　晧

# 目　　次

## 1　はじめに
1.1　身のまわりの電気化学製品 ……………………………………… 2
1.2　電気化学の歴史（学術編） ……………………………………… 4
1.3　電気化学の歴史（技術編） ……………………………………… 6
演習問題 ……………………………………………………………… 9

## 2　物質と電気
2.1　導電率の測定 ……………………………………………………… 12
2.2　電子伝導とイオン伝導 …………………………………………… 15
2.3　電子伝導（導体と半導体） ……………………………………… 17
2.4　イオン伝導（強電解質溶液の場合） …………………………… 20
2.5　イオン伝導（弱電解質溶液の場合） …………………………… 22
2.6　発展　活　　量 …………………………………………………… 24
2.7　発展　輸　　率 …………………………………………………… 26
2.8　電気化学とは ……………………………………………………… 28
2.9　電気化学システムで何ができるか ……………………………… 29
2.10　電気化学システムの構成要素 …………………………………… 30
演習問題 ……………………………………………………………… 31

## 3　電極電位
3.1　電気的仕事（電気エネルギー） ………………………………… 34
3.2　電　極　電　位 …………………………………………………… 35
3.3　ネルンストの式 …………………………………………………… 36
3.4　標準電極電位(1)：イオン化傾向 ………………………………… 38
3.5　標準電極電位(2)：電池の起電力 ………………………………… 40
3.6　標準電極電位(3)：平衡定数 ……………………………………… 42
3.7　発展　濃　淡　電　池 …………………………………………… 44
3.8　発展　膜電位と液間電位 ………………………………………… 46
3.9　発展　ギブズエネルギー（定義と性質） ……………………… 48
3.10　発展　標準生成ギブズエネルギー ……………………………… 49
演習問題 ……………………………………………………………… 51

## 4 電流と電位の関係

- 4.1 電池や電解における電流と反応速度 …… 54
- 4.2 過電圧と電流の関係 …… 56
- 4.3 ターフェルの式 …… 57
- 4.4 交換電流（$I_0$） …… 58
- 4.5 発展 移転係数（$\alpha$） …… 60
- 4.6 濃度過電圧 …… 62
- 4.7 限界電流の決定因子 …… 64
- 4.8 発展 拡散律速の場合の電流の時間変化 …… 65
- 4.9 発展 ボルタンメトリー …… 66
- 4.10 発展 各種電気化学測定法 …… 69
- 演習問題 …… 72

## 5 電極表面の過程

- 5.1 電解槽の電位分布 …… 74
- 5.2 電気二重層の構造 …… 75
- 5.3 発展 電気二重層キャパシター …… 77
- 5.4 電極触媒 …… 79
- 5.5 金属の析出 …… 80
- 5.6 半導体電極 …… 82
- 5.7 発展 電極表面の修飾 …… 85
- 5.8 金属の腐食 …… 87
- 5.9 金属の防食 …… 88
- 5.10 発展 平衡電位と混成電位 …… 89
- 演習問題 …… 91

## 6 電池

- 6.1 実用電池の条件 …… 94
- 6.2 電池の電流-電圧特性 …… 96
- 6.3 一次電池 …… 97
- 6.4 二次電池(1)：アルカリ二次電池 …… 99
- 6.5 二次電池(2)：リチウムイオン二次電池 …… 102
- 6.6 発展 電気自動車用の電池 …… 103
- 6.7 燃料電池(1)：燃料電池とは …… 104
- 6.8 燃料電池(2)：低温型燃料電池 …… 106

6.9　燃料電池(3)：高温型燃料電池 …………………………… 107
6.10　太 陽 電 池 ……………………………………………………… 110
6.11　発展　湿式太陽電池 …………………………………………… 111
演習問題 …………………………………………………………………… 113

## 7　電　解

7.1　ファラデーの法則 ……………………………………………… 116
7.2　電解の効率 ……………………………………………………… 119
7.3　定電位電解と定電流電解 ……………………………………… 121
7.4　電解プロセスの応用例 ………………………………………… 123
7.5　水　電　解 ……………………………………………………… 125
7.6　食 塩 電 解 ……………………………………………………… 126
7.7　アルミニウム電解 ……………………………………………… 128
7.8　銅の電解精錬 …………………………………………………… 129
7.9　発展　有機電解合成 …………………………………………… 130
7.10　発展　電 着 塗 装 ……………………………………………… 131
演習問題 …………………………………………………………………… 132

## 8　センサ

8.1　電位と電流どちらを測るか …………………………………… 134
8.2　参 照 電 極 ……………………………………………………… 135
8.3　イオン選択性電極(1)：ガラス電極 …………………………… 136
8.4　イオン選択性電極(2)：固体膜と液体膜 ……………………… 137
8.5　発展　イオン感応性 FET ……………………………………… 139
8.6　アンペロメトリックセンサ …………………………………… 141
8.7　発展　バイオセンサ …………………………………………… 144
8.8　固体電解質型ガスセンサ ……………………………………… 145
8.9　発展　半導体ガスセンサ ……………………………………… 147
8.10　発展　温度センサ（熱電対とサーミスタ） ………………… 148
演習問題 …………………………………………………………………… 150

解　　答 …………………………………………………………………… 151
索　　引 …………………………………………………………………… 163

# 1　はじめに

「電気化学」という言葉を聞いていったいどんな学問を想像するだろうか。

電気が関係する化学ということは誰でも思うところで，東京帝国大学教授で電気化学者であった亀山直人（1890～1963）は次のように表現している。

「電気化学とは，化学の一部門で物質の化学的性質もしくは化学反応と電気との関係を研究する科学である」。

現在，市販されている電気化学の教科書も同様のことが記載されている。

具体的な内容については，次章以降に譲ることとし，ここでは電気化学が私たちの身のまわりのどういったところに関わっているかを電気化学製品ということで見ることにする。

また，電気化学に関係する歴史を学術的な見地と技術的な見地から簡単に見ていくことにする。

ナポレオンにパイル（電池）を説明するボルタ　ベルティーニ画（1897）
(A. Volta spiega la pila a Napoleone dipinto di G. Bertini)
イタリアのコモ湖畔のボルタ博物館で売られている絵葉書

## 1.1 身のまわりの電気化学製品

図 1-1 に示した私たちの身のまわりの製品のうち，電気化学に関係するものをいくつか見ていこう。

図 1-1 電気化学に関係している日常的な製品の例

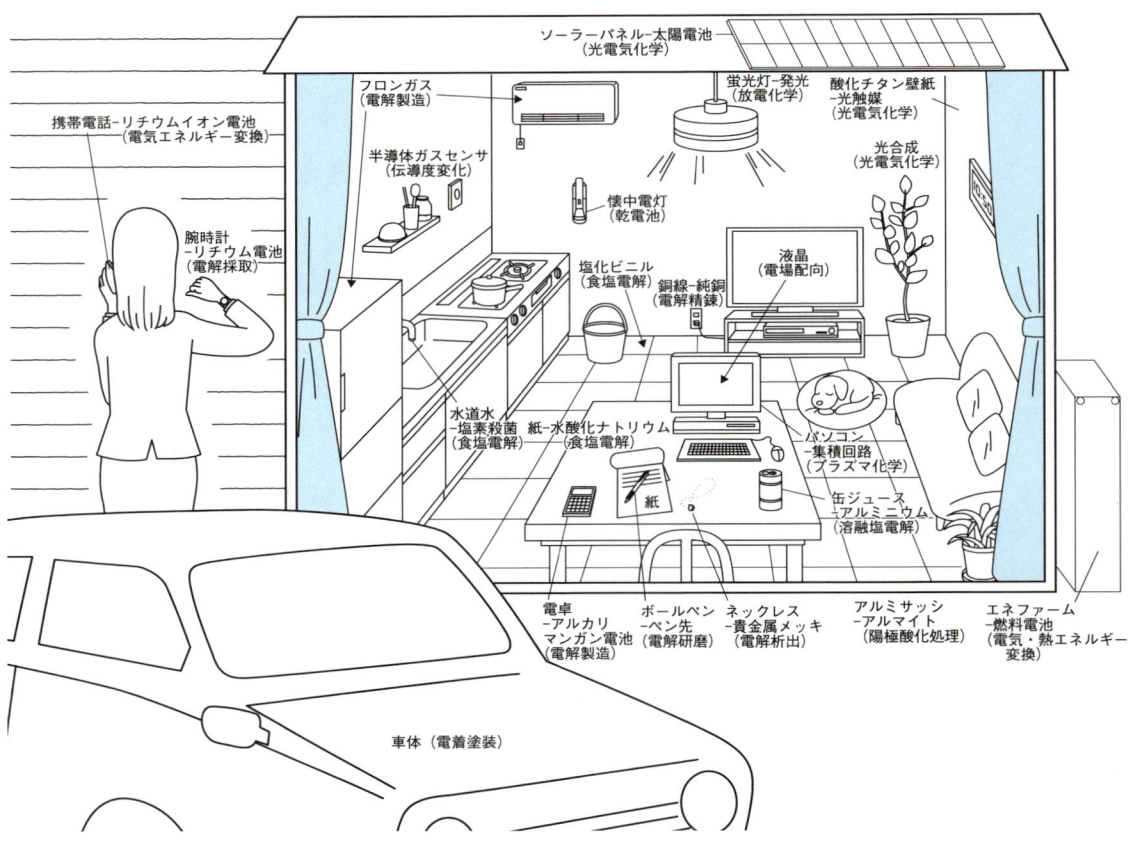

① 直接的な電気化学製品

電気化学の現象（反応）を直接利用している電気化学製品として，私たちの身のまわりを眺めてみてすぐに目につくのは**電池**である。電池は化学反応で発生したエネルギーを電気エネルギーに変換するものである。電池には，乾電池，充電できる携帯電話や車の電池，そして近年話題になってきている燃料電池などがある。他方，センサ，液晶表示，蛍光灯なども電気化学の現象（反応）を直接利用している電気化学製品である。意外に思うかもしれないが，植物の光合成も電気化学反応を利用しており，自然が作り出した電気化学製品といえる。

② 電気分解を用いて得られる電気化学製品

電池とは逆に，電気をかけて反応を起こすことを**電気分解**という。中学校や高等学校の化学の実験で行なわれる水の電気分解が，最もなじみ深いものである。電気分解といえば，何かを電気で分解するといったイメージがあるかもしれないが，電気をかけて化学反応を起こさせて何かを生成させることをいう。

たとえば，金属である銅やアルミニウムが電気分解による電解精錬や電解採取で得られるのは，よく知られているが，塩素，フッ素，水酸化ナトリウムなども電気分解の手法を用いて製造されている。これらは，電線などの銅製品，サッシなどのアルミニウム製品，ポリバケツなどの塩化ビニル製品，フロンなどの冷媒フッ素樹脂加工した鍋など，製造過程で水酸化ナトリウムを必要とする紙などの原料である。したがって，これらの原料を必要とする多種多様な製品も，電気化学の電気分解という方法なしでは製造することができない。そうした意味ではこれらも電気化学製品と呼べるかもしれない。

③ 電気化学の加工法で得られる電気化学製品

電気化学の加工法も，製品の仕上げなどに必要不可欠な技術となっている場合も多い。表面を輝かせる金属メッキ，プラスチックメッキ，電着塗装なども電気化学の加工法（表面仕上げ）であり，洋食器，アクセサリー，自動車のボディー，家電製品の表面仕上げ，窓枠などの着色，などもそれらの例である。また，電子回路の配線基板，LSI，ICなどの電子素子作製にも電気化学の加工法が用いられている。

このように現代社会においては，電気化学の理論や技術なしでは得られない製品が私たちの身のまわりに多くあることを認識しておこう。

## 1.2 電気化学の歴史（学術編）

### ① 電気化学の起源と黎明

表 1-1 に学術的に見て重要な電気化学の事項を年表としてまとめた。バグダッド電池は、壺中に埋設された銅製円筒中に鉄棒が挿入されていたもので、もし壺中に酢酸などの酸を満たせば電池として動作すると思われるが、電池として使用されたという証拠は得られていない。

ガルバニは、カエルの筋肉に異種金属を接したときの電気発生を発見し、動物電気説を唱えたが、ボルタはそれが動物に起因するのではないことを、2つの異種金属間で電気が発生することを示して実証した（初めての電池の作製）。このボルタの電池（電堆）は、人類が初めて連続的に電流を使用することができるようになった最初のものであり、世紀の大発見と言えるであろう。**電気化学の起源が1800年**と言われるのはこのためである。このボルタの業績は電圧の単位（ボルト）として現在に表されている。

このボルタの電池を用いて、ウィルソンとカーライルは水の電気分解を行った（電気による化学変化を示した最初の実験）。またデイビーは、水酸化カリウムから K を、炭酸ナトリウムから Na を電解により得ることに成功した。その後電気分解によって、Mg, Ca, Sr, Ba も得られた。またそのころデイビーの助手であったファラデーは電気分解の法則を見出した。ファラデーの業績は電子1 [mol] の電気量を表す定数、ファラデー定数として現在も用いられている。

### ② 電気化学の化学に対する貢献

元素の周期表がメンデレーエフによって 1869 年に発表されたことを考慮すると、元素の発見という点からみても電気化学の化学への貢献度は大である。また、アレニウスの電離説は当時の化学者には受け入れられなかったが、オストヴァルトは有機酸の電気伝導度を測定して、アレニウスの電離説の妥当性を示した。他方、ファント・ホッフも電解質溶液の浸透圧と濃度の関係から電離説を証明した。アレニウス、オストヴァルト、ファント・ホッフは、反応速度論、平衡論、触媒などに多大な業績を残し、ノーベル賞を受賞した物理化学の先駆者であるが、電気化学が物理化学の進歩に多大な寄与を与えたのも事実である。

### ③ 電気化学の近年の発展

平衡時の活量と電位の関係を示すネルンストの式の公表以降、過電圧と電流密度の関係は実験的にはターフェル式により、理論的にはバトラー・フォルマー式により表現された。液間電位や膜電位の理論、活量係数の理論なども提出された。またヘイロウスキー（1959 年ノーベル賞受賞）と志方が発明したポーラログラフィーは現在、ボルタンメトリー[*1]へと引き継がれ、多方面の化学分野において電気化学測定法として利用されている。

---

[*1] 電位を規制して得られる電流を測定して解析する電気化学測定法の1つで、物質の酸化還元反応に関する有益な情報が得られるので広く行なわれている。

表 1-1　電気化学年表（学術的なものから重要なものを抜粋）

| 年 | 事項 | 発明者・発見者など |
|---|---|---|
| BC250-226 | バグダッド電池<br>Parthian jar cell | 1932年にイラクのバグダット東方のホーヤット・ラップア遺跡で発掘 |
| 1791 | 動物電気説 | ガルバニ（Luigi Galvani） |
| 1800 | 電池の原型（電堆） | ボルタ（Alessandro C. Volta） |
| 1800 | 水の電気分解 | ウィルソンとカーライル（William Nicholson, Sir Anthony Carlisle） |
| 1807 | アルカリ金属の電解採取 | デイビー（Sir Humphry Davy） |
| 1833 | 電気分解の法則 | ファラデー（Michael Faraday） |
| 1876 | イオン独立移動の法則 | コールラウシュ（Friedrich Wilhelm Kohlrausch） |
| 1879 | 固定電気二重層モデル | ヘルムホルツ（Hermann Ludwig Ferdinand von Helmholtz） |
| 1883 | イオンの電離説 | アレニウス（Svante August Arrhenius） |
| 1900 | 可逆電極電位の理論式（ネルンスト式） | ネルンスト（Walther Hermann Nernst） |
| 1900 | 過電圧と電流密度の関係式（ターフェル式） | ターフェル（Julius Tafel） |
| 1907 | 液間電位の理論式（ヘンダーソン式） | ヘンダーソン（P. Henderson） |
| 1911 | 半透膜の膜電位の式（ドナン膜電位） | ドナン（Frederick George Donnan） |
| 1923 | イオン活量係数に関する理論式 | デバイ（Peter Joseph William Debye）とヒュッケル（Erich Hückel） |
| 1924 | ポーラログラフィーの発明 | 志方益三とヘイロウスキー（Jaroslav Heyrovsky） |
| 1930 | 電流-過電圧の一般式（バトラー・フォルマー式） | バトラー（John Alfred Valentine Butler）とフォルマー（Max Volmer） |

## 1.3 電気化学の歴史（技術編）

### ① 実用面からみた電気化学の歴史と社会への貢献

表1-2に技術的に見て重要と思われる電気化学の事項などを年表としてまとめた。現在，私たちの社会において電気はなくてはならないものの1つであろう。電気がないということは，私たちの便利なものがほとんど使用できなくなることを意味している。ボルタが1800年に初めて電気を電池という形で手にしたことは，それだけでも電気化学が私たちの科学技術の進歩に多大な貢献をしたと言える。他方，電気分解の法則でも有名なファラデーが唱えた電磁誘導現象は交流発電機の原点となっている。ボルタの電堆（電池）を電力源として同年に水の電気分解が行なわれたが，その後に有機電解のさきがけとなるコルベ反応（カルボン酸の電解によるアルカンの製造），銅の電解精錬，アルミニウムの電解採取，食塩電解の工業化などと着々と発展し，電気分解による工業利用が確立されてきた。銅，アルミニウムや多くのものが電気分解の技術がないと得られないことを考慮すると，電気化学が担ってきている役割がいかに多大であるかがわかると思う。

他方，電池についてはボルタの電堆以降，燃料電池，鉛蓄電池，乾電池が発明され現在までに実用化されている。近年はニッケル・水素電池やリチウム電池をはじめ多くの電池が考案され現在に至っている。現在注目されている燃料電池はもとより私たちの身のまわりで当たり前となっている乾電池や蓄電池などが1800年代にはすでに考案されていることから判断しても，電気化学がいかに社会に対して貢献したかがわかる。

1900年代に入り，センサや太陽電池などの発明があり，それら以外にも多くの電気化学を基盤とした製品が実用化され今日に至っている。これらも私たちの生活の中で必要不可欠なものばかりで，現在はもちろん今後も電気化学が果たす役割は大きい。

### ② 電気化学の将来のエネルギー問題に関する期待

現代社会の電力は，石油，石炭，天然ガス，ウランなど，地球自身が有するこれらの資源でそのほとんどがまかなわれている。これらはいずれ枯渇の道を辿るうえ，利用後の廃棄物の問題がある。たとえば化石燃料の場合，イオウ酸化物，窒素酸化物，不飽和炭化水素，炭素などの微粒子など，人体に有害な物質が空気中に排出される。また，同時に排出される二酸化炭素による地球温暖化の環境問題もある。原子力発電による廃棄物は，その処理自体が未だに確立されていない。このため，代替する電力の獲得方法の研究開発が長い間叫ばれ続けてきた。おりしも2011年3月の東日本大震災に伴う東京電力の福島原子力発電所の事故は，この研究開発の重要性を私たちに再び想起させることとなった。

環境に優しい水力，風力，地熱，太陽光などの自然の恵みから電力を得る方法の実用化も大切であるが，理想的で新たなものとして**水素経済**（hydrogen economy）というシステムの実現が期待されている。電力を比較的長時間，貯えることができるのは蓄電池のみであるが，それだけでは私たちが使用する電力はまったく供給できない。そこで次の(1)〜(5)の利点から水素に軸足を置いたシステムが考案された。

(1) 水素は水の光分解や電気分解などにより得られ，水は豊富に存在するので資源的な制約がないこと
(2) 安定な気体であるため，パイプ輸送が可能であること
(3) 水素化合物として貯蔵することができること

表 1-2　電気化学技術史年表（技術的なものから重要なものを抜粋）

| 年 | 技術史の重要事項（電気化学的事項は**太字**で示す） | |
|---|---|---|
| 1712 | 蒸気機関の発明（イギリス） | |
| 1765 | 産業革命が始まる（イギリス） | |
| 1769 | 蒸気自動車の実用化（イギリス） | |
| 1821 | 電磁誘導の提案（発電機の理論）（イギリス） | |
| 1839 | **水素・酸素燃料電池の考案……グローブ（Sir William R. Grove）** | |
| 1849 | **電解酸化によるカルボン酸からのアルカンの合成（コルベ電解）……コルベ（Adolph Wilhelm Hermann Kolbe）** | 有機電解合成のさきがけ |
| 1859 | **鉛蓄電池の発明……プランテ（Gaston Planté）** | |
| 1860 | 内燃機関の発明（フランス） | |
| 1868 | **乾電池の発明……ルクランシェ（Georges Leclanché）** | |
| 1869 | **銅の電解精錬の特許……エルキントン（James Elkinton）** | 電解工業のさきがけ |
| 1873 | 電気自動車の実用化（イギリス） | |
| 1876 | 電話の発明（アメリカ） | |
| 1885 | ガソリン自動車の実用化（ドイツ） | |
| 1886 | **乾電池の実用化（ドイツ）** | |
| 1886 | **溶融塩からのアルミニウムの電解採取……ホール（Charles Martin Hall）とエルー（Paul Louis-Toussaint Héroult）** | |
| 1890 | **食塩電解の工業化・NaOH, $Cl_2$, $H_2$ の製造（ドイツ）** | |
| 1899 | **ニッケル・カドミウム電池の発明（スウェーデン）** | |
| 1903 | 飛行機の発明（アメリカ） | |
| 1906 | **水素イオン検出にガラス電極の利用……クレーマー（Max Cremer）** | イオンセンサのさきがけ |
| 1945 | 原子爆弾の発明・投下（アメリカ） | |
| 1946 | 電子計算機の実用化（アメリカ） | |
| 1948 | トランジスタの発明（アメリカ） | |
| 1954 | ケイ素太陽電池の発明（アメリカ） | |

(4) 熱源やエンジンなどの内燃機関の燃料として使用した場合，排出されるのは水や水蒸気であり環境に優しいこと
(5) 燃料電池の燃料として電力に変換することも可能であること

図1-2にこれらの利点を活かした簡単な水素経済のダイヤグラムを示す。

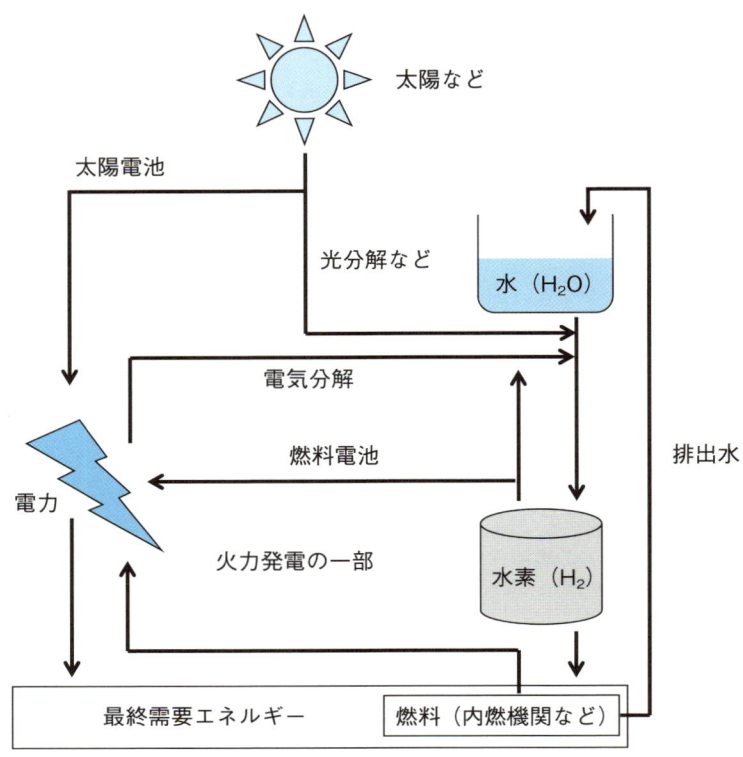

図1-2 水素経済の概念図

## 演習問題 1

① 電気化学が化学の発展に寄与した例を1つ調べ，どのように寄与したかを述べよ。
　**ヒント** 図書館の電気化学関係の成書やインターネットを用いて調べると良い。

② 家庭内にあるものの中で電気化学が関係しているものを1つ選び，どのような電気化学の技術や理論が利用されているかを調べてみよ。
　**ヒント** 図書館の電気化学関係の成書やインターネットを用いて調べると良い。

③ 家庭外にあるものの中で電気化学が関係しているものを1つ選び，どのような電気化学の技術や理論が利用されているかを調べてみよ。
　**ヒント** 図書館の電気化学関係の成書やインターネットを用いて調べると良い。

④ 光分解などで水を分解して水素を得ようとするとき，同時に得られる酸素と水素の体積の関係はどうなっているか。
　**ヒント** 水の分解の反応式（$2H_2O \longrightarrow 2H_2 + O_2$）から容易に把握できる。

⑤ 図1-2の水素経済の各過程のうち，実用化の面からみて，克服すべき問題が多いのはどの過程か。
　**ヒント** 図書館の電気化学関係の成書やインターネットを用いて調べると良い。

⑥ 今後のエネルギー問題や環境問題に対して，電気化学がどのように貢献できるかについて述べよ。
　**ヒント** 図書館の電気化学関係の成書やインターネットを用いて調べると良い。

# 2　物質と電気

金属や半導体が電気を流すことは周知の事実であるが，食塩水が電気を通すことも中学校の理科などで学習してきたと思う。

金属や半導体に電気が流れる場合，電気を流す役目を担っているのは電子である。

他方，食塩水などの電解質溶液に電気が流れる場合，電気を流す役目を担っているのはイオンである。

金属や半導体の電気伝導はよく知られているオームの法則に従うが，電解質溶液に電気が流れる場合はいったいどういう法則に従うのであろうか。

オームの法則と同様に考えたらよいのであろうか。

電解質溶液の電気伝導の主役は溶解しているイオンであるから，まったく金属と同じでないことだけは確かである。

ここではその電気伝導の主役であるイオンに着目して，電解質溶液の電気伝導についてみていくことにする。

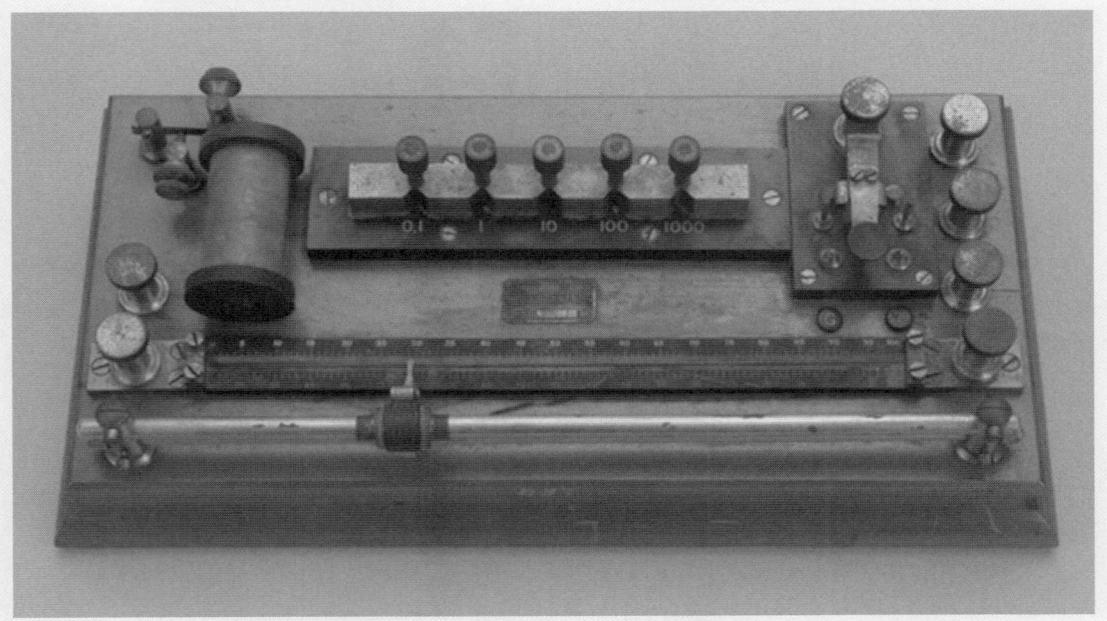

我国で溶液の導電率測定に用いられた初期のコールラウシュブリッジ

島津製作所製，山口県立山口博物館所蔵

## 2.1　導電率の測定

　固体である金属などの場合は，よく知られているオームの法則に従うので，電圧をかけたときに流れる電流を測定して電気抵抗（$R$）を求めることができる。電気抵抗は測定する試料の形状が異なれば当然異なるので，電気抵抗で各物質の電気が流れる程度を比較することはできない。そこで物質固有の電子伝導を表現する量の1つに，**比抵抗**（**電気抵抗率**とも呼ぶ）$\rho$ とその逆数である**導電率**（**電気伝導率**とも呼ぶ）$\kappa$ がある。$\rho$ が小さければ小さいほど，また $\kappa$ が大きければ大きいほど電気をよく流す物質ということになる。図 2-1 の左側に示したような円柱形の固体試料の場合，その断面積（$S$）が小さいほど，またその長さ（$l$）が長いほど，その $R$ が大きくなる。これを式で表すと(1)式のようになる。つまり $\rho$ は $S=1$ [m²]，$l=1$ [m]（単位面積，単位長さ）のときの $R$ となるので，$\rho$ と $\kappa$ は物質固有の値となる。

$$R = \rho \frac{l}{S} = \frac{1}{\kappa} \frac{l}{S} \tag{1}$$

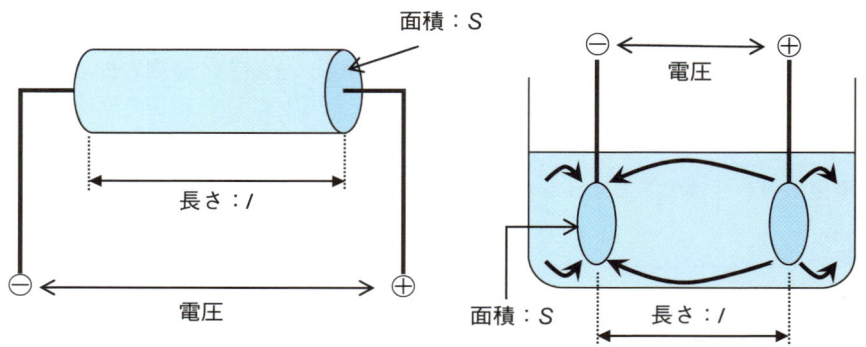

**図 2-1　電気抵抗に与える物質の形状**
（左側が固体で右側が溶液の場合）

　溶液に電気を流す場合は，2つの電極間に電流が流れる体積は固体の場合のように $S \times l$ にはならない。それは図 2-1 右側の図のように，電極の端部では電流が直線的には流れない部分があるからである。この場合，$\kappa$ が分かっている溶液について $R$ を測定し $l/S$ を決定してから，$\kappa$ を求めたい溶液について $R$ を測定する。$l/S$ が既知であるので $\kappa$ を求めることができる。$l/S$ は**セル定数**と呼ばれ，測定機器に固有な値となる[*1]。

---

[*1] 溶液の $R$ を測定する場合は，白金黒付きの白金電極を用いた特殊な測定容器を使用し，コールラウシュ・ブリッジと呼ばれる回路を組んで $R$ を測定する。

## 【例題 2-1】金属の導電性

直径が 1.00 [mm] で長さが 50.0 [cm] と 50.0 [m] 銅線がある。これらの銅線の電気抵抗（**R**）はそれぞれいくらか。また，それらの銅線に 2.0 [A] の電流を流したとき，ジュール熱発生による電力の損失はそれぞれ何 [W] になるか。ただし，銅の導電率は $6.00 \times 10^7$ [S/m][*2] とする。

> (1)式において，**S** は円の面積になる（**S** = π × (半径)$^2$）。$\kappa = 6.0 \times 10^7$ [S/m] である。長さの単位はすべて [m] に直さなければならない。各値を(1)式に代入して，それぞれの **R** を計算すればよい。ジュール熱（**H**）は，電流を **I** [A] とすると，$H = I^2 R$ で求められ，それが電力の損失になる。

**解** (1)式を用いて **R** を計算する。まず，**S** は両方の銅線とも同じで

$$S = \pi \left(\frac{1.0 \times 10^{-3}}{2}\right)^2 = 7.85 \times 10^{-7} \ [m^2]$$

長さが 50 [cm] の銅線の **R** は

$$R = \frac{1}{\kappa}\frac{l}{S} = \frac{1}{6.0 \times 10^7} \cdot \frac{0.5}{7.85 \times 10^{-7}} = 0.0106 \ [\Omega]$$

同様に長さが 50 [m] の銅線の **R** は

$$R = \frac{1}{\kappa}\frac{l}{S} = \frac{1}{6.0 \times 10^7} \cdot \frac{50}{5.0 \times 10^{-8}} = 1.06 \ [\Omega]$$

長さが 50 [cm] の銅線の **H** は

$$H = I^2 R = (2.0)^2 (0.0106) = 0.0424 \ [W]$$

同様に長さが 50 [m] の銅線の **H** は

$$H = I^2 R = (2.0)^2 (1.06) = 4.24 \ [W]$$

このように，電気抵抗の小さい銅線でも送電距離が長くなると損失が多くなる。

---

### 問題 2-1
直径が 6.0 [mm] で長さが 2.0 [cm] の固体円柱の電気抵抗を測定したところ，2.23 [Ω] であった。この固体の導電率はいくらか。

**ヒント** 各量の単位に注意し，(1)式を用いて計算すればよい。

### 問題 2-2
同じ長さの銅線が 2 本ある。その 1 つの銅線の電気抵抗を測定したところ 1.20 [Ω] であり，その直径は 0.150 [mm] であった。もう 1 つの銅線の直径が 0.450 [mm] であるとすると，その電気抵抗はいくらになるか。

**ヒント** (1)式における **S** は半径の 2 乗に比例することを考慮するとよい。

### 問題 2-3
銅線の直径が 2 倍に，長さが 6 倍になると，その電気抵抗は何倍になるか。

**ヒント** (1)式より，**R** は **S** に反比例し **l** に比例する。

---

[*2] $\kappa$ の単位には [(1/Ω)·cm] が従来は用いられていたが，現在は [1/Ω]＝[S]（ジーメンスと読む）として [S/cm] が用いられている。本書では SI 単位である [S/m] を用いることにする。また表記も [S·m$^{-1}$] とすべきであるが，組立単位は「/」を用いることとする。

### 【例題 2-2】電解質溶液の導電性

　導電率測定の標準溶液の1つとしていくつかの濃度の KCl 水溶液がある。これは真空中で KCl を秤量して調製したものである。いま，0.745819 [g] の KCl を 1 [kg] の水に溶解させた KCl 水溶液の $\kappa$ は，18℃ において 0.12202 [S/m] である。この水溶液で満たしたある導電率測定用セルで電気抵抗を測定したところ，211.5 [Ω] であった。次に同じ導電率測定用セルを用いて，ある NaCl 水溶液の電気抵抗を測定したところ，343.4 [Ω] であった。以下の 1) と 2) の各問に答えよ。

① この導電率測定用セルのセル定数はいくらか。
② 電気抵抗を測定した NaCl 水溶液の導電率はいくらか。

1) $l/S$ がセル定数なので，(1) 式に $R$ と $\kappa$ を代入すれば求められる。
2) 求めた $l/S$ と $R$ の値を (1) 式に代入して求めればよい。

**解** ① (1) 式を変形して $R$ と $\kappa$ を代入すれば

$$\frac{l}{S} = R\kappa = (0.12202)(211.5) = 25.81 \ [1/\mathrm{m}]$$

② (1) 式を変形して $R$ と $\frac{l}{S}$ を代入すれば

$$\kappa = \frac{1}{R} \cdot \frac{l}{S} = \frac{1}{343.4} \cdot (25.81) = 0.07516 \ [\mathrm{S/m}]$$

### 問題 2-4

　セル定数が 42.67 [1/m] の導電率測定用セルを用いて測定したある電解質溶液の電気抵抗は 544.2 [Ω] であった。この電解質溶液の導電率を求めよ。

**ヒント** (1) 式において，$\frac{l}{S}$ =42.67 [1/m]，$R$=544.42 [Ω] として計算すればよい。

## 2.2 電子伝導とイオン伝導

### ① 電子伝導（導体や半導体の電気伝導）

導電率（$\kappa$）は，電気を運ぶもの（**キャリア**という）の電荷の 1 [m³] 体積あたりの個数（$n$）[1/m³]，キャリア 1 個が有する電気量（$q$）[C]，キャリアの電場での**移動度**（$v$）[m²/(V·s)][*3] の積の総和で表される（(2)式）。何かをトラックで運ぶとき，運べる程度（$\kappa$）が積載量（$q$），台数（$n$），速度（$v$）に依存するのに似ている。

$$\kappa = \sum n_i q_i v_i = n_1 q_1 v_1 + n_2 q_2 v_2 + \cdots\cdots \tag{2}$$

固体である金属や半導体などにおける電子伝導の場合，キャリアは**伝導電子（≒自由電子）**[*4]だけであり，その電気量は電気素量 $e$（$=1.602\times10^{-19}$ [C]）である。よって伝導電子の個数を $n$，移動度を $v$ とすると，$\kappa$ は(3)式のように表される。したがって金属や半導体などでは，その伝導電子の密度が高く，伝導電子の動きが速いものほど，$\kappa$ が大きく電気が流れやすい。

$$\kappa = nev \tag{3}$$

### ② イオン伝導（電解質溶液の電気伝導）

イオン伝導の場合，キャリアはイオンである。イオンは溶液中に存在するので，キャリアの密度と電気量の積（(1)式における $n_i q_i$）は，1 [mol] の電子や一価のイオンの電気量であるファラデー定数 $F$（$=9.6485\times10^4$ [C/mol]）とモル濃度 $c$ [mol/m³][*5] で表すことができる。1 [m³] の溶液中にイオンは $c$ [mol] 含まれていて，その 1 [mol] の電気量は $F$ [C] だから，たとえば一価のイオンなら，$nq=Fc$ となる。いま 1 種類の陽イオンと陰イオンからなる溶液を考え，それぞれの価数の絶対値を $z_+$ と $z_-$，モル濃度を $c_+$ と $c_-$，移動度を $v_+$ と $v_-$ とすると，この溶液の $\kappa$ は(4)式のようになる。

$$\kappa = F(z_+ c_+ v_+ + z_- c_- v_-) = \kappa_+ + \kappa_- \tag{4}$$

$\kappa_+$ と $\kappa_-$ は陽イオンと陰イオンの導電率であるが，$c_+$ と $c_-$ に依存する。そこで，$c_+$ と $c_-$ で除したものをイオンの**モル導電率**（$\lambda_+$, $\lambda_-$）[S·m²/mol] として定義すると，各種イオン固有の値として比較できる（(5)式）。

$$\lambda_+ = \frac{\kappa_+}{c_+} = F z_+ v_+ \qquad \lambda_- = \frac{\kappa_-}{c_-} = F z_- v_- \tag{5}$$

---

[*3] 速度＝移動度×電位勾配，の関係があり，移動度は単位電位勾配（1 [V/m]）での移動速度を表わす。
[*4] 自由電子は何の束縛も受けず自由に動き回る理想的な電子で，わずかながら束縛されている伝導電子とは厳密には異なる。
[*5] モル濃度の単位は [mol/L] が用いられるが，本章では [mol/m³] を用いることにする。

### 【例題 2-3】金属中の伝導電子

銅原子1個は1個の伝導電子を有している。銅の密度を 8.9 [g/cm³]，1 [mol] の個数を示すアボガドロ定数を $6.0×10^{23}$ [1/mol]，電気素量を $1.6×10^{-19}$ [C]，銅1[mol]の質量を示すモル質量を 64 [g/mol]，銅の導電率を $6.0×10^7$ [S/m] とすると，銅の電子の移動度はいくらか。

> 1 [m³] の銅を考えるとわかりやすい。密度を [g/m³] に換算すれば，銅の 1 [m³] の質量がわかる。質量をモル質量で割れば，1 [m³] の銅が何 mol であるかがわかり，アボガドロ定数をかけることによって $n$ が求められる。$\kappa$ が与えられているので，$n$ と $e$ を(3)式に代入すればよい。

**解** 銅の密度とモル質量，そしてアボガドロ定数から $n$ を計算する。

$$n = \frac{8.9 \times 10^6}{64} \times 6.0 \times 10^{23} \ [1/m^3]$$

(1)式を変形して，$\kappa = 6.0 \times 10^7$ [S/m]，$e = 1.6 \times 10^{-19}$ [C] を代入すれば

$$v = \frac{\kappa}{ne} = \frac{6.0 \times 10^7}{\frac{8.9 \times 10^6}{64} \times 6.0 \times 10^{23} \times 1.6 \times 10^{-19}} = 4.5 \times 10^{-3} \ [m^2/(V \cdot s)]$$

1 [V/m] の電場をかけたとき，銅中の伝導電子は1分間に $4.5×10^{-3}×60=0.27$ [m]，つまり 27 [cm] 進む。

---

### 問題 2-5

銀について，その移動度は $6.7×10^{-3}$ [m²/(V·s)]，導電率 $6.8×10^7$ [S/m]，密度は 10.5 [g/cm³]，モル質量は 108 [g/mol] である。アボガドロ定数を $6.0×10^{23}$ [1/mol]，電気素量を $1.6×10^{-19}$ [C] として，銀原子1個に何個の伝導電子があるかを求めよ。

> **ヒント**　【例題 2-3】の計算を参考にし，(3)式を用いて計算すればよい。

### 問題 2-6

セル定数が 71.5 [1/m] のセルを用いて，$Cl^-$ のモル濃度が 10.0 [mol/m³] の NaCl 水溶液の電気抵抗を測定したところ 572 [Ω] であった。この場合の $Na^+$ の導電率が 0.0500 [S/m] であったとき，1) $Cl^-$ のモル導電率，2) $Cl^-$ の移動度，3) この塩化ナトリウム水溶液のイオン伝導における $Na^+$ と $Cl^-$ の貢献度，について答えよ。ただし，$F=96500$ [C/mol] として計算せよ。

> **ヒント**　まず【例題 2-2】と同様な計算によって $\kappa$ を求める。$Na^+$ の導電率（$\kappa_+$）が与えられているので，(3)式より $Cl^-$ の導電率（$\kappa_-$）を知ることができる。この $\kappa_-$ を(5)式に代入することによって $v_-$ を計算すればよい。

## 2.3 電子伝導（導体と半導体）

### ① 電子のエネルギー・バンド構造

水素原子の1個の電子は1s軌道を占めている。水素原子が2個結合して水素分子になるとき，個々の2つの1s軌道から新たに1σと1σ*という分子軌道が形成される（**図 2-2** 左図）。安定な水素分子の電子は1σ軌道が各水素原子に起因する2個の電子で占められている。このように原子が結合すると，各電子の軌道からエネルギー的に上下に分裂した新たな軌道が形成される。たとえば4つの原子が結合するときは，それぞれの軌道から新たに4つの上下に分裂した軌道が形成される（**図 2-2** 右図）。結晶のように多くの原子が結合した場合は，それぞれの原子の電子軌道からいくつもの新たな軌道が形成される。それらの軌道のうち電子で占められた軌道と電子で占められていない空の軌道が集合したような構造が形成される。このような構造を**バンド構造**という。

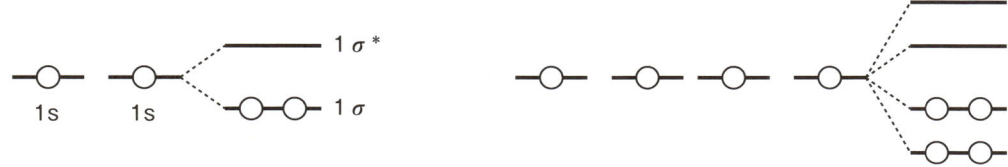

**図 2-2　原子の結合による電子軌道の分裂と新軌道の形成**

### ② 半導体のバンド構造と電子伝導

半導体のバンド構造を模式的に**図 2-3**(a)に示す。電子で占められた軌道が集合した部分を**価電子帯**，空の軌道が集合した部分を**伝導帯**と呼ぶ。この2つの間のエネルギーには電子が占める軌道がないので**禁制帯**あるいは**バンドギャップ**という。伝導帯にはほとんど電子はなく，価電子帯の電子は軌道に満たされているので，このままでは電子は移動することができない。このことは電子を車に，価電子帯を車ですべて満たされた1階の駐車場，伝導帯を空っぽの2階の駐車場に例えるとイメージしやすい。1階の駐車場の車は移動できる駐車スペースがないので動けない，また2階の駐車場には車そのものがない。半導体に光などのエネルギーが供給されると価電子帯の電子が伝導帯に移る（**励起**という）（**図 2-3**(b)）。伝導帯に励起された電子は自由に動けるし，価電子帯には電子が抜けたため移動できる軌道ができる（**図 2-3**(c)）。2階の駐車場に持ち上げられた車は自由に動け，1階の駐車場には空いたスペースに逐次，車が移動できるわけである。なお，電子が抜けた個所（⊕）を**正孔**あるいは**ホール**という。価

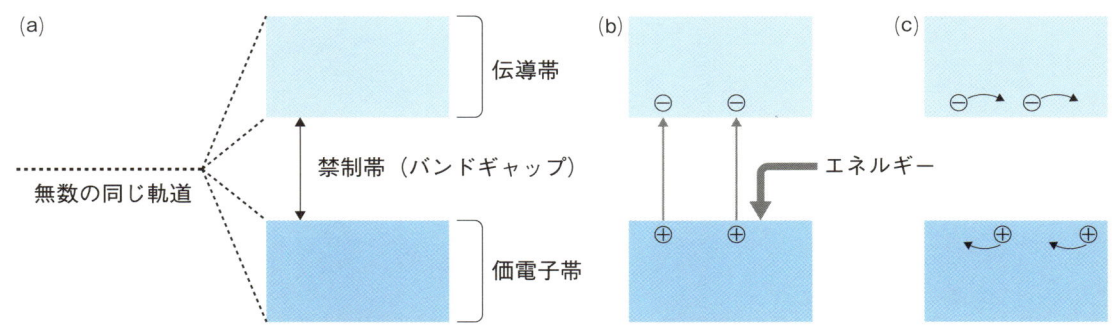

**図 2-3　原子の結合による電子軌道の分裂と新軌道の形成（半導体）**

電子帯の電子はこの正孔に移動するが，相対的に正孔がちょうど電子の逆に移動しているようにも見える。なお，バンドギャップが大きく価電子帯の電子が伝導帯に移れないものが，電気を通さない**絶縁体**となる。

### ③ 導体のバンド構造と電子伝導

金属などの導体のバンド構造は，**図2-3**(a)における伝導帯と価電子帯が一部重なっている構造をとる（**図2-4**）。このため伝導電子は空いた軌道を自由に動ける。車も駐車スペースもたくさんあり，車はその広いスペースを自由に動く動ける状態といえる。

金属は最密構造[*6]をとるものが多く，原子は近接して存在する。このため金属は比較的，密度が高く（重いものが多く），隣の原子へ伝導電子は移動しやすい。バンド構造は，こうした金属の性質を反映している。

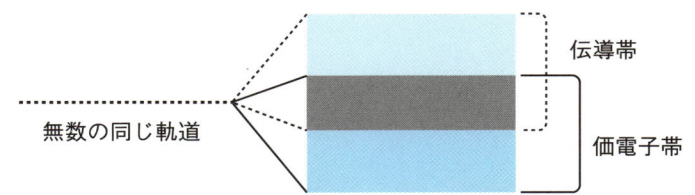

**図2-4　原子の結合による電子軌道の分裂と新軌道の形成（導体）**

---

[*6] 金属原子を球として，最も近接に効率的に充填された構造。面心立方格子と六方最密構造がある。これらの構造の充填率（球が空間に占める体積の割合）は 0.74（74％）である。

## 【例題 2-4】半導体の電子伝導

半導体の電子伝導において，伝導帯の電子と価電子帯の正孔の数（$n$）はほぼ同じであるが，移動度は異なる。したがって半導体の導電率（$\kappa$）は，伝導帯の電子の移動度を $v_e$，正孔の移動度を $v_h$ とすると，次式のようになる。

$$\kappa = ne(v_e + v_h)$$

シリコンの真性半導体[*7]の導電率は $1.6 \times 10^{-3}$ [S/m]，体積 1 [m³] あたりの電子と正孔の個数はともに $5.0 \times 10^{16}$ [1/m³] であり，電子の移動度は正孔の移動度の 3 倍であるとする。このとき電子と正孔の移動度はそれぞれいくらか。ただし，電気素量は $1.6 \times 10^{-19}$ [C] として計算せよ。

> 題意より $v_e = 3v_h$ であり，$n = 5.0 \times 10^{16}$ [1/m³]，$e = 1.6 \times 10^{-19}$ [C]，$\kappa = 1.6 \times 10^{-3}$ [S/m] をそれぞれ代入して求めればよい。

**解** $v_e = 3v_h$ として式を変形し，それぞれの値を代入すると

$$v_h = \frac{\kappa}{4ne} = \frac{1.6 \times 10^{-3}}{4(5.0 \times 10^{16})(1.6 \times 10^{-19})} = 0.050 \ [\text{m}^2/(\text{V}\cdot\text{s})]$$

$$v_e = 3v_h = 3(0.050) = 0.150 \ [\text{m}^2/(\text{V}\cdot\text{s})]$$

シリコン真性半導体の電子と正孔の移動度の合計は，銅の伝導電子の移動度の 30 倍程度と大きいが，1 [m³] 体積あたりの電子と正孔の個数は銅の電子の個数の実に $1.67 \times 10^{11}$ 分の 1 しかない。よって電子伝導を左右するのは，半導体では電子と正孔の個数，金属では電子伝導の移動度である。温度上昇で移動度は減少するが，伝導電子の個数は増加する。高温になるほど，金属の導電率が減少し，逆に半導体の導電率が増加するのはこのためである。

## 問題 2-7

あるシリコン真性半導体のバンドギャップが 1.2 [eV] であるとき，価電子帯の電子を伝導帯に励起させるためには最低，波長が何 [nm] 以下の光を照射しなければならないか。なお，光のエネルギー（$E$）は光速度を $u$ （$=3.0 \times 10^8$ [m/s]），プランクの定数を $h$ （$=6.3 \times 10^{-34}$ [J/s]），波長を $l$ [m] とすると，次式のようになる。

$$E = h\frac{u}{l}$$

> **ヒント** [eV] はエレクトロンボルトというエネルギーの単位の 1 つで，1 [eV] $= 1.6 \times 10^{-19}$ [J] として計算すればよい。また，1 [nm]（ナノメーター）$= 1 \times 10^{-9}$ [m] である。

---

[*7] キャリアが電子と正孔が同程度に寄与する半導体を**真性半導体**，キャリアが主に電子である半導体を **n 型半導体**，キャリアが主に正孔である半導体を **p 型半導体**と呼ぶ。

## 2.4 イオン伝導（強電解質溶液の場合）

### ① 電解質溶液のモル導電率

すでにイオンのモル導電率を (5) 式のように定義したが，電解質のモル濃度を $c$ [mol/m$^3$] とすると，一般に $c_+$ と $c_-$ とは等しくならない。そこで，電解質溶液のモル導電率（$\Lambda$）[S·m$^2$/mol] を (6) 式のように決める。

$$\Lambda = \frac{\kappa}{c} \tag{6}$$

$\Lambda$ は (5) 式を用いて (7) 式のように表すこともできる。

$$\Lambda = \frac{c_+\lambda_+ + c_-\lambda_-}{c} = \frac{F(z_+c_+v_+ + z_-c_-v_-)}{c} \tag{7}$$

強電解質は溶液中でほぼ完全に電離する。いま $z_+$ 価の陽イオン $n_+$ 個と $z_-$ 価の陰イオン $n_-$ 個からなる強電解質の電離は (8) 式のように書ける。

$$M_{n_+}A_{n_-} \rightarrow n_+M^{(z_+)+} + n_-A^{(z_-)-} \tag{8}$$

(7) 式においてこの場合，$c_+ = cn_+$，$c_- = cn_-$ であり，$n_+z_+ = n_-z_-$ を考慮すると，

$$\Lambda = n_+\lambda_+ + n_-\lambda_- = F(n_+z_+v_+ + n_-z_-v_-) = Fn_+z_+(v_+ + v_-) \tag{9}$$

(9) 式において，$c$ に依存するのは $v_+$ と $v_-$ だけである。したがって強電解質においては，$c$ が変化したときには $v_+$ と $v_-$ が変化するので $\Lambda$ が変化する。

### ② 無限希釈モル導電率

電解質の無限希釈溶液（$c \rightarrow 0$ にしたときの仮想の溶液）においては，各イオンはお互い相互作用を受けず独立してふるまう（**イオンの独立移動の法則**）。このときのモル導電率を**無限希釈モル導電率**（$\Lambda^\infty$）とすると，イオンも固有の無限希釈モル導電率（$\lambda_+^\infty$, $\lambda_-^\infty$）と移動度（$v_+^\infty$, $v_-^\infty$）を持つと考えてよい。この場合，すべての電解質において (10) 式の関係が成り立つ。

$$\Lambda^\infty = n_+\lambda_+^\infty + n_-\lambda_-^\infty = Fn_+z_+(v_+^\infty + v_-^\infty) \tag{10}$$

強電解質溶液では，$\Lambda$ は $\sqrt{c}$ に負の傾きを持って比例することが知られている（**コールラウシュの実験式**[*8]）。よって $x$ 軸を $\sqrt{c}$，$y$ 軸を $\Lambda$ として得られた直線グラフの切片が $\Lambda^\infty$ となる。弱電解質の場合はこの法則に従わないが，強電解質から求めた $\lambda_+^\infty$ と $\lambda_-^\infty$ を利用して各種イオンの $\lambda^\infty$ が求められる。

---

[*8] 式で表すと，$\Lambda = \Lambda^\infty - B\sqrt{c}$，となる。ただし，$B$ は比例定数である。

## 【例題 2-5】 強電解質の導電率

強電解質である $CaCl_2$ のある水溶液において，$Ca^{2+}$ の移動度が $5.53×10^{-8}$ [m²/(V·s)]，$Cl^-$ の移動度が $6.42×10^{-8}$ [m²/(V·s)] であったとき[*9]，この $CaCl_2$ 水溶液について，① $Ca^{2+}$ のモル導電率，② $Cl^-$ のモル導電率，③ $CaCl_2$ 水溶液のモル導電率，を求めよ．ただし，$F=96500$ [C/mol] として計算せよ．

> $v_+ = 5.53×10^{-8}$ [m²/(V·s)]，$v_- = 6.42×10^{-8}$ [m²/(V·s)] であり，$Ca^{2+}$ は 2 価のイオン，$Cl^-$ は 1 価のイオンであるから，$z_+ = 2$，$z_- = 1$ である．これらを (5) 式に代入すると，$\lambda_+$ と $\lambda_-$ が求められる．また $CaCl_2$ の化学式から，$n_+ = 1$，$n_- = 2$ だから，(9) 式に代入すれば $\Lambda$ が求められる．

**解** ①および② $v_+ = 5.53×10^{-8}$ [m²/(V·s)]，$z_+ = 2$，$v_- = 6.43×10^{-8}$ [m²/(V·s)]，$z_- = 1$，$F = 96500$ [C/mol]，これらの値を (5) 式に代入すると

$$\lambda_+ = Fz_+v_+ = (96500)(2)(5.53 \times 10^{-8}) = 0.0107 \ [S·m²/mol]$$
$$\lambda_- = Fz_-v_- = (96500)(1)(6.42 \times 10^{-8}) = 0.00620 \ [S·m²/mol]$$

③ $n_+ = 1$，$n_- = 2$，そして 1) および 2) で求めた $\lambda_+$ と $\lambda_-$ を (10) 式に代入して

$$\Lambda = n_+\lambda_+ + n_-\lambda_+ = (1)(0.0107) + (2)(0.00620) = 0.00231 \ [S·m²/mol]$$

### 問題 2-8

18℃で $Ca^{2+}$，$Cl^-$，$SO_4^{2-}$ の無限希釈モル導電率は，それぞれ 0.0101，0.00660，0.0137 [S·m²/mol] である．これらの値を用いて，18℃における $CaSO_4$ 水溶液と $CaCl_2$ 水溶液の無限希釈モル導電率はそれぞれいくらになるかを計算せよ．

**ヒント** $CaSO_4$ では $n_+ = 1$，$n_- = 1$，$CaCl_2$ では $n_+ = 1$，$n_- = 2$ であることに注意して求める．

### 問題 2-9

下表は $HClO_4$，$NaClO_4$，$NaNO_3$ 水溶液の各モル濃度 ($c$) におけるモル導電率である．下表を用いて，各水溶液と $HNO_3$ 水溶液の無限希釈モル導電率を求めよ．

| $c$ [mol/m³] | 1.000 | 2.000 | 5.000 | 10.00 | 20.00 | 50.00 |
|---|---|---|---|---|---|---|
| $HClO_4$ | 0.04132 | 0.04109 | 0.04075 | 0.04032 | 0.03982 | 0.03890 |
| $NaClO_4$ | 0.01149 | 0.01138 | 0.01118 | 0.01096 | 0.01070 | 0.01024 |
| $NaNO_3$ | 0.01204 | 0.01191 | 0.01163 | 0.01137 | 0.01107 | 0.01053 |

**ヒント** $\sqrt{c}$ を $x$ 軸に $\Lambda$ を $y$ 軸にとってグラフを作成すれば，コールラウシュの実験式から切片が $\Lambda^\infty$ である．(10) 式を利用すれば，各 $\Lambda^\infty$ から $HNO_3$ 水溶液の $\Lambda^\infty$ を求めることができる．

---

[*9] 移動度の値から，1 [V/cm] の電場において金属や半導体中の伝導電子は 1 秒間に 1～10 [m] 移動するが，イオンは 1 秒間に 1 [μm] 程度しか移動しない．しかしイオン自身の大きさが 0.1 [nm] 程度なので，自身の大きさの 1 万倍は移動することになるので，移動の速度は決して遅くはない．

## 2.5 イオン伝導（弱電解質溶液の場合）

### ① 電解質溶液のモル導電率

弱電解質は電離平衡が存在する。いまモル濃度が $c$ [mol/m³] で電離平衡に達した弱電解質（MA）水溶液を考える。電離反応と各モル濃度は以下のようになる。ただし，$\alpha$ は電離度である。$c_+ = c_- = c\alpha$，$z_+ = z_- = 1$ であるから

|  | MA | $\rightleftharpoons$ | M⁺ | + | A⁻ |
|---|---|---|---|---|---|
| モル濃度 [mol/m³] | $c(1-\alpha)$ |  | $c\alpha$ |  | $c\alpha$ |

(7)式は (11)式のようになる。無限希釈ではイオンは独立して動くことができる理想的な状態なので，$\alpha$ は 1 となり (12)式のように表すことができる。

$$\Lambda = \alpha(\lambda_+ + \lambda_-) = \alpha F(v_+ + v_-) \tag{11}$$

$$\Lambda^\infty = \lambda_+^\infty + \lambda_-^\infty = F(v_+^\infty + v_-^\infty) \tag{12}$$

(11)式を (12)式で割ると

$$\frac{\Lambda}{\Lambda^\infty} = \frac{\alpha(\lambda_+ + \lambda_-)}{\lambda_+^\infty + \lambda_-^\infty} = \frac{\alpha(v_+ + v_-)}{v_+^\infty + v_-^\infty} \tag{13}$$

弱電解質の $\alpha$ はきわめて小さい場合が多い。その場合，無限希釈の状態に近いので，$\lambda_+^\infty + \lambda_-^\infty \simeq \lambda_+ + \lambda_-$，$v_+^\infty + v_-^\infty \simeq v_+ + v_-$，とできる。よって．

$$\alpha = \frac{\Lambda}{\Lambda^\infty} \tag{14}$$

(13)式は (14)式のようになるので，弱電解質においては，$\alpha$ が $\Lambda$ を左右している。他方，MA の電離定数を $K$，MA，M⁺，A⁻ のそれぞれのモル濃度を [MA], [M⁺], [A⁻] とすると**化学平衡の法則**[*10] から $K$ は (15)式のようになる。

$$K = \frac{[M^+][A^-]}{[MA]} = \frac{\alpha^2 c}{1 - \alpha} = \frac{\Lambda^2 c}{\Lambda^\infty(\Lambda^\infty - \Lambda)} \tag{15}$$

なお希薄溶液なら $K \simeq \alpha^2 c$ と近似できるので，(11)式は (16)式のようになる。強電解質では $\Lambda$ が $\sqrt{c}$ に比例するが，弱電解質では $\Lambda$ が $\sqrt{c}$ に反比例することがわかる。

$$\Lambda = \sqrt{\frac{K}{c}}(\lambda_+^\infty + \lambda_-^\infty) = \sqrt{\frac{K}{c}} F(v_+^\infty + v_-^\infty) \tag{16}$$

---

[*10] これまでは質量作用の法則とも呼ばれていたが，誤訳と指摘されている。

## 【例題 2-6】 弱電解質の導電率と電離度

弱電解質である HF の $90.0\,[\mathrm{mol/m^3}]$ の水溶液のモル導電率を測定したところ $1.90\times 10^{-3}\,[\mathrm{S\cdot m^2/mol}]$ であった。HF の無限希釈モル導電率を $0.0405\,[\mathrm{S\cdot m^2/mol}]$ とするとき，この溶液中の HF の電離度と電離定数を求めよ。また，これらの値を用いて $1.00\,[\mathrm{mol/m^3}]$ の HF の水溶液のモル導電率を求めよ。

> $\varLambda=1.90\times 10^{-3}\,[\mathrm{S\cdot m^2/mol}]$，$\varLambda^\infty=0.0405\,[\mathrm{S\cdot m^2/mol}]$ であるから，(14)式に代入することによって $\alpha$ を求めることができる。この $\alpha$ と $c=90.0\,[\mathrm{mol/m^3}]$ を(15)式に代入すれば $K$ も求めることができる。$1.00\,[\mathrm{mol/m^3}]$ の濃度では，希薄溶液のため $K\fallingdotseq \alpha^2 c$ を用いて $\alpha$ を求め，(14)式に求めた $\alpha$ を代入して $\varLambda$ を求めればよい。

**解** $\varLambda$ と $\varLambda^\infty$ の値を(14)式に代入すると

$$\alpha = \frac{\varLambda}{\varLambda^\infty} = \frac{1.90\times 10^{-3}}{0.0405} = 0.0469$$

この値と $c=90.0\,[\mathrm{mol/m^3}]$ を(15)式に代入すると

$$K = \frac{\alpha^2 c}{1-\alpha} = \frac{0.0469^2 \times 90.0}{1-0.0469} = 0.208 \text{*11}$$

この値と $c=1.00\,[\mathrm{mol/m^3}]$ を，$K\fallingdotseq \alpha^2 c$ に代入すると $\alpha$ は

$$\alpha = \sqrt{\frac{K}{c}} = \sqrt{\frac{0.208}{1.00}} = 0.456$$

(14)式より，$\varLambda=\alpha\varLambda^\infty$ だから

$$\varLambda = \alpha\varLambda^\infty = (0.456)(0.0405) = 0.0185\,[\mathrm{S\cdot m^2/mol}]$$

---

### 問題 2-10

不純物を除去した密度 $0.996\,[\mathrm{g/cm^3}]$ の水の導電率が 18℃ において $6.15\times 10^{-6}\,[\mathrm{S/m}]$ であった。水のモル質量を $18.02\,[\mathrm{g/mol}]$，$H^+$ と $OH^-$ の 18℃ における無限希釈モル導電率をそれぞれ $0.0315\,[\mathrm{S\cdot m^2/mol}]$ と $0.0171\,[\mathrm{S\cdot m^2/mol}]$ として，この水の 1) モル導電率，2) 電離度，3) $H^+$ のモル濃度，4) pH を求めよ。

> **ヒント** この水 $1\,[\mathrm{m^3}]$ を考え，密度とモル質量から $c\,[\mathrm{mol/m^3}]$ を求める。(6)式を用いれば $\varLambda$ が求められる。(10)式より $\varLambda^\infty$ を求め，(14)式より $\alpha$ を計算する。$H^+$ と $OH^-$ のモル濃度は，ともに $c\alpha$ である。なおモル濃度の単位が $[\mathrm{mol/m^3}]$ のとき，$\mathrm{pH}=3-\log_{10}(c\alpha)$ である。

---

*11 $K$ に代入するモル濃度の単位は通常 $[\mathrm{mol/L}]$ が使用されるが，本章では $[\mathrm{mol/m^3}]$ を用いることにする。

## 2.6 発展 活　　量

### ① イオンの活量と活量係数

一般に濃度が高くなってくると，溶質は実際の濃度よりも低い濃度であるかのように振る舞う。イオンも無限希釈の状態以外ではイオン間の距離が短くなり相互作用が生じてくるので，実際の濃度よりも低い濃度であるかのように振る舞う。この場合，濃度の代わりに**活量**（$a$）を用いる。$a$ は希薄溶液の場合，モル濃度 $c$ [mol/m³] を用いて(17)式のように表される場合が多い[*12]。ここで $\gamma$ は**活量係数**と呼ばれ，0～1の値をとりイオン間の相互作用の程度を表しているといえる。つまり，イオン間の相互作用が無い理想的な無限希釈の場合が $\gamma=1$ であり，相互作用の程度が大きくなってくると $\gamma$ は小さくなってくる。

$$a = \gamma c \tag{17}$$

イオンの場合，陽イオンと陰イオンの活量（$a_+$, $a_-$）や活量係数（$\gamma_+$, $\gamma_-$）は直接，測定できないので平均活量（$a_\pm$）や平均活量係数（$\gamma_\pm$）が導入される。陽イオン $n_+$ 個と陰イオン $n_-$ 個からなる電解質の場合，$a_\pm$ と $\gamma_\pm$ は(18)式のようになる。

$$a_\pm = (a_+^{n_+} a_-^{n_-})^{\frac{1}{(n_+)+(n_-)}} \quad \gamma_\pm = (\gamma_+^{n_+} \gamma_-^{n_-})^{\frac{1}{(n_+)+(n_-)}} \tag{18}$$

### ② イオン強度とイオン間の相互作用

イオン間の相互作用の中で最も大きいものが静電気力（クーロン力）であり，イオンの価数 $z_i$ とモル濃度 $c_i$ が大きいほど大である。そこでその尺度として**イオン強度**（$I$）が考案された（(19)式）[*13]。

$$I = \frac{1}{2}\sum_i c_i z_i^2 = \frac{1}{2}(c_1 z_1^2 + c_2 z_2^2 + \cdots\cdots) \tag{19}$$

デバイとヒュッケルはイオン間の相互作用について研究し，$\gamma_\pm$ と $I$ の間に(20)式のような関係があることを示した（**デバイ-ヒュッケルの極限式**）。

$$\log \gamma_\pm = -A z_+ z_- \sqrt{I} \quad （A は定数） \tag{20}$$

他方，オンサーガーはデバイ-ヒュッケル理論から，$\Lambda$ と $\sqrt{I}$ の関係式（**オンサーガーの極限則**[*14]）を示した（(21)式）。

$$\Lambda = \Lambda^\infty - k\sqrt{I} \quad （k は定数） \tag{21}$$

---

[*12] 活量はモル分率なので，溶質の場合は 1 [mol/L]（=1000 [mol/m³]），気体の場合は 1 [atm] を基準状態とし，これらで割ったものとする。なお，溶媒，純粋な固体，金属中の電子の活量は1とする。
[*13] $c_i$ は基準状態である 1 [mol/L]（=1000 [mol/m³]）で割ったものとする。
[*14] これにより，コールラウシュの実験式に理論的意味が与えられた。

## 2.6 発展 活量

### 【例題 2-7】イオン強度と活量係数

KCl と CuSO$_4$ の水溶液について，モル濃度が 1.00 および 10.0 [mol/m$^3$] のそれぞれのイオン強度と平均活量係数を求めよ。ただし，(20)式における **A** は 0.511 とする。

> KCl の K$^+$ と Cl$^-$ はともに 1 価なので $z_+ = z_- = 1$，CaSO$_4$ の Ca$^{2+}$ と SO$_4^{2-}$ はともに 2 価なので $z_+ = z_- = 2$ であることに注意し，各 $c$ と $z$ ($z_+$ と $z_-$) を(19)式に代入して $I$ を求める。そして求めた $I$ と $z_+$，$z_-$，**A** を(20)式に代入すれば $\gamma_\pm$ を求めることができる。

**解** モル濃度を 1000 [mol/m$^3$]（基準値）で割ったものを $c$ とする。

・モル濃度 1.00 [mol/m$^3$] の KCl 水溶液：$z_+ = z_- = 1$ であるから

$$I = \frac{1}{2}\{(0.00100)(1)^2 + (0.00100)(1)^2\} = 0.00100$$

$$\log \gamma_\pm = -(0.511)(1)(1)\sqrt{0.00100} = -0.0162 \qquad \gamma_\pm = 10^{-0.0162} = 0.963$$

・モル濃度 10.00 [mol/m$^3$] の KCl 水溶液：$z_+ = z_- = 1$ であるから

$$I = \frac{1}{2}\{(0.0100)(1)^2 + (0.0100)(1)^2\} = 0.0100$$

$$\log \gamma_\pm = -(0.511)(1)(1)\sqrt{0.0100} = -0.0511 \qquad \gamma_\pm = 10^{-0.0511} = 0.889$$

・モル濃度 1.00 [mol/m$^3$] の CuSO$_4$ 水溶液：$z_+ = z_- = 2$ であるから

$$I = \frac{1}{2}\{(0.00100)(2)^2 + (0.00100)(2)^2\} = 0.00400$$

$$\log \gamma_\pm = -(0.511)(2)(2)\sqrt{0.00400} = -0.129 \qquad \gamma_\pm = 10^{-0.129} = 0.743$$

・モル濃度 10.0 [mol/m$^3$] の CuSO$_4$ 水溶液：$z_+ = z_- = 2$ であるから

$$I = \frac{1}{2}\{(0.0100)(2)^2 + (0.0100)(2)^2\} = 0.0400$$

$$\log \gamma_\pm = -(0.511)(2)(2)\sqrt{0.0400} = -0.409 \qquad \gamma_\pm = 10^{-0.409} = 0.390$$

このように同濃度でも，イオンの価数が大きいと平均活量係数は顕著に小さくなる。また濃度が増加したときの平均活量係数の減少の程度も，イオンの価数が大きいと著しくなる。

### 問題 2-11

10.0 [mol/m$^3$] の Fe$_2$(SO$_4$)$_3$ 水溶液のイオン強度と平均活量係数を求めよ。

**ヒント** $z_+ = 3$。$z_- = 2$。モル濃度は Fe$^{3+}$ が $2 \times 10.0$ [mol/m$^3$]，SO$_4^{2-}$ が $3 \times 10.0$ [mol/m$^3$] になることに注意して，【例題 2-7】と同様にして解けばよい。なお，**A** = 0.511。

## 2.7 発展 輸率

イオン伝導において何種類かのイオンが電気を伝えるとき，電気回路でいうといくつかの抵抗が並列につながっている場合に似ている。

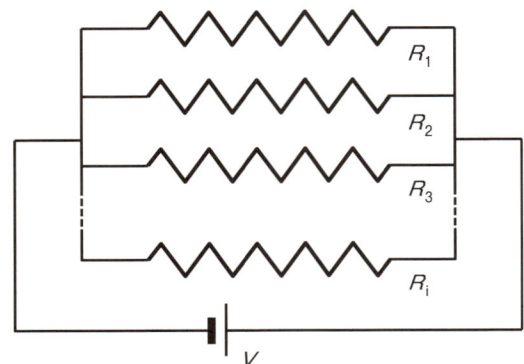

図 2-5 抵抗が並列に接続された回路

たとえば図 2-5 のような回路で電圧 $V$ がかかったときに，$R_1 \sim R_i$ の電気抵抗を流れる電流は，オームの法則より $V/R_1 \sim V/R_i$ になる。(1)式より，抵抗の形状によらない固有の値が $\rho$ でその逆数が $\kappa$ だから，$\kappa$ によって電流の程度（電気量の割合）を示すことができる。

イオン伝導において，すべての種類のイオンが運ぶ電気量のうち，あるイオンが運ぶ電気量の割合はそのイオンの**輸率**[15]と呼ばれ，$t$ で表されることが多い。電気量の割合は $\kappa$ を用いて示すことができ，陽イオンと陰イオンの輸率を $t_+$，$t_-$ とすると，(4)式と(5)式より(22)式と(23)式のように表すことができる。なお，$t_+ + t_- = 1$ となることは言うまでもない。$t_+$ や $t_-$ は実験で測定できるので，$t_+$ や $t_-$ と $\kappa$ から $\lambda_+$，$\lambda_-$，$v_+$，$v_-$ を決定できる。

$$t_+ = \frac{\kappa_+}{\kappa} = \frac{c_+ \lambda_+}{c\Lambda} = \frac{c_+ \lambda_+}{c_+ \lambda_+ + c_- \lambda_-} = \frac{z_+ c_+ v_+}{z_+ c_+ v_+ + z_- c_- v_-} \tag{22}$$

$$t_- = \frac{\kappa_-}{\kappa} = \frac{c_- \lambda_-}{c\Lambda} = \frac{c_- \lambda_-}{c_+ \lambda_+ + c_- \lambda_-} = \frac{z_- c_- v_-}{z_+ c_+ v_+ + z_- c_- v_-} \tag{23}$$

無限希釈の理想的な状態における陽イオンと陰イオンの輸率（$t_+^\infty$，$t_-^\infty$）は，(5)式，(6)式，(9)式を考慮すると(24)式と(25)式のようになる。もちろんこの場合も，$t_+^\infty + t_-^\infty = 1$ である。

$$t_+^\infty = \frac{c_+ \lambda_+^\infty}{c\Lambda^\infty} = \frac{n_+ \lambda_+^\infty}{n_+ \lambda_+^\infty + n_- \lambda_-^\infty} = \frac{v_+^\infty}{v_+^\infty + v_-^\infty} \tag{24}$$

$$t_-^\infty = \frac{c_- \lambda_-^\infty}{c\Lambda^\infty} = \frac{n_- \lambda_-^\infty}{n_+ \lambda_+^\infty + n_- \lambda_-^\infty} = \frac{v_-^\infty}{v_+^\infty + v_-^\infty} \tag{25}$$

---

[15] 輸率の理論に貢献した学者の名を冠して，**ヒットルフ数**とも呼ばれる。

## 【例題 2-8】モル導電率と輸率

モル濃度が $10.0\ [\mathrm{mol/m^3}]$ の HCl 水溶液の導電率を測定したところ $0.427\ [\mathrm{S/m}]$ であった。このときの $\mathrm{H^+}$ の輸率を $0.825$ とすると，$\mathrm{H^+}$ と $\mathrm{Cl^-}$ のモル導電率と移動度はいくらになるか。ただし，HCl は完全に電離しているものとする。なお，$F=96500\ [\mathrm{C/mol}]$ として計算せよ。

> $\Lambda$ は (6) 式に $c=10\ [\mathrm{mol/m^3}]$ と $\kappa=0.427\ [\mathrm{S/m}]$ を代入して求める。完全に電離していて，$n_+=n_-=1$ なので $c_+=c_-=c=10.0\ [\mathrm{mol/m^3}]$ である。よって (22) 式と (23) 式より，$\lambda_+=\Lambda t_+$，$\lambda_-=\Lambda t_-$。$t_+=0.825$ だから，$t_-=1-t_+=1-0.825=0.175$ となり，これらの値と $\Lambda$ の値を代入すれば，$\lambda_+$ と $\lambda_-$ が求められる。$z_+=z_-=1$ だから，$\lambda_+$ と $\lambda_-$ の値から (5) 式を用いて，$v_+$ と $v_-$ を計算すればよい。

**解** $c=10.0\ [\mathrm{mol/m^3}]$ で $\kappa=0.427\ [\mathrm{S/m}]$ なので，(6) 式より $\Lambda$ は

$$\Lambda = \frac{\kappa}{c} = \frac{0.427}{10.0} = 0.0427\ [\mathrm{S\cdot m^2/mol}]$$

$t_+=0.825$，$t_-=0.175$ を，$\lambda_+=\Lambda t_+$，$\lambda_-=\Lambda t_-$ に代入して

$$\lambda_+ = \Lambda t_+ = (0.0427)(0.825) = 0.0352\ [\mathrm{S\cdot m^2/mol}]$$
$$\lambda_- = \Lambda t_- = (0.0427)(0.175) = 0.00747\ [\mathrm{S\cdot m^2/mol}]$$

(5) 式を変形して $z_+=z_-=1$ と $F=96500\ [\mathrm{C/mol}]$ を代入すると $v_+$ と $v_-$ は

$$v_+ = \frac{\lambda_+}{Fz_+} = \frac{0.0352}{(96500)(1)} = 3.65\times 10^{-7}\ [\mathrm{m^2/(V\cdot s)}]$$
$$v_- = \frac{\lambda_-}{Fz_-} = \frac{0.00747}{(96500)(1)} = 7.74\times 10^{-8}\ [\mathrm{m^2/(V\cdot s)}]$$

$\mathrm{H^+}$ のモル導電率が顕著に高いのはプロトン・ジャンプ機構と呼ばれる特殊な相互作用によるものである。これは水分子と $\mathrm{H^+}$ が相互作用して電荷が移動されるものである。

---

### 問題 2-12

$\mathrm{K^+}$，$\mathrm{SO_4^{2-}}$，$\mathrm{Cl^-}$ の無限希釈モル導電率は，それぞれ $0.00735\ [\mathrm{S\cdot m^2/mol}]$，$0.0160\ [\mathrm{S\cdot m^2/mol}]$，$0.00763\ [\mathrm{S\cdot m^2/mol}]$ である。これらの値を用いて，無限希釈の $\mathrm{K_2SO_4}$ 水溶液における $\mathrm{K^+}$ と $\mathrm{SO_4^{2-}}$ の輸率，無限希釈の KCl 水溶液における $\mathrm{K^+}$ と $\mathrm{Cl^-}$ の輸率を求めよ。

> **ヒント** $\mathrm{K_2SO_4}$ は $n_+=2$，$n_-=1$ であり，KCl は $n_+=1$，$n_-=1$ であることに注意して，(24) 式と (25) 式に代入すればよい。

## 2.8 電気化学とは

電圧は電荷の偏り（分離）により生まれる。身近な例では，髪の毛にセルロイド板を当ててこすると発生する静電気がある（摩擦電気）。下表に電子伝導体，イオン伝導体，絶縁体の異相界面間に発生する電圧の例を示す。

|  | 絶縁体 | 電子伝導体 | イオン伝導体 |
|---|---|---|---|
| 絶縁体 | 摩擦電気 |  |  |
| 電子伝導体 |  | 接触電位 | 電極電位 |
| イオン伝導体 |  |  | 液間電位，膜電位 |

異種の電子伝導体が接触すると必ず荷電分離が起こり**接触電位**という電圧が生じ，これは熱電対などに利用されている。イオンは固有の移動度を持つので，異なる電解質の接触によって**液間電位**という電圧が生じ，膜を介しての電解質の接触では**膜電位**という電圧が生じる。電子伝導体（電極）とイオン伝導体（電解質）の界面には**電極電位**という電圧が発生する。他方，電解における界面での電子移動にはエネルギー（電位）が必要であり，電位が電子移動の有無やその方向を決めることになる。

電気化学は主として電子伝導体（電極）とイオン伝導体（電解質）の界面における電子移動（界面電気現象）を取り扱う学問分野である。そして対象となる**電気化学反応**は，反応式中に電子（$e^-$）が見られる反応と定義できるであろう。酸化還元反応は電子移動を伴う反応であり，すべての酸化還元反応は酸化と還元の2つの電気化学反応に分けることができる。たとえば $H_2$ と $O_2$ が反応して $H_2O$ が生成する反応は酸化還元反応であるが（(26)式），$H_2$ の酸化反応（(27)式）と $O_2$ の還元反応（(28)式）に分けることができる。

$$H_2 + \frac{1}{2}O_2 \longrightarrow H_2O \tag{26}$$

$$H_2 \longrightarrow 2H^+ + 2e^- \tag{27}$$

$$\frac{1}{2}O_2 + 2H^+ + 2e^- \longrightarrow H_2O \tag{28}$$

電気化学反応自身にイオンが関与する場合はもちろん，いかなる電気化学反応が生じてもイオンが必ず関与するので，イオンの物理・化学的挙動も電気化学の対象になる。現在では，イオン，電子などの荷電粒子が関与するすべての物理・化学プロセスが電気化学の対象分野と考えられている。たとえば均一相中での電子移動反応について研究したマーカス（1992年ノーベル賞受賞）の理論も電気化学の分野である。

## 2.9　電気化学システムで何ができるか

電極／電解質の組み合わせを**半電池**というが，この半電池を2つ組み合わせて電気化学システムが構築される。この電気化学システムにおいて，各々の界面で電子移動（一方の半電池で酸化反応，他方の半電池で還元反応）が起こればエネルギー変換が行える。自発的に進行する酸化・還元反応を用いれば，電池を形成させることができる。電池は化学エネルギーを電気エネルギーに変換するものである。たとえば $Cu^{2+}$ を含む溶液に Zn 板を挿入すれば，(29)式の酸化還元反応が自発的に進行するが（**図 2-5 (a)**），これでは電気を取り出すことはできない。この反応を**図 2-5 (b)**のように別々な場所（正極と負極）で行なわせれば，電気を取り出せる電池となり得る[*16]。

$$Cu^{2+} + Zn \longrightarrow Cu + Zn^{2+} \tag{29}$$

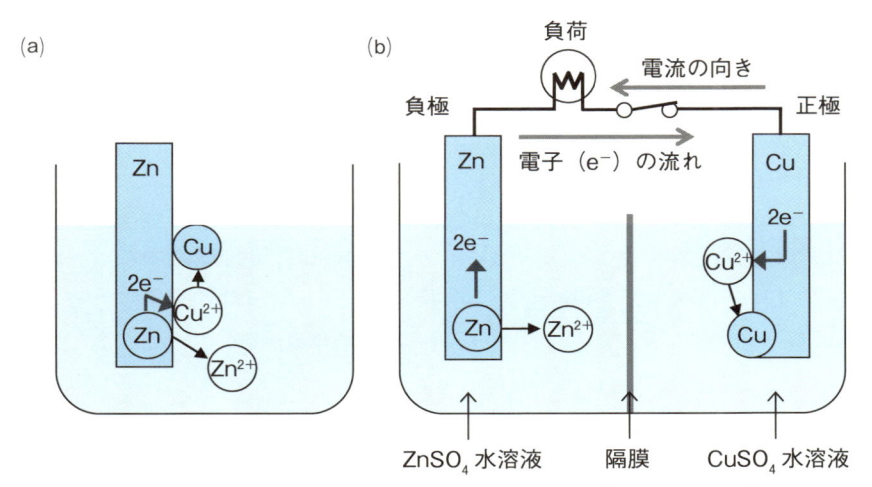

**図 2-5　自発的に進む $Cu^{2+}$ と Zn の酸化還元反応と電池への利用**

電池の正極と負極に直流電源をつないで電解すれば，電池を充電することになり（充電反応が進行し）電気エネルギーを化学エネルギーとして変換できる。

その他，電位や電流は濃度（活量）や温度に依存するので，濃度や温度を電気信号に変換することも可能であり（センサー機能），情報の交換も行なえる。電気化学システムを構築することによる電池，電解，センサーの3項目については，6章以降で解説する。

---

[*16] この電池を**ダニエル電池**と呼ぶ。

## 2.10 電気化学システムの構成要素

電気化学システムの構成要素は，1) **電極（電子伝導体）**，2) **電解質（イオン伝導体）**，3) **隔膜**，4) **外部回路**，である。電解の呼び方として，酸化反応が起こる電極を**陽極（アノード）**，還元反応が起こる電極を**陰極（カソード）**と呼ぶ。電解の場合は正極が陽極，負極が陰極であるが，電池の場合は正極が陰極，負極が陽極ということになる。2) は電解質水溶液以外にリチウム電池における電解質非水溶液，アルミニウムの電解精錬時などの溶融塩，固体電解質などもある。3) の隔膜は，陽極と陰極の溶液が混合し望ましくない反応が起こるのを抑制するために溶液を仕切るもので，素焼き板やイオン交換膜などが用いられる。4) は，電池の場合は豆電球やモーターなどの負荷であるが，電解の場合は電源ということになる。**図 2-6** には 1) と 2) の実際の使用例を示す。これらの代表例については 6 章以降で解説する。

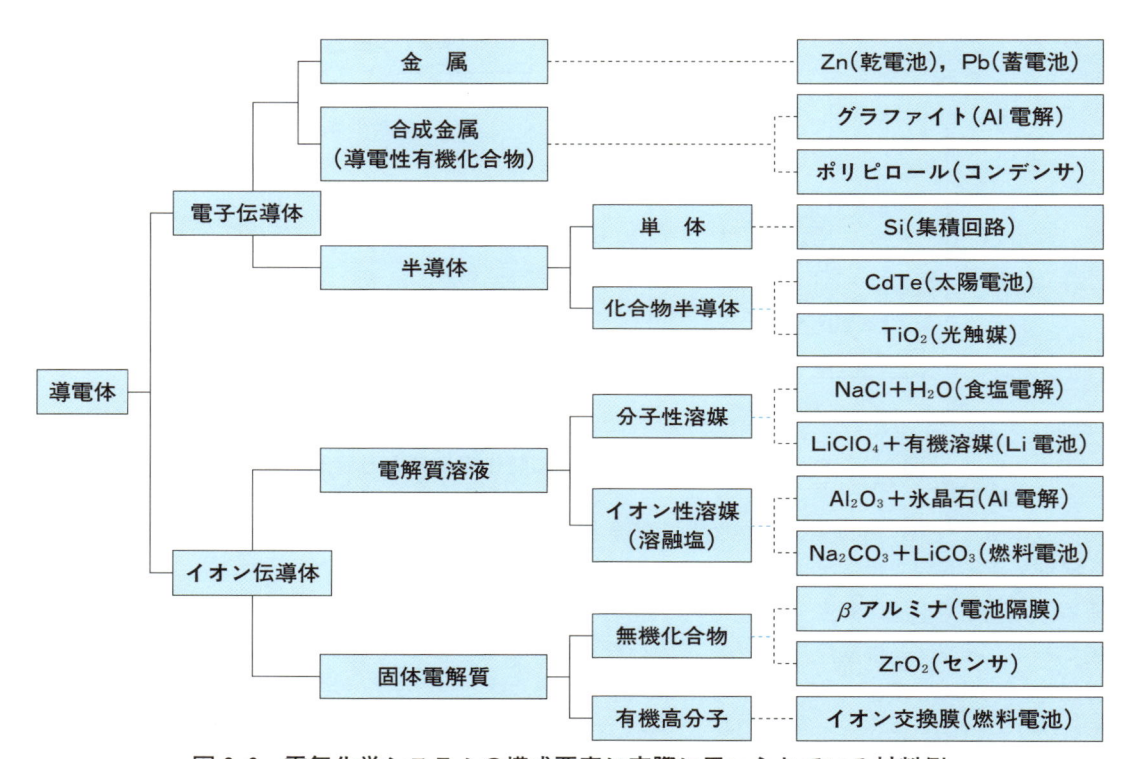

```
導電体
├─ 電子伝導体
│   ├─ 金属 ──────────────── Zn(乾電池), Pb(蓄電池)
│   ├─ 合成金属 ──────────── グラファイト(Al 電解)
│   │   (導電性有機化合物)     ポリピロール(コンデンサ)
│   └─ 半導体
│       ├─ 単体 ──────────── Si(集積回路)
│       └─ 化合物半導体 ───── CdTe(太陽電池)
│                             TiO₂(光触媒)
└─ イオン伝導体
    ├─ 電解質溶液
    │   ├─ 分子性溶媒 ─────── NaCl+H₂O(食塩電解)
    │   │                     LiClO₄+有機溶媒(Li 電池)
    │   └─ イオン性溶媒 ───── Al₂O₃+氷晶石(Al 電解)
    │       (溶融塩)          Na₂CO₃+LiCO₃(燃料電池)
    └─ 固体電解質
        ├─ 無機化合物 ─────── βアルミナ(電池隔膜)
        │                     ZrO₂(センサ)
        └─ 有機高分子 ─────── イオン交換膜(燃料電池)
```

図 2-6　電気化学システムの構成要素に実際に用いられている材料例

## 演習問題 2

① 内径が 5.0 [mm] 長さが 10 [cm] のガラス管を 1.0 [mol/m³] の $Na_2SO_4$ 水溶液で満たしたとき，この円柱型の液柱の長さ方向の電気抵抗はいくらになるか。ただし $Na^+$ と $SO_4^{2-}$ は無限希釈の状態とし，$Na^+$ と $SO_4^{2-}$ の無限希釈のモル導電率は 0.0050 [S·m²/mol] と 0.016 [S·m²/mol] とする。

**ヒント** $n_+=2$, $n_-=1$ であることに注意し，(10)式, (6)式, (1)式を用いて解けばよい。

② 導電率 ($\kappa$) の単位は [S/m] であるが，これを [C] [V] [m] [s] の単位を用いて表すとどのように表されるか。

**ヒント** (2)式より，$\kappa=nqv$ であり，$n$, $q$, $v$ の単位の積となる。

③ 25℃における $HCOONa$, $HNO_3$, $NaNO_3$ の無限希釈モル導電率がそれぞれ 0.0105, 0.0421, 0.0121 [S·m²/mol] である。これらの値を用いて，25℃における $HCOOH$ の無限希釈モル導電率を求めよ。

**ヒント** (10)式を用いて求めればよい。$n_+$ と $n_-$ はすべて 1 である。

④ 難溶性塩である $AgCl$ は水にごくわずかしか溶解しないが，溶解したものはほぼ完全に電離するので $Ag^+$ と $Cl^-$ のモル濃度（$[Ag^+]$, $[Cl^-]$）は溶解度を示している。いま $AgCl$ の飽和水溶液の導電率が $1.85 \times 10^{-4}$ [S/m] であったとき，溶解度積 $K_{sp}$ ($=[Ag^+]\times[Cl^-]$) はいくらか。ただし希薄溶液のため $\Lambda=\Lambda_\infty$ としてよく，$Ag^+$ と $Cl^-$ の無限希釈モル導電率はそれぞれ 0.00620, 0.00760 [S·m²/mol] として計算せよ。

**ヒント** (10)式を用いて $\Lambda_\infty$ を求め，(6)式に代入すれば，$[Ag^+]$ と $[Cl^-]$ が求められる。

⑤ 下表は $CH_3COOH$ 水溶液の $c$ と $\Lambda$ のデータである。下表からグラフを作成して酢酸の $K_a$ を概算せよ。ただし $\lambda_+ + \lambda_- = 0.0352$ [S·m²/mol] とする。

| $c$[mol/m³] | 0.500 | 1.00 | 2.00 | 5.00 | 10.0 | 20.0 |
| --- | --- | --- | --- | --- | --- | --- |
| $\Lambda$[S·m²/mol] | 0.00678 | 0.00493 | 0.00358 | 0.00230 | 0.00163 | 0.00116 |

**ヒント** (16)式より $\Lambda$ を $y$ 軸に $c^{-\frac{1}{2}}$ を $x$ 軸にとりグラフを作成し，傾きから求めればよい。

⑥ 2.00 [mol/m³] の $Cr_2(SO_4)_3$ 水溶液のイオン強度はいくらか。また，この溶液における平均活量係数を求めよ。ただし，(20)式における $A$ は 0.511 とする。

**ヒント** $c_+=2c$, $c_-=3c$, $z_+=3$, $z_-=2$ に注意して(19)式, (20)式, (18)式を用いる。

⑦ 塩酸に $NaOH$ 水溶液を滴下していくときに，導電率を同時に測定しながら行なえば終点を知ることができる[17]。この原理を各 $\lambda$ が $\lambda^\infty$ に近似でき一定であるとして調べ，定性的なグラフを描いて説明せよ。

**ヒント** $H^+$ と $OH^-$ の無限希釈モル導電率は，$Cl^-$ と $Na^+$ のそれらに比べ桁違いに大きい。

---

[17] このように，フェノールフタレイン指示薬などを加えなくても，溶液の導電率を測定しながら中和滴定における終点を決定することができる。これを**伝導度滴定**といい，滴定の自動化などが行なえるなどの利点がある。

# 3 電極電位

電池には正極と負極，電解を行なうためには陽極と陰極の2つの電極があればよい。

しかしそれらそれぞれの電極の電位はどうなっているのだろうか。

たとえば，希硫酸水溶液に白金電極を2つ浸して両極間に2.0［V］の電圧をかけたとき，陽極－陰極間の電位差（電圧）は2.0［V］であるが，陽極と陰極のそれぞれの単独の電位は分らない。

ちょうどある山の山頂に達し，隣の山の山頂との高さの差が200［m］あったとしても，自分がいる山頂の高さがわからないと隣の山の山頂の高さがわからないことに似ている。

山の山頂の高さは東京湾の海抜を「0」と決めて決定している。

そうするとどの山の山頂の高さも決定でき，エネルギー的にどの山の山頂に到達するのが一番楽かきついかがわかる。

これと同様に，陽極や陰極の電位を決定するにも何か東京湾の海抜のような基準がいる。

もしその基準にしたがって決めた電位であれば，陽極や陰極の半電池における酸化反応や還元反応の起こりやすさがわかるはずである。

ここでは電極の電位はどうやって決まるのか，そしてその決まった電位が何を意味しているのか，などについて見ていくことにする。

イタリアの10000リラ札にはボルタとボルタ博物館が描かれていた（旧イタリア10000リラ札）

## 3.1 電気的仕事(電気エネルギー)

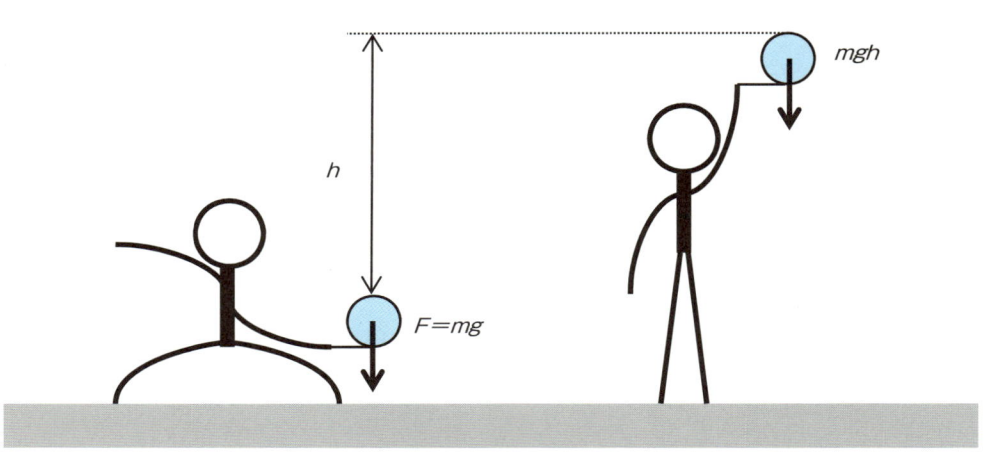

何かの力が働いている空間を**場**というが,この場から受けている力に逆らって物体を動かしたときの仕事は,仕事=力×距離,で定義される。たとえば,私たちのいる空間は重力が働いているので重力場である。この重力場に逆らって $m$ [kg] の物体を $h$ [m] だけ動かすと,受けている重力は重力加速度を $g$ [m/s$^2$] とすると $mg$ なので,仕事は $mgh$ となる。そして物体は,位置エネルギー $mgh$ を得る(図 3-1)。エネルギーは異なる種類のエネルギーに変換可能であり,エネルギーと仕事の関係は表裏一体である。

**図 3-1 仕事と位置エネルギー**

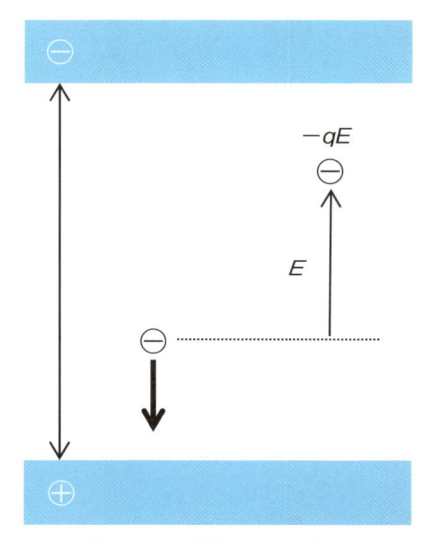

電気化学においては電気エネルギーと化学エネルギーが関係するが,ここでは電気エネルギーについてみていくことにしよう。**電場**に置かれた電荷は電場により力を受ける。図 3-2 のような電場に置かれた $-q$ [C] の負電荷を,受ける力に逆らって電位が $E$ [V] だけ離れたところに動かすときの仕事は $-qE$ となり,このエネルギーを得る[*1]。したがって,$n$ [mol] の電子が $E$ [V] の電位にあるときの電気エネルギーは,(1)式のようになる。

$$-nFE \ [\mathrm{J}] \tag{1}$$

**図 3-2 電気エネルギー**

---

[*1] 詳しくは電磁気学の教科書などを参考にするとよい。

## 3.2 電極電位

電池や電解における酸化還元反応は，各反応によって電気エネルギーが異なるはずである．つまり(1)式より $E$ が各反応により異なるはずで，$E$ がその反応の起こる目安になり便利である．**2.9**と**2.10**でみたように，$E$ は基本的に半電池の電位を表しているといえるが，$E$ を決定するにあたっては，基準となる半電池が必要である．$E$ を山の高さにたとえれば，基準となる高さが必要であるのと同様である．基準となる $E$ は(2)式の酸化還元反応の $E$ を 0 [V] としたときの相対値で示すことになっている[*2]．

$$2H^+ + 2e^- \rightleftarrows H_2 \tag{2}$$

電子の電荷は負であるから，電位が小さいほどエネルギーは高くなる．したがって(2)式についていえば，0 [V] 以下の $E$ では還元反応が起こり，0 [V] 以上の $E$ ででは酸化反応が起こるといえる．0 [V] では，酸化反応と還元反応の等しく起こっている平衡状態である．したがって，この電位を**平衡電極電位**あるいは**可逆電極電位**と呼ぶ．この電位は反応に関与する物質の濃度が異なれば，当然異なるはずである．基準として反応に関与する物質間にまったく相互作用がなく形式的に活量をすべて1とした平衡電極電位を**標準電極電位（標準酸化還元電位，標準単極電位，標準レドックス電位）**といい $E^\circ$ で表す．

pH が 0.00 の水溶液中に白金電極を挿入し1気圧の $H_2$ を吹き込むと，0 [V] を示す電極が得られる．この電極を**標準水素電極（SHE）**と呼び，この電極に接続すれば測定したい電極の電位を測定できる．この SHE のように基準用に利用できる電極を**基準電極（参照電極，照合電極）**という．SHE は水素ボンベを必要とし扱いにくいので，実際の測定には取り扱いやすく市販もされている銀／塩化銀電極（飽和 KCl 水溶液のもので ＋0.199 [V] を示す）などが主に用いられている．なお調べたい電極のことを**動作電極**という．

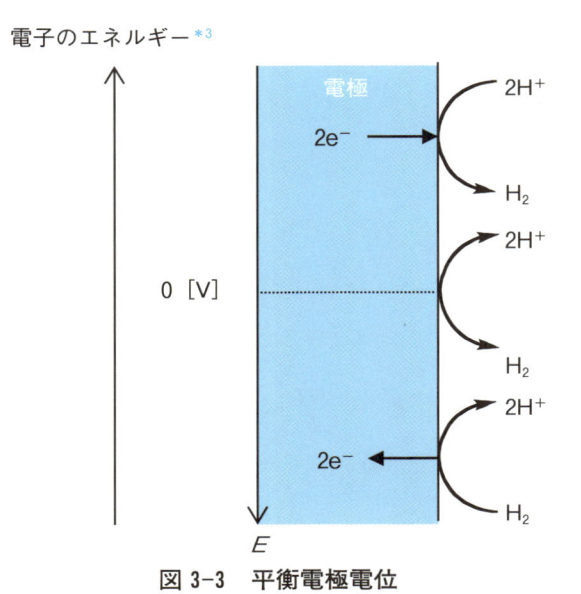

図 3-3　平衡電極電位

---

[*2] 電極電位は電極と溶液との内部電位差（**ガルバニ電位差**）であり絶対値は実測できないので，基準電極に対する相対値として測定する．**内部電位**は**外部電位**と**表面電位**の和であるが，外部電位差（**ボルタ電位差**あるいは**接触電位差**）は実測できる．
[*3] 電子の電荷は負なので電位（$E$）が高いほど電子のエネルギーは低くなる．このように電子のエネルギーを上向きにとった方が直感的に解りやすいので，本書では $E$ を下向きにして表わすことにする（図 3-3）．

## 3.3 ネルンストの式

平衡電極電位 $E$ はその酸化還元に関与する物質の活量に影響されることを述べたが，どのように影響されるのであろうか。$Fe^{3+}$ と $Fe^{2+}$ の酸化還元反応についてみていこう。(3)式に酸化還元反応と標準電極電位を示すが，$Fe^{3+}$ のように電子を受取る物質を**酸化体**，$Fe^{2+}$ のように電子を放出する物質を**還元体**といい，酸化体と還元体の組を**酸化還元対**（**レドックス対**）という。

$$Fe^{3+} + e^- \rightleftarrows Fe^{2+} \qquad E° = +0.77 \text{ [V] } vs. \text{ SHE} \tag{3}$$

(3)式に限らず，標準酸化還元電位の反応式は，酸化体を左側に還元体を右側に記すように約束されている。なお $vs.$ は $versus$ の省略形で，$vs.$ SHE は SHE に対する相対値，ということを示している。

$Fe^{2+}$ が $Fe^{3+}$ よりも多い場合（$a_{Fe^{2+}} > a_{Fe^{3+}}$），負電荷の電子を多く与えて平衡に達するので $E$ は低くなる。逆に，$a_{Fe^{2+}} < a_{Fe^{3+}}$ の場合は $E$ が高くなる（図3-4）。

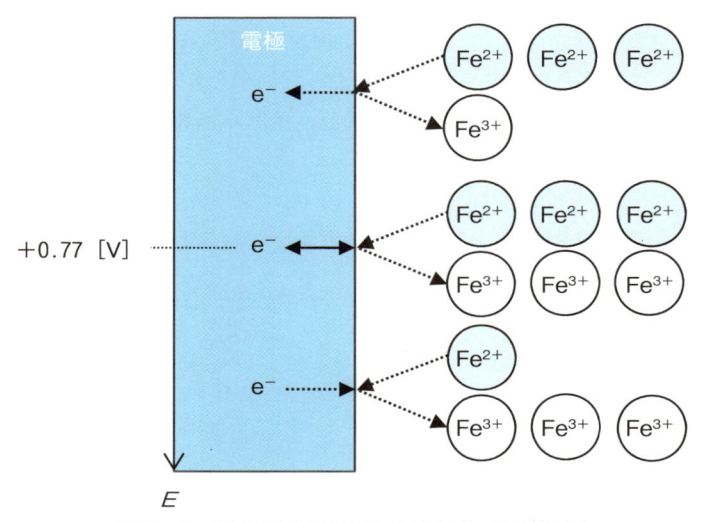

**図3-4 酸化体と還元体の活量と $E$ の関係**

このことを定式化すると(4)式のようになる。これを**ネルンストの式**という。

$$E = E° - \frac{RT}{F} \ln\left(\frac{a_{Fe^{2+}}}{a_{Fe^{3+}}}\right) \tag{4}$$

$$aA + bB + \cdots + ne^- \rightleftarrows cC + dD + \cdots \tag{5}$$

一般に(5)式のような反応式の場合，ネルンストの式は(6)式になる。ここで $R$ は気体定数，$T$ は絶対温度 [K] であり，25℃の場合を常用対数で示したのが右端の式である。これより**活量が一桁変わると $E$ が 59 [mV] 変化する**ことがわかる。

$$E = E° - \frac{RT}{nF} \ln\left(\frac{a_C^c a_D^d \cdots}{a_A^a a_B^b \cdots}\right) = E° - \frac{0.059}{n} \log\left(\frac{a_C^c a_D^d \cdots}{a_A^a a_B^b \cdots}\right) \tag{6}$$

## 【例題 3-1】 水の電気分解に必要な最低電圧

25℃の酸性水溶液中で白金電極を用いて水の電解を行なうときの最低の電圧はいくらか。この場合の水の電解における酸素と水素発生の反応は下式のとおりである。なお活量は気体のときは分圧，溶質のときはモル濃度で近似できるとし，酸素の分圧（$p_{O_2}$）と水素の分圧（$p_{H_2}$）は 1 [atm]，$H_2O$ の活量は 1 とする。また，pH＝－log [$H^+$]（[$H^+$] は $H^+$ のモル濃度）としてよい。

(陽極)　$O_2 + 4H^+ + 4e^- \rightleftharpoons 2H_2O$　　$E° = +1.23$ [V]
(陰極)　$2H^+ + 2e^- \rightleftharpoons H_2$　　　　　　$E° = 0$ [V]

> $O_2$ と $H_2$ の分圧は 1，$H_2O$ の活量は 1 なので，酸化および還元反応式をみて (6) 式に代入する。pH との関係を求めるので，(6) 式の右端の式を使う。pH＝－log [$H^+$] を考慮して $E$ と pH の関係を求めればよい。

**解**　陽極の平衡電極電位 $E_+$ は，$n=4$，$a_{O_2}=p_{O_2}=1$，$a_{H_2O}=1$，$a_{H^+}=$ [$H^+$]，$E°=+1.23$ [V] を (6) 式代入することにより，

$$E_+ = E° - \frac{0.059}{n}\log\left(\frac{a_{H_2O}^2}{a_{O_2}a_{H^+}^4}\right) = +1.23 - \frac{0.059}{4}\log\left(\frac{1}{[H^+]^4}\right) = 1.23 - 0.059\mathrm{pH}$$

陰極の平衡電極電位 $E_-$ は，$n=2$，$a_{H_2}=p_{H_2}=1$，$a_{H^+}=$ [$H^+$]，$E°=0$ [V] を (6) 式代入することにより

$$E_- = E° - \frac{0.059}{n}\log\left(\frac{a_{H_2}}{a_{H^+}^2}\right) = 0 - \frac{0.059}{2}\log\left(\frac{1}{[H^+]^2}\right) = -0.059\mathrm{pH}$$

したがって，水の電解を行なうときの最低の電圧は $E_+ - E_-$ となるから

$$E_+ - E_- = 1.23 - 0.059\mathrm{pH} - (-0.059\mathrm{pH}) = 1.23 \text{ [V]}$$

**pH が上昇すると，陽極の電位と陰極の電位はともに減少するが，電圧は変わらない。**

---

### 問題 3-1

【例題 3-1】について，まったく同様にして 25℃の塩基性水溶液中で白金電極を用いて水の電解を行なうときの最低の電圧を求めよ。ただしこの場合の水の電解における酸素と水素発生の反応は下式のとおりである。

(陽極)　$O_2 + 2H_2O + 4e^- \rightleftharpoons 4OH^-$　　$E° = +0.401$ [V]
(陰極)　$2H_2O + 2e^- \rightleftharpoons H_2 + 2OH^-$　　$E° = -0.828$ [V]

**ヒント**　pH で示すときは水のイオン積，[$H^+$][$OH^-$]$=1.0\times10^{-8}$ [mol$^2$/m$^6$] を利用する。

## 3.4 標準電極電位(1)：イオン化傾向

酸化体と還元体の活量の比が1の条件で測定した電位を**式量電位**（$E^{\dagger}$）と呼ぶ。$E^{\dagger}$ は電解質の種類や濃度によって異なる。たとえば(3)式で $E° = +0.77$ [V] であるが，0.5 [mol/L] HCl で $E^{\dagger} = +0.710$ [V]，1.0 [mol/L] $H_2SO_4$ で $E^{\dagger} = +0.680$ [V] である（$E° \neq E^{\dagger}$，$E°$ は理論的に決定されたもので実測値ではない）。

金属の**イオン化傾向**（**イオン化列，電気化学列**）は対応する金属イオン間の酸化還元反応を $E°$ の順番に並べたものであるが，少なくとも $E°$ の差が 0.2 [V] 以内の金属はイオン化傾向に入れるべきではない（実際の反応で順番が逆転することがあるため）。代表的な金属のイオン化傾向を下表に示す[*4]。

| 金属 | Mg | Al | Zn | Fe | Pb | $H_2$ | Cu | Ag |
|---|---|---|---|---|---|---|---|---|
| $E°$ [V] | $-2.37$ | $-1.66$ | $-0.76$ | $-0.44$ | $-0.13$ | 0 | $+0.34$ | $+0.80$ |

イオン化傾向によって金属イオンの還元や金属の酸化による金属イオンの放出などが，自発的に起こるかどうかを判断することができる。たとえば，$Cu^{2+}$ を含む水溶液中に亜鉛版（Zn）を浸した場合をみてみよう。左図はイオン化傾向が大きい順に反応を模式的に示したものである。$Cu^{2+}/Cu$ より $Zn^{2+}/Zn$ の電子のエネルギーの方が高いので，電子はより低いエネルギーになろうとする。その結果，(7)式の反応が自発的に進行する。この逆反応は電子がより高いエネルギーなるので起こらない。

$$Zn + Cu^{2+} \longrightarrow Zn^{2+} + Cu \tag{7}$$

イオン化傾向に限らずある酸化体と還元体との反が起こるかどうかは，**図 3-5** のように関係する酸化還元反応の電子エネルギーの高い順（$E°$ の低い順）に並べると判断できる。**電子エネルギーの低くなる方向であればその電子移動は自発的に起こる**が，その逆であれば起こらない。また，この酸化還元反応を電池に利用したときの理論電圧（$0.34 - (-0.76) = 1.10$ [V]）や逆反応を電解で起こす場合の理論電圧（同じ 1.10 [V]）も予想できる。

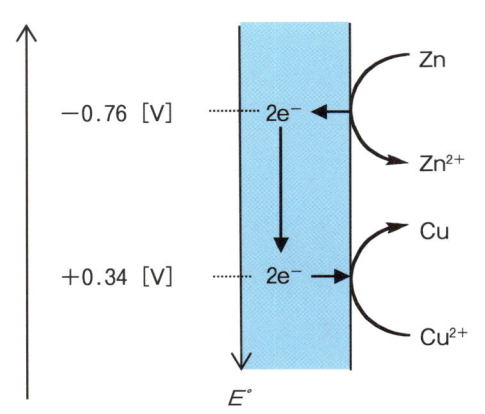

図 3-5　Zn と $Cu^{2+}$ 間の電子移動

---

[*4] 高等学校の教科書などでは K>Ca>Na>Mg>Al>Zn>Fe>Ni>Sn>Pb>$H_2$>Cu>Hg>Ag>Pt>Au としているものが多いが，測定してもその順序が変わらない，Na>Mg>Al>Zn>Fe>Pb>$H_2$>Cu>Ag>Au，程度にすべきであることが提案されている（渡辺ら，「電気化学」，丸善 (2001)）。

## 【例題 3-2】イオン化傾向による反応の予測

次の (A)〜(D) の 4 つの溶液のうち，混合すると酸化還元反応が生じるのはどれとどれか。またその酸化還元反応式も記せ。(A) $Br^-$ を含む溶液，(B) $Br_2$ を含む溶液，(C) $I^-$ を含む溶液，(D) $I_2$ を含む溶液。ただし，問題を解くにあたって，次式を参考にせよ。

$$Br_2 + 2e^- \rightleftharpoons 2Br^- \quad E° = +1.087 \text{ [V]} \quad I_2 + 2e^- \rightleftharpoons 2I^- \quad E° = +0.536 \text{ [V]}$$

図 3-5 のように考えればよいが，視覚的にわかりやすい図を右に示す。これは酸化体を空っぽのコップに，還元体を水の入ったコップに例え，$E°$ の順にコップを並べたものである。電子は水で表されていて，電子の移動は水の入ったコップから空っぽのコップに向かって起こる。この場合は，水は $2I^-$ から $Br_2$ のコップに流れる。

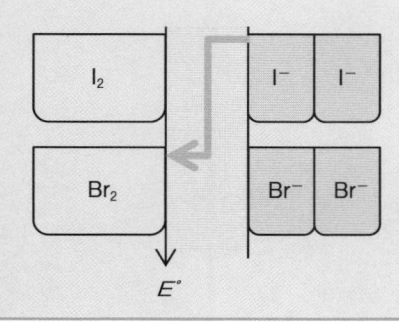

**解** 電子が移動できる組み合わせは，$I^-$ と $Br_2$ のみである。
(B) と (C) の溶液を混合すると下式の酸化還元反応が生じる。

$$Br_2 + 2I^- \longrightarrow 2Br^- + I_2$$

### 問題 3-2

酸性水溶液（$H^+$ を含む水溶液）中に，アルミニウム板（Al），亜鉛板（Zn），銅板（Cu）を浸したときに，酸化還元反応が生じる金属板の酸化還元反応を記せ。酸化還元反応が生じない場合は，×を記せ。

**ヒント** イオン化傾向を考慮すればよい。また移動する電子の数に注意する。

### 問題 3-3

希塩酸（$H^+$ を含む水溶液）中に銅板を浸しても酸化還元反応は起こらないが，酸化性の酸である硝酸水溶液中に浸すと以下のような酸化還元反応が生じる。

$$3Cu + 2HNO_3 + 6H^+ \longrightarrow 3Cu^{2+} + 2NO + 4H_2O$$

このときの硝酸の半電池反応式を記せ。

**ヒント** この場合の硝酸の半電池反応の $E°$ は $Cu^{2+}/Cu$ の $E°$ より高い。また Cu は 2 価である。

### 問題 3-4

1.00 [mol/L] の $Ag^+$ を含む水溶液 100 [mL] は，1.00 [g] の Al をすべて溶解させることができるか。ただし，Al のモル質量は 27.0 [g/mol] とする。

**ヒント** イオン化傾向を考慮すると，$Ag^+$ と Al は反応する。Ag が 1 価で Al が 3 価である。

## 3.5 標準電極電位(2)：電池の起電力

自発的に進行する酸化還元反応において，酸化反応と還元反応を別の電極上で行なうことができたならば，電池として利用できる。

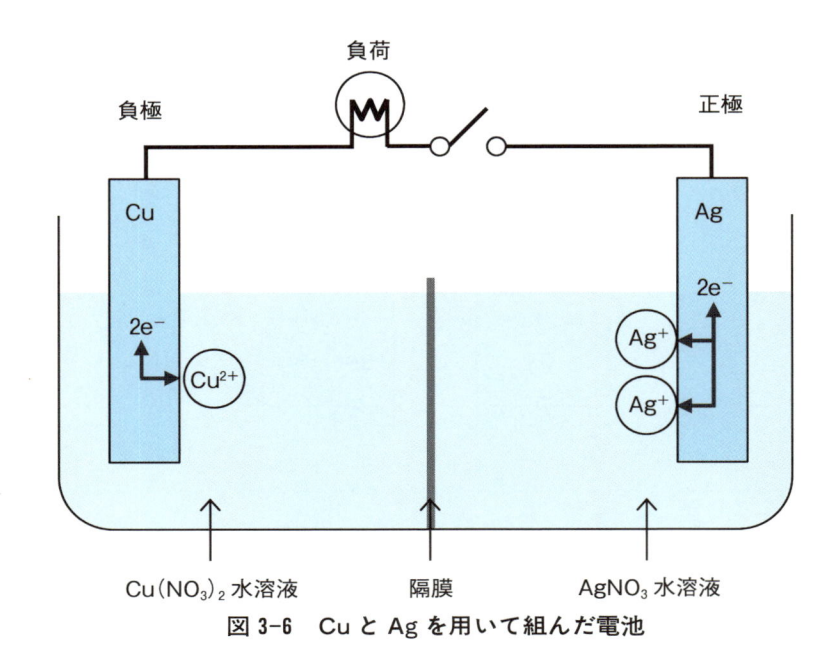

**図3-6 CuとAgを用いて組んだ電池**

たとえば図3-6は，$Cu(NO_3)_2$水溶液中にCuを浸した半電池と$AgNO_3$水溶液中にAgを浸した半電池を組み合わせた電池である。電池を表すのに**電池図式**がある。これは一番左側に負極を一番右側に正極を書き，相が異なる場合は｜で区切って表示する。したがって図3-6の電池の電池図式は(8)式のようになる。なお（aq）は水溶液を示す。

$$(-)\ Cu\ |\ Cu(NO_3)_2(aq)\ |\ AgNO_3(aq)\ |\ Ag\ (+) \tag{8}$$

放電する前の正極－負極間の電圧である**起電力**[*5]は電池図式における正極（電位が高い方の電極）の半電池の$E°$から負極（電位が低い方の電極）の半電池の$E°$を引いたものになる。

$$(電池の起電力) = (正極の半電池のE°) - (負極の半電池のE°) \tag{9}$$

(8)式の電池の場合の起電力は，$E°(Ag^+/Ag) = +0.799\ [V]$，$E°(Cu^{2+}/Cu) = +0.337\ [V]$なので，$0.799 - 0.337 = 0.462\ [V]$になる。他方，図2-5のダニエル電池（$(-)Zn\ |\ ZnSO_4(aq)\ |\ CuSO_4(aq)\ |\ Cu(+)$）の場合だと，起電力$= E°(Cu^{2+}/Cu) - E°(Zn^{2+}/Zn) = +0.337 - (-0.763) = 1.10\ [V]$になる[*6]。

---

[*5] 起電力はあくまで放電前のものであり，放電すると電池の電圧は起電力以下に減少していく。
[*6] 電池の場合の起電力は，正極－負極間の電子のエネルギーの差なので単純に$E°$の差でよいが，半電池の$E°$を他の$E°$から求めた場合は注意を要する（【例題3-3】参照）。

## 【例題 3-3】標準電極電位の計算

$Fe^{3+}/Fe^{2+}$ の標準電極電位 ($E^°_1$) と $Fe^{2+}/Fe$ の標準電極電位 ($E^°_2$) を用いて，$Fe^{3+}/Fe$ の標準電極電位 ($E^°_3$) を求めよ．

$$Fe^{3+} + e^- \rightleftarrows Fe^{2+} \quad E^°_1 = +0.771 \,[V] \quad Fe^{2+} + 2e^- \rightleftarrows Fe \quad E^°_2 = -0.440 \,[V]$$
$$Fe^{3+} + 3e^- \rightleftarrows Fe \quad E^°_3$$

> 反応熱はエネルギーなので，ヘスの法則によって未知の反応熱を既知の反応熱を用い求めることができる．未知の $E^°$ も既知の $E^°$ から計算できるが，反応熱のように計算することはできない．$E^°$ はエネルギーではないので，(1)式を用いて $E^°$ をエネルギーに直してから計算する．

**解** $Fe^{3+} + e^- \rightleftarrows Fe^{2+} \quad -FE^°_1 \quad \cdots(1) \qquad Fe^{2+} + 2e^- \rightleftarrows Fe \quad -2FE^°_2 \quad \cdots(2)$

(3)式は，(1)式+(2)式より得られるので

$$Fe^{3+} + 3e^- \rightleftarrows Fe \qquad -3FE^°_3 = (-FE^°_1) + (-2FE^°_2) \quad \cdots(3)$$

したがって，$E^°_3 = \dfrac{E^°_1 + 2E^°_2}{3} = \dfrac{+0.771 + 2(-0.440)}{3} = -0.0363 \,[V]$

---

### 問題 3-5

以下の 2 つの $Cr^{3+}$ の還元反応と $E^°_1$ と $E^°_2$ から，$Cr^{3+}/Cr$ の標準電極電位 ($E^°_3$) を求めよ．

$$Cr^{3+} + 3e^- \rightleftarrows Cr \quad E^°_1 = -0.740 \,[V] \qquad Cr^{3+} + e^- \rightleftarrows Cr^{2+} \quad E^°_2 = -0.408 \,[V]$$
$$Cr^{2+} + 2e^- \rightleftarrows Cr \quad E^°_3$$

**ヒント** 【例題 3-3】の計算とまったく同様にして計算すればよい．

### 問題 3-6

次の 1)～3) の電池図式で表される 3 つの電池について，それぞれの $E^°$ と半電池反応式から，電池の起電力と放電反応を記せ．

1) $(-)\ Zn\ |\ Zn^{2+}\ ||\ Co^{3+},\ Co^{2+}\ |\ Pt\ (+)$

$$Zn^{2+} + 2e^- \rightleftarrows Zn \quad E^°_1 = -0.763 \,[V] \qquad Co^{3+} + e^- \rightleftarrows Co^{2+} \quad E^°_2 = +1.820 \,[V]$$

2) $(-)\ Pt\ |\ H_2\ |\ HCl(aq)\ |\ AgCl\ |\ Ag\ (+)$ （ハーンド電池）

$$2H^+ + 2e^- \rightleftarrows H_2 \quad E^°_1 = 0 \,[V] \qquad AgCl + e^- \rightleftarrows Ag + Cl^- \quad E^°_2 = +0.222 \,[V]$$

3) $(-)\ Pt\ |\ Fe(CN)_6^{3-},\ Fe(CN)_6^{4-}\ ||\ Ag^+\ |\ Ag\ (+)$

$$Fe(CN)_6^{3-} + e^- \rightleftarrows Fe(CN)_6^{4-} \quad E^°_1 = +0.356 \,[V]$$
$$Ag^+ + e^- \rightleftarrows Ag \quad E^°_2 = +0.799 \,[V]$$

**ヒント** 電池では正極と負極に同じ数の電子が流れることに留意して反応式を作る．

## 3.6 標準電極電位(3)：平衡定数

酸化還元反応はすべて酸化反応と還元反応からなっており，それぞれに対応する半電池がある。$E°$は半電池の平衡時における電位なので，その酸化還元反応が平衡に達したときの**平衡定数**は，$E°$によって求めることができる。

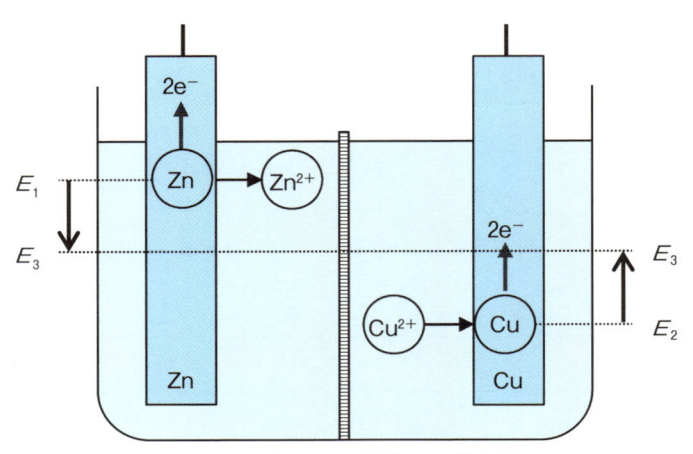

**図3-7　ダニエル電池の平衡電位**

すでにみたダニエル電池を例に説明する（図3-7）。放電前，半電池の平衡電位はそれぞれ $E_1$ と $E_2$ にある。放電し始めると，$E_1$ は増加し $E_2$ は減少していくと考えられる。そして放電反応が平衡に達すると $E_1$ と $E_2$ は等しくなるに違いない（$E_1=E_2=E_3$）[*7]。

$$E_1 = E°_1 - \frac{RT}{2F}\ln\left(\frac{1}{a_{Zn^{2+}}}\right) \qquad E_2 = E°_2 - \frac{RT}{2F}\ln\left(\frac{1}{a_{Cu^{2+}}}\right) \tag{10}$$

$E_1$ と $E_2$ はネルンストの式（(6)式）から，平衡時では $E_1=E_2$ であり，$E°_2-E°_1=\varDelta E°$ とすると，対数内は全体の電池反応（$Zn + Cu^{2+} \rightarrow Zn^{2+} + Cu$）の平衡定数 $K$ になる。

$$\varDelta E° = E°_2 - E°_1 = \frac{RT}{2F}\ln\left(\frac{a_{Zn^{2+}}}{a_{Cu^{2+}}}\right) = \frac{RT}{2F}\ln K \tag{11}$$

ダニエル電池の場合は $\varDelta E°=1.10$ [V] なので，(11)式に代入して $K$ を求めると，$K=1.64\times10^{37}$ になる。ダニエル電池のように自発的に進行する系の $K$ はこのように著しく大きな値になる。

(11)式を一般化すると(12)式のようになり，いろいろな酸化還元反応の $K$ はもちろん**溶解度積**（$K_{sp}$）や錯形成平衡における錯体の**安定度定数**（$\beta$）なども求めることができる。

$$\varDelta E° = E°_2 - E°_1 = \frac{RT}{nF}\ln K \tag{12}$$

$K_{sp}$ がきわめて小さい場合（$K_{sp}=6.3\times10^{-36}$ [mol²/L²]（CuS），$1.6\times10^{-39}$ [mol²/L²]（Fe(OH)₃）など），溶液内のイオン濃度が非常に低く，$K_{sp}$ は実測して求められないのでこの手法は有用である。

---

[*7] ネルンストの式も含め平衡電極電位はあくまでも平衡状態に達しているときの電位であるので，酸化還元反応が進行しているときの電位は知ることができない。この電位については速度論の分野に属する。

## 【例題 3-4】標準電極電位による溶解度積の決定

難容性塩の AgI の溶解度積（$K_{sp}$）を以下の 2 つの半電池反応と $E°$ から求めよ。

$$AgI + e^- \rightleftharpoons Ag + I^- \quad E°_1 = -0.151 \text{ [V]} \quad Ag^+ + e^- \rightleftharpoons Ag \quad E°_2 = +0.799 \text{ [V]}$$

ただし，$R=8.314$ [J/mol]，$T=298.15$ [K]，$F=96485$ [C/mol] とする。

> (12)式を用いれば，簡単に $K$ を求めることができる。この場合，$\varDelta E = E°_2 - E°_1$ とすると，反応式から解るように $K_{sp} = K^{-1}$ となる。

**解** (12)式を変形して，$n=1$，$R=8.314$ [J/mol]，$T=298.15$ [K]，$F=96485$ [C/mol] を代入すると，

$$K = K_{sp}^{-1} = \frac{nF(E°_2 - E°_1)}{RT} = \exp\left[\frac{(1)(96485)\{0.799-(-0.151)\}}{(8.314)(298.15)}\right]$$

$$K_{sp} = 8.73 \times 10^{-17} \text{ [mol}^2\text{/L}^2\text{]}^{*8}$$

---

### 問題 3-7

酸化還元滴定に用いられる過マンガン酸カリウム標準溶液は濃度既知のシュウ酸標準溶液などで滴定して決定する。その酸化還元反応は次式である。

$$5(COOH)_2 + 2MnO_4^- + 6H^+ \longrightarrow 10CO_2 + 2Mn^{2+} + 8H_2O$$

この酸化還元反応の平衡定数を以下の半電池反応と $E°$ から求めよ。ただし，$R=8.314$ [J/mol]，$T=298.15$ [K]，$F=96485$ [C/mol] とする。

$$2CO_2 + 2H^+ + 2e^- \rightleftharpoons (COOH)_2 \quad E°_1 = -0.490 \text{ [V]}$$
$$MnO_4^- + 8H^+ + 5e^- \rightleftharpoons Mn^{2+} + 4H_2O \quad E°_2 = +1.51 \text{ [V]}$$

**ヒント** (12)式をそのまま用いて計算すればよい。$n=10$ であることに注意する。

### 問題 3-8

錯イオンである $Fe(CN)_6^{3-}$ と $Fe(CN)_6^{4-}$ の錯生成定数は以下のとおりである。

$$\beta_1 = \frac{[Fe(CN)_6^{3-}]}{[Fe^{3+}][CN^-]^6} \quad \beta_2 = \frac{[Fe(CN)_6^{4-}]}{[Fe^{2+}][CN^-]^6}$$

いま，$\beta_1 = 1.2 \times 10^{31}$ [mol$^6$/L$^6$] であるとき，$\beta_2$ はいくらになるか。ただし，$Fe^{3+}/Fe^{2+}$ の $E°$ は $+0.771$ [V]，$Fe(CN)_6^{3-}/Fe(CN)_6^{4-}$ の $E°$ は $+0.356$ [V]，$R=8.314$ [J/mol]，$T=298.15$ [K]，$F=96485$ [C/mol] とする。

**ヒント** $\beta_1$ と $\beta_2$ を変形して得た $[Fe^{3+}]$ と $[Fe^{2+}]$ を $Fe^{3+}/Fe^{2+}$ の $K$ に代入することから始める。

---

[*8] $K$ は無次元量であるが，$K_{sp}$ は伝統的に単位を付していることが多い。

## 3.7 発展 濃淡電池

陽極と陰極の半電池が同じであっても，それらの電解質濃度（活量）が異なると電圧が発生する。このような電池を**濃淡電池**と呼ぶ。Ag/AgCl電極を濃度が異なる電解質に挿入した電池を図 3-8 に示す。

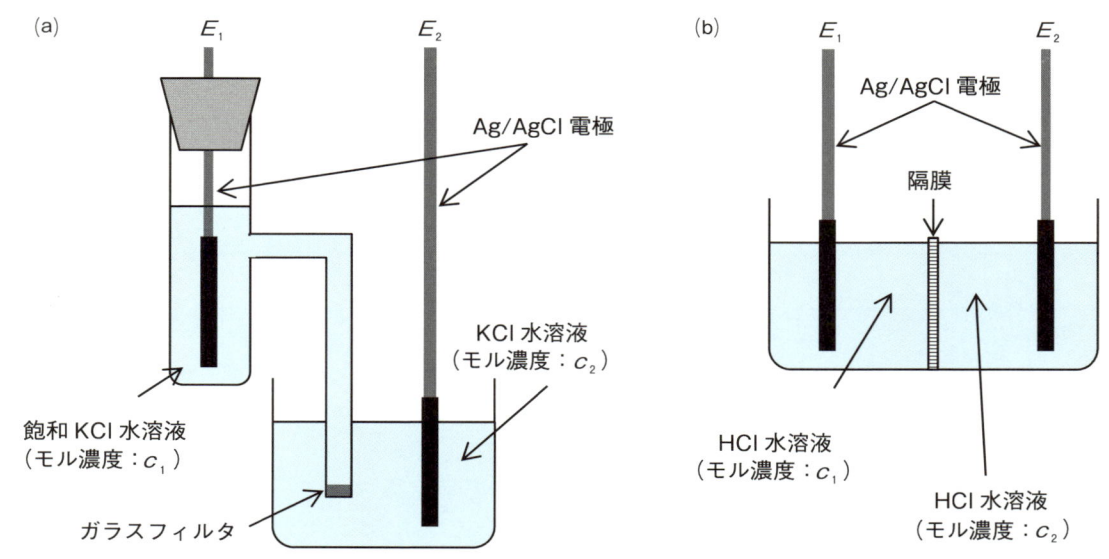

**図 3-8　Ag/AgCl 電極を用いて組んだ濃淡電池**

$$AgCl + e^- \rightleftharpoons Ag + Cl^- \qquad E° = +0.222 \ [V] \tag{13}$$

(a)は飽和 KCl 水溶液の液絡部が細い上にガラスフィルタがあるのでイオンはほとんど移動できない。他方，(b)は隔膜を通じてイオンが移動できる。半電池の反応は同じで(13)式のとおりである。(a)の場合，ネルンストの式より活量を $a_1$，$a_2$ とすると $E$ は $E_2 - E_1$ となり $E°$ は共通なので，(14)式のようになる。

$$E = \frac{RT}{F} \ln\left(\frac{a_1}{a_2}\right) \tag{14}$$

(b)の場合，$H^+$ が左側から右側に，$Cl^-$ が右側から左側に移動する。そのときの $H^+$ の輸率を $t_+$，$Cl^-$ の輸率を $t_-$ とし，左側の電解質溶液は(1)，右側の電解質溶液は(2)を付して表すことにすると $E$ は(15)式のようになる（2章(18)式参照）[*9]。

$$E = -\frac{RT}{F} \ln\left\{\frac{a_{H^+}(2) \, a_{Cl^-}(2)}{a_{H^+}(1) \, a_{Cl^-}(1)}\right\}^{t_+} = -\frac{2t_+ RT}{F} \ln\left\{\frac{a_\pm(2)}{a_\pm(1)}\right\} \tag{15}$$

---

[*9] これより，こういった電池の起電力を測定することによってイオンの輸率を求めることもできる。なお(15)式の導出は，【例題 3-5】を参照のこと。ガラスフィルタを介して飽和 KCl 水溶液で満たされた Ag/AgCl 電極は実用的な参照電極として用いられている。

## 【例題 3-5】 液絡がある場合の濃淡電池の $E$

図 3-8(b) の濃淡電池の $E$ を表す式 ((15)式) をネルンストの式を用いて導出せよ。ただし導出にあたって，以下の各式を参考にせよ。

$$Ag(1) + Cl^-(1) \rightleftharpoons AgCl(1) + e^- \quad \cdots ⓐ \qquad AgCl(2) + e^- \rightleftharpoons Ag(2) + Cl^-(2) \quad \cdots ⓑ$$

$$t_-Cl^-(2) \rightleftharpoons t_-Cl^-(1) \quad \cdots ⓒ \qquad t_+H^+(1) \rightleftharpoons t_+H^+(2) \quad \cdots ⓓ$$

> 平衡に達する前では，ⓐ式とⓑ式の反応が生じるので各液相の電荷を補償するために液相(2)から液相(1)へ $t_-Cl^-$ だけ $Cl^-$ が移動し，液相(1)から液相(2)へ $t_+H^+$ だけ $H^+$ が移動する。全体の反応式を，ⓐ式+ⓑ式+ⓒ式+ⓓ式，によって作り，その反応式にネルンストの式を適用すればよい。また，$t_+ + t_- = 1$，と $a_+ a_- = a_\pm^2$ の関係も用いる。

**解** ⓐ式+ⓑ式+ⓒ式+ⓓ式により，全体の反応式は

$$Ag(1) + Cl^-(1) + AgCl(2) + t_-Cl^-(2) + t_+H^+(1) \rightleftharpoons$$
$$AgCl(1) + Ag(2) + Cl^-(2) + t_-Cl^-(1) + t_+H^+(2)$$

$t_- = 1 - t_+$ を代入して整理すれば

$$Ag(1) + AgCl(2) + t_+Cl^-(1) + t_+H^+(1) \rightleftharpoons AgCl(1) + Ag(2) + t_+Cl^-(2) + t_+H^+(2)$$

ⓐ式とⓑ式の $E°$ は同じであること，Ag と AgCl の活量が 1 であること，$a_+ a_- = a_\pm^2$ であること考慮し，この反応式についてネルンストの式を適用すれば

$$E = -\frac{RT}{F}\ln\left\{\frac{a_{H^+}(2)^{t_+} a_{Cl^-}(2)^{t_+}}{a_{H^+}(1)^{t_+} a_{Cl^-}(1)^{t_+}}\right\} = -\frac{RT}{F}\ln\left\{\frac{a_{H^+}(2) a_{Cl^-}(2)}{a_{H^+}(1) a_{Cl^-}(1)}\right\}^{t_+} = -\frac{2t_+ RT}{F}\ln\left\{\frac{a_\pm(2)}{a_\pm(1)}\right\}$$

---

### 問題 3-9

2 つの標準水素電極間に液絡のある 2 つの塩酸を介した以下の電池図式で示される濃淡電池の起電力を求めよ。なお左側の塩酸の濃度 ($c_1$) は 0.060 [mol/L]，右側の塩酸の濃度 ($c_2$) は 0.010 [mol/L] であり，$H^+$ の $Cl^-$ の活量係数はそれぞれ 1 とする。また $H^+$ の輸率は 0.815 とし，$R = 8.314$ [J/mol]，$T = 298.15$ [K]，$F = 96485$ [C/mol] とする。

$$(-)\ Pt\ |\ H_2(1atm)\ |\ HCl(aq)(c_1)\ |\ HCl(aq)(c_2)\ |\ H_2(1atm)\ |\ Pt\ (+)$$

**ヒント** この場合の $E$ は以下のような式になる。活量係数が 1 であるから，活量とモル濃度が等しいとして ($a = c$) この式に代入して $E$ を求めればよい。なお，$t_- = 1 - t_+$ を利用する。

$$E = -\frac{2t_- RT}{F}\ln\left\{\frac{a_\pm(1)}{a_\pm(2)}\right\}$$

## 3.8 発展 膜電位と液間電位

組成の異なる電解質溶液 1 と 2 を膜を介して接触させることによって，1 と 2 の液相間に電圧が生じる。これを**膜電位**という。一例として $M^+$ と $A^-$ が通過できる膜を介して，モル濃度 $c_1$ と $c_2$ の MA を含む電解質溶液 1 と 2 を接触した場合を考えよう（図 3-9）。

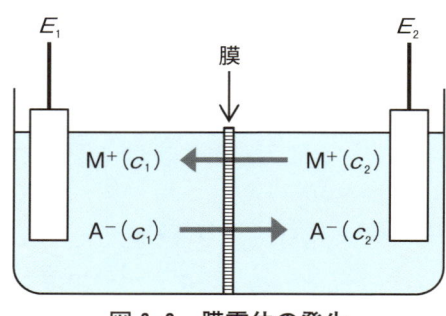

図 3-9 膜電位の発生

膜内における $M^+$ の輸率を $t^m_+$，$A^-$ の輸率を $t^m_-$ とすると[*10]，$A^-$ と $M^+$ の移動は (16) 式と (17) 式のように表され，全体としては (18) 式のようになる。(18) 式についてネルンストの式を適用すれば，膜電位を表す式（(19) 式）が得られる。

$$t^m_- A^-(1) \rightleftarrows t^m_- A^-(2) \tag{16}$$

$$t^m_+ M^+(2) \rightleftarrows t^m_+ M^+(1) \tag{17}$$

$$t^m_- A^-(1) + t^m_+ M^+(2) \rightleftarrows t^m_- A^-(2) + t^m_+ M^+(1) \tag{18}$$

$$E = -\frac{RT}{F}\left\{t^m_+ \ln\left(\frac{a_{M^+}(2)}{a_{M^+}(1)}\right) - t^m_- \ln\left(\frac{a_{A^-}(2)}{a_{A^-}(1)}\right)\right\} \tag{19}$$

陽イオンあるいは陰イオンを選択的に通過させる**イオン交換膜**のような**陽性膜**と**陰性膜**の極限においては，膜内の輸率は 1 と 0 になる。

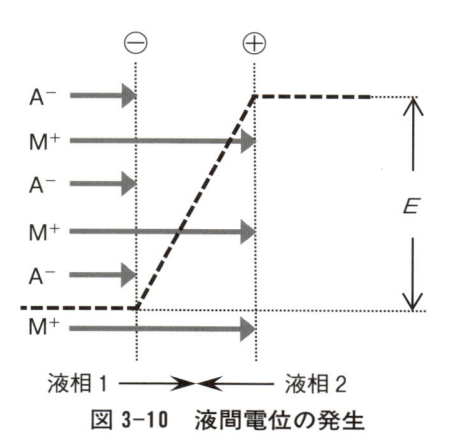

膜を介しなくても異なる電解質溶液が接触すると電圧が生まれ，それを**液間電位**という。たとえば $M^+$ と $A^-$ を含む液相 1 とそれらのイオンを含まない液相 2 が接触し $M^+$ と $A^-$ が液相 2 へ移動する場合，$M^+$ と $A^-$ の移動度は異なるので液相間に電荷の偏りができる。$M^+$ の移動度が大きい場合を図 3-10 に示すが，$E$ が液間電位である。液間電位が発生することにより，$M^+$ の移動は抑制され $A^-$ の移動は加速されるので，$M^+$ と $A^-$ の移動速度は同じになる。液間電位は，移動度（輸率）がほとんど同じである陽イオンと陰イオンからなる塩を用いた**塩橋**による液相の連結，多量の無関係塩の添加などによって低減させることができる。

図 3-10 液間電位の発生

---

[*10] 上付きの添字 m は膜（membrane）を表わしている。

### 【例題 3-6】 ドナン膜電位

$M^+$ と $A^-$ のみ通過できる膜を介して，モル濃度 $c_1$ の MX を含む電解質溶液 1 とモル濃度 $c_2$ の MA を含む電解質溶液 2 を接触した場合（$c_1 < c_2$），発生する $E$ を**ドナン膜電位**という。この $E$ が下式になることを示せ。なお $a = c$ としてよい。

$$E = -\frac{RT}{F}\ln\left(\frac{c_2}{c_1 + c_2}\right)$$

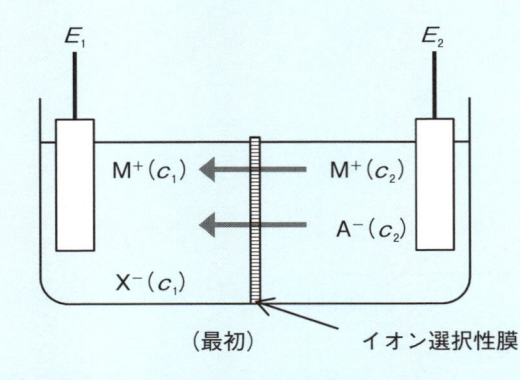

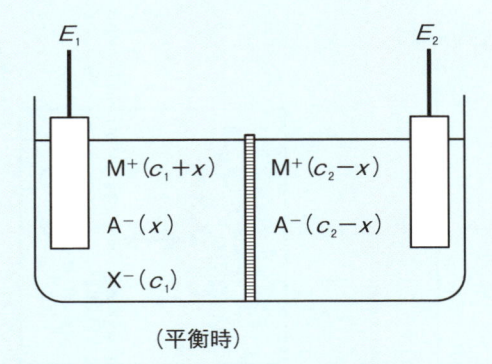

（最初）　　イオン選択性膜　　　　（平衡時）

> $x$ だけ $M^+$ と $A^-$ が液相 2 から 1 へ移動して平衡に達したと考える。そのとき液相 1 と 2 における $M^+$ と $A^-$ の濃度比は逆比になることを考慮して，(19)式の $a$ を $c$ にして代入すれば導出できる。

**解**　液相 1 と 2 における $M^+$ と $A^-$ の濃度比は逆比になるので

$$\frac{c_{M^+}(2)}{c_{M^+}(1)} = \frac{c_{A^-}(1)}{c_{A^-}(2)} = \frac{c_2 - x}{c_1 + x} = \frac{x}{c_2 - x} = \frac{c_2}{c_1 + c_2} {}^{*11}$$

(19)式において，$a = c$ として上の関係を代入すると

$$E = -\frac{RT}{F}\left\{t_+^m \ln\left(\frac{c_{M^+}(2)}{c_{M^+}(1)}\right) - t_-^m \ln\left(\frac{c_{A^-}(2)}{c_{A^-}(1)}\right)\right\}$$

$$= -\frac{RT}{F}\left\{t_+^m \ln\left(\frac{c_{M^+}(2)}{c_{M^+}(1)}\right) + t_-^m \ln\left(\frac{c_{A^-}(1)}{c_{A^-}(2)}\right)\right\} = -\frac{RT}{F}\left\{(t_+^m + t_-^m)\ln\left(\frac{c_2}{c_1 + c_2}\right)\right\}$$

$t_+^m + t_-^m = 1$ であるから

$$E = -\frac{RT}{F}\ln\left(\frac{c_2}{c_1 + c_2}\right)$$

---

[*11] $\dfrac{B}{A} = \dfrac{D}{C}$ であるとき，$\dfrac{B}{A} = \dfrac{D}{C} = \dfrac{B+D}{A+C}$ が成り立つ（加比定理）。

## 3.9 発展 ギブズエネルギー（定義と性質）

　これまでは電子の持つエネルギーを $E$ によって説明してきたが，反応する物質（原系）も生成した物質（生成系）もエネルギーを有する。生成系のエネルギーから原系のエネルギーの差は**エンタルピー変化**（$\varDelta H$）と呼ばれ，高等学校の化学で学習した**反応熱**と絶対値は同じである。

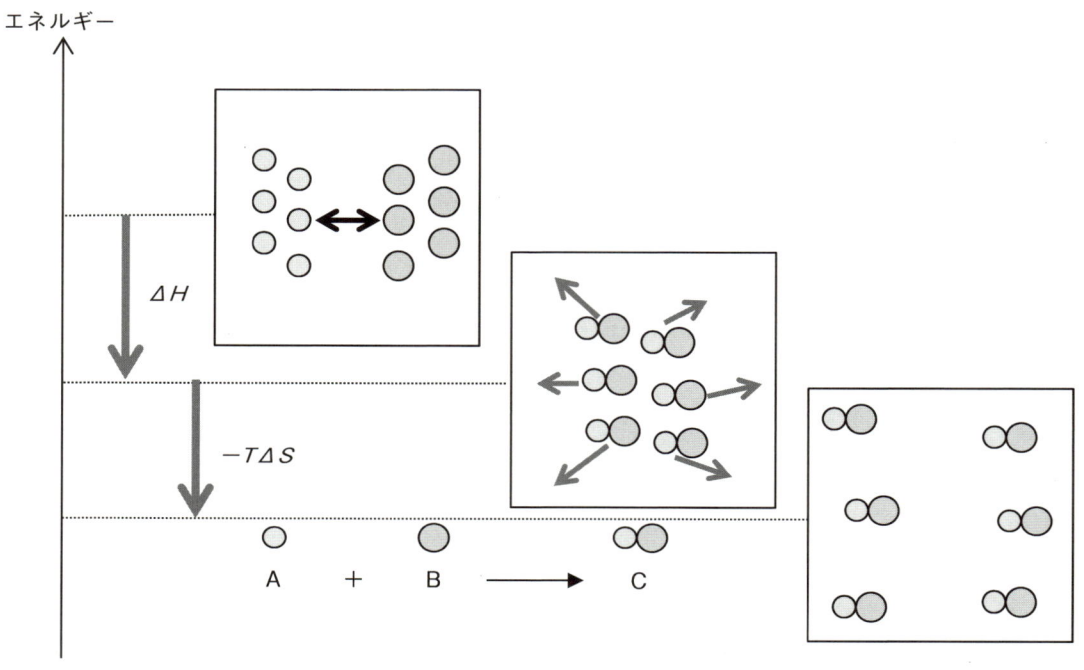

**図 3-11　化学反応におけるエネルギー変化量**

　図 3-11 は，A＋B→C の反応のエネルギー図である。この場合，原系の方が生成系よりもエネルギーが高いので，$\varDelta H$ は負の値となり自発的に進行する発熱反応である。他方，吸熱反応でも自発的に反応が進行していることがあることは，反応が進行するのに $\varDelta H$ 以外のエネルギーが関与していることを示している。これは，物質の乱雑さを示すエネルギーで**エントロピー変化**（$\varDelta S$）と呼ばれる。$\varDelta S$ が増加する方向に反応は進行する。物質が狭い空間に存在しているときよりも，広い空間に存在する方がエネルギー的に安定であることを示している。$\varDelta H$ と $\varDelta S$ を用い (20) 式のようなエネルギー $\varDelta G$ を定義すれば，反応は $\varDelta G＜0$ であれば自発的に進行し，$\varDelta G＝0$ なら平衡状態であり，$\varDelta G＞0$ なら反応は自発的に進行しない。この $\varDelta G$ を**ギブズエネルギー**という。

$$\varDelta G = \varDelta H - T\varDelta S \quad (T：系の絶対温度 [\mathrm{K}]) \tag{20}$$

## 3.10 発展 標準生成ギブズエネルギー

　原系や生成系の個々の物質のギブズエネルギーは，**標準生成ギブズエネルギー** $\varDelta G°_f$ として定義されている。安定に存在する単体（$H_2$, $O_2$, $N_2$, $F_2$, $Cl_2$, C, Na, Ca, …など）の $\varDelta G°_f$ を 0 と決め，化合物の $\varDelta G°_f$ は 1 [mol] の化合物をそれらの単体から生成させるために必要なエネルギーとして定義する。イオンの場合は，水溶液中の $H^+$ の $\varDelta G°_f$ を 0 としたときの相対値として定義する。このようにして得られた物質やイオンの $\varDelta G°_f$ を用いれば，反応が進行するかどうか判断することができる。すなわち (21) 式によって反応の $\varDelta G°$ を求め，$\varDelta G° < 0$ の場合に反応が進行する。つまり個々の $\varDelta G°_f$ はそれらの物質やイオンがいかに不安定か（反応しやすいか）を表していると言える。

$$\varDelta G° = （生成系の \varDelta G°_f の総和） - （原系の \varDelta G°_f の総和） \tag{21}$$

　(21) 式から電子が関与する酸化反応や還元反応において，引き出せる電子の最大のエネルギーは $\varDelta G°$ であることがわかる。

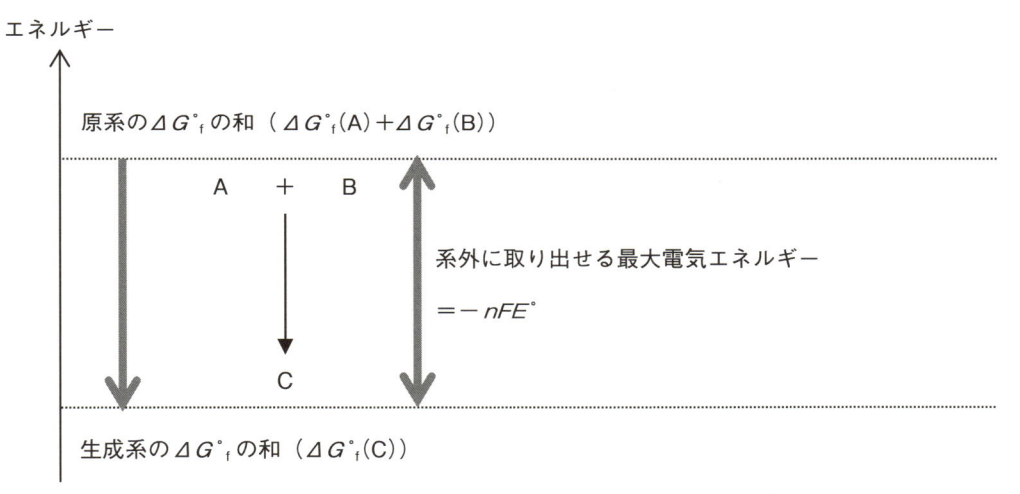

**図 3-12　標準ギブズエネルギー変化と電気エネルギー**

　したがって，$\varDelta G°$ と $E°$ の関係は (22) 式のようになる。注意すべきは，$\varDelta G°$ は取り出せる電気エネルギーの最大値であって，取り出し方によってそのエネルギーは小さくなるということである。

$$\varDelta G° = -nFE° \tag{22}$$

　なお，(22) 式と (12) 式を比較すると予想されるように，$\varDelta G°$ と $K$ の間には (23) 式のような重要な関係がある。

$$\varDelta G° = -RT \ln K \tag{23}$$

### 【例題 3-7】 $\Delta G°_f$ を用いた反応の進行方向の予想

以下の反応式は鉛蓄電池と酸素－水素燃料電池の放電反応であり，両反応とも2電子反応である。表の各物質の $\Delta G°_f$ の値を用いて，放電反応が自発的に進む反応であることを確認したのちに理論的な起電力を求めよ。ただし，$R = 8.314$ [J/mol]，$T = 298.15$ [K]，$F = 96485$ [C/mol] とする。

（鉛蓄電池） $Pb + PbO_2 + 2H_2SO_4 \longrightarrow 2PbSO_4 + 2H_2O$

（酸素－水素燃料電池） $H_2 + \frac{1}{2}O_2 \longrightarrow H_2O$

| 物質 | $H_2O$ | $PbO_2$ | $H_2SO_4$ | $PbSO_4$ |
|---|---|---|---|---|
| $\Delta G°_f$ [kJ/mol] | −237.1 | −217.3 | −744.5 | −813.1 |

(13)式を用いて各放電反応の $\Delta G°$ を求める。このとき，単体である Pb，$H_2$，$O_2$ の $\Delta G°_f$ は0であることに注意する。$\Delta G° < 0$ であれば，その反応は自発的に進行する。求めた $\Delta G°$ を用いて(14)式により $E°$ を計算すればよい。

**解** 鉛蓄電池の放電反応の $\Delta G°$ は(13)式より

$$\Delta G° = \{2\Delta G°_f(PbSO_4) + 2\Delta G°_f(H_2O)\} - \{\Delta G°_f(PbO_2) + 2\Delta G°_f(H_2SO_4)\}$$
$$= \{2(-813.1) + 2(-237.1)\} - \{-217.3 + 2(-744.5)\} = -394.1 \text{ [kJ]}$$

$\Delta G° < 0$ より，この反応は自発的に進行する。(14)式より $E°$ は

$$E° = -\frac{\Delta G°}{nF} = -\frac{-394.1 \times 10^3}{2(96485)} = 2.04 \text{ [V]}$$

酸素－水素燃料電池の放電反応の $\Delta G°$ は(13)式より

$$\Delta G° = \Delta G°_f(H_2O) = -237.1 \text{ [kJ]}$$

$\Delta G° < 0$ より，この反応は自発的に進行する。(14)式より $E°$ は

$$E° = -\frac{\Delta G°}{nF} = -\frac{-237.1 \times 10^3}{2(96485)} = 1.23 \text{ [V]}$$

---

### 問題 3-10

$Ag^+$，$Cl^-$，$AgCl$ の $\Delta G°_f$ は，77.1，−131.2，−109.8 [kJ/mol] である。これらより AgCl の溶解度積を求めよ。なお $R = 8.31$ [J/mol]，$T = 298$ [K] とする。

**ヒント** (21)式と(23)式を用いて解けばよい。

## 演習問題 3

① ウランは海水中に $UO_2^{2+}$ の形で溶解している。この $UO_2^{2+}$ を還元して U にするとき（$UO_2^{2+} + 4H^+ + 6e^- \rightleftarrows U + 2H_2O$）の $E°$ を求めよ。なお，求めるにあたっては以下の各半電池反応と $E°$ を用いよ。

$U^{3+} + 3e^- \rightleftarrows U \quad E°_1 = -1.66 \ [V]$ $\quad\quad U^{4+} + e^- \rightleftarrows U^{3+} \quad E°_2 = -0.52 \ [V]$

$UO_2^{2+} + 4H^+ + 2e^- \rightleftarrows U^{4+} + 2H_2O \quad E°_3 = +0.27 \ [V]$

**ヒント** $E°$ は反応熱などのエネルギー量ではないので，エネルギーとして $-nFE°$ で考える。

② 以下の左側のネルンストの式が，25℃（$T = 298.15 \ [K]$）のとき右側の式になることを示せ。ただし，$F = 96485 \ [C/mol]$，$R = 8.314 \ [J/mol]$ とする。

$$E = E° - \frac{RT}{nF} \ln\left(\frac{a_C^c a_D^d \cdots}{a_A^a a_B^b \cdots}\right) \quad\quad E = E° - \frac{0.059}{n} \log\left(\frac{a_C^c a_D^d \cdots}{a_A^a a_B^b \cdots}\right)$$

**ヒント** 自然対数を常用対数に変換することに注意する。

③ 1.5 [V] の乾電池のパワーを熱エネルギーに換算すると，何℃に相当するか。なお熱エネルギーは，気体定数を $R$（$= 8.314 \ [J/mol]$），絶対温度を $T \ [K]$ とすると，下式のように表される。なお，$F = 96485 \ [C/mol]$ として計算せよ。

$$\frac{3}{2} RT \ [J/mol]$$

**ヒント** (1)式を用い電気エネルギーを求め，それが熱エネルギーに等しいとおいて解く。

④ 25℃において，$CuSO_4$ 水溶液に Cu 電極と参照電極として飽和銀−塩化銀（Ag/AgCl）電極を挿入し，平衡に達してから Cu 電極と Ag/AgCl 電極間の電圧を測定したところ，$+0.0518 \ [V]$ であった。$CuSO_4$ のモル濃度はいくらか。ただし，飽和銀−塩化銀（Ag/AgCl）電極（p. 44 図 3-8(a) 参照）の電位を $+0.199 \ [V]$，$Cu^{2+}$ と Cu の半電池の反応と $E°$ は以下のとおりであり，ネルンストの式は (6) 式の右側の式が適用できるものとする。なお，ネルンストの式の活量はモル濃度としてよい。

$Cu^{2+} + 2e^- \rightleftarrows Cu \quad E° = +0.337 \ [V]$

**ヒント** 測定電圧と Ag/AgCl 電極の電位から $E$ を求めてから，(6)式を用いて解く。

⑤ $AgBr + e^- \rightleftarrows Ag + Br^-$ の $E°$ を，AgBr の溶解度積（$5.01 \times 10^{-13} \ [mol^2/L^2]$）から求めよ。ただし，$T = 298.15 \ [K]$，$F = 96485 \ [C/mol]$，$R = 8.314 \ [J/mol]$ とし，$Ag^+$ と Ag の半電池の $E°$ は $+0.799 \ [V]$ とする。

**ヒント** 平衡なので(6)式における $E$ は 0 である。また $+0.799 = -(RT/F) \ln [Ag^+]$ を用いる。

# 4 電流と電位の関係

前章においては，電解質中の酸化体や還元体と電極，いわゆる半電池が平衡に達しているときの電位について論じた。

そして電池の放電・充電反応や電解反応が進行しているときはネルンストの式が適用できないことを述べた。

実はネルンストの式や平衡電位は平衡論あるいは化学熱力学で取り扱われるものであるが，電解反応が進行しているときは反応速度論という分野になる。

水の電解を行なうとき，2つの電極間にかける電圧を高くすればするほど，2つの電極から発生する酸素と水素の気泡が多く観察される。

水の電解に限らず，電解において2つの電極間にかける電圧が高いほど，その電気化学反応が速くなるのは直感的にわかると思う。

しかし印加する電圧を増加させても，無限に電流が流れるとも考えられない。

どこかに限界がありそうである。

ここではそうした電解におけるかける電圧（電位）と流れる電流（電解電流）の関係を中心にみていくことにする。

ヘイロフスキー・志方式ポーラログラフ1号機（1927年）
株式会社アナテック・ヤナコ提供

## 4.1 電池や電解における電流と反応速度

電池や電解における電気化学反応式には $e^-$ が関与しているので，流れる電流（$I$）と反応速度（$v$）には何らかの関係があるはずである。いま，(1) 式のような電気化学反応の場合，微小時間 $dt$ [s] 間に変化する A，B，C，D，$e^-$ の物質量 [mol] の絶対値を $|dn_A|$，$|dn_B|$，$|dn_C|$，$|dn_D|$，$|dn_e|$ とすると (2) 式の関係が成り立つ。

$$aA + bB + ne^- \rightleftharpoons cC + dD \tag{1}$$

$$\frac{1}{a}|dn_A| = \frac{1}{b}|dn_B| = \frac{1}{c}|dn_C| = \frac{1}{d}|dn_D| = \frac{1}{n}|dn_e| \tag{2}$$

$v$ は微小時間あたりの物質量変化を反応式の係数で割ったものであるから，$v$ の絶対値 $|v|$ と $|dn_e|$ の関係は (3) 式のように表される。

$$|v| = \frac{1}{n}\frac{|dn_e|}{dt} \tag{3}$$

他方，$I$ [A] は $dt$ [s] 間に変化する電気量（$dQ$ [C]）として定義されており，$dQ$ の絶対値 $|dQ|$ はファラデー定数を $F$ [C/mol] とすると $|dQ|=F|dn_e|$ となる。したがって $I$ の絶対値 $|I|$ は (4) 式のようになる。(3) 式と比較すると，(5) 式が得られる。この関係は，**電気化学反応によって流れる電流はその反応速度に比例する**，ということを示している。多くの化学反応の $v$ は直接的には求められないが，電気化学反応においては電流から直接 $v$ を求めることができるのが大きな特徴である。なお，電気化学反応による電流は**ファラデー電流**あるいは**電解電流**と呼ばれている。

$$|I| = \left|\frac{dQ}{dt}\right| = \frac{F|dn_e|}{dt} \tag{4}$$

$$|I| = nF|v| \tag{5}$$

電気化学反応においては，酸化反応で流れる電流（$I_a$）を正に，還元反応で流れる電流（$I_c$）を負とする場合が多い。したがって，酸化反応の反応速度を $v_a$，還元反応の反応速度を $v_c$ とすると，全電流 $I$ は (6) 式のようになる。なお $I_a$ は**部分アノード電流**，$I_c$ は**部分カソード電流**と呼ばれる。

$$I = I_a + I_c = nFv_a - nFv_c = nF(v_a - v_c) \tag{6}$$

## 【例題 4-1】電気化学反応の反応速度と電解電流

$Na_2SO_4$ 水溶液を電解したときには，以下の電気化学反応により陰極からは水素が，陽極からは酸素が発生する。$F=96500$ [C/mol]，気体定数 $R$ を 0.082 [L·atm/(K·mol)] として，以下の①と②の各問に答えよ。

(陰極) $2H_2O + 2e^- \longrightarrow H_2 + 2OH^-$　　　(陽極) $2H_2O \longrightarrow O_2 + 4H^+ + 4e^-$

① 25℃，1 [atm] で毎分 20 [mL] の水素を発生させるためには何 [A] の電流を流せばよいか。なお水素は理想気体と考えてよい。

② 25℃，1 [atm] で毎分 20 [mL] の酸素を発生させるためには何 [A] の電流を流せばよいか。なお酸素は理想気体と考えてよい。

> 各電気化学反応式において，$H_2$ と $O_2$ の係数はともに 1 であるから，発生する気体の体積から気体の状態方程式により，1秒あたりの物質量変化を求めればそれが反応速度 ($v$) になる。水素発生反応の $n$ は 2，酸素発生反応の $n$ は 4 なので，(5)式を用いて求めればよい。

**解**　体積 $V$ が $20 \times 10^{-3}$ [L]，温度 $T$ が $273+25=298$ [K]，圧力 $P$ が 1 [atm] より水素発生の反応速度 ($v$) を求め，$n$ と $F$ の値を (5) 式に代入すれば

① $\quad I = nFv = 2 \times 96500 \times \dfrac{\dfrac{(1)(20 \times 10^{-3})}{(0.082)(298)}}{60} = 2.63$ [A]

② $\quad I = nFv = 4 \times 96500 \times \dfrac{\dfrac{(1)(20 \times 10^{-3})}{(0.082)(298)}}{60} = 5.27$ [A]

---

### 問題 4-1

硝酸銀水溶液を Pt 電極で電解すると各電極上で次の電気化学反応が起こる。

(陰極) $Ag^+ + e^- \longrightarrow Ag$　　　(陽極) $2H_2O \longrightarrow O_2 + 4H^+ + 4e^-$

いま 0℃，1 [atm] において毎分 10 [mL] の酸素が発生しているとき，Ag の析出反応の反応速度はいくらになるか。ただし，0℃，1 [atm] における 1 [mol] の酸素の体積は 22.4 [L] とする。

**ヒント**　酸素発生速度から $I$ を求める。$I$ は陰極でも共通なので Ag の析出反応の $v$ が知れる。

### 問題 4-2

銅の電解析出反応（$Cu^{2+} + 2e^- \longrightarrow Cu$）を 100 [mA] の電解電流で行なっているときの反応速度はいくらか。ただし，$F=96500$ [C/mol] とする。

**ヒント**　(5)式において $n$ の値と，$I$ に値を代入するときに単位に注意すること。

## 4.2 過電圧と電流の関係

酸化体を Ox，還元体を Red で表したときの n 電子の可逆的な電気化学反応（(7)式）を考えよう。右向きの反応（還元反応）の電流は $I_c$，左向きの反応（酸化反応）の電流は $I_a$ であり，(6)式から実際に観測される $I$ は $I_a+I_c$ である。

$$Ox + ne^- \rightleftarrows Red \tag{7}$$

(6)式より $v_a=v_c$（(7)式の反応が平衡）の場合，$I=0$ となる。電解したときに流れる電解電流の絶対値は，電位の絶対値に対して指数関数的に増加することは古くから実験的に確かめられている。したがって，平衡時の電位（$E_{eq}$）と引加した電位（$E$）との差を**過電圧**として定義し $\eta$ で表すと（(8)式），$I$ は(9)式のように示される。ここで A は定数であるが，$I_a$ と $I_c$ で同じ値をとるとは限らない（(16)式参照）。

$$\eta = E - E_{eq} \tag{8}$$

$$I = I_a + I_c = I_0 \exp(A\eta) - I_0 \exp(-A\eta) \tag{9}$$

図 4-1 は $\eta$ と $I$ の関係を示したものである。$I$ は $I_a+I_c$ として観測されるが，$I_a=I_c$ においては $I=0$ となる。注意すべきは，$I=0$ であっても $I_a$ と $I_c$ は 0 ではないことである。この $I_a=I_c$ となる電流を**交換電流**と呼び，$I_0$ で表す。また，この交換電流を電極面積で除したものを**交換電流密度**と呼び $i_0$ で表す。

(9)式からわかるように，$\eta$ が＋の値である程度以上に大きくなると $I≒I_a$ に，$\eta$ が－の値である程度以上に大きくなると $I≒I_c$ になる。なお図 4-1 に示す $I$ と $\eta$ の関係は直線関係ではなく，電流と電圧が比例する（オームの法則に従う）金属などの導電体の電気伝導とはまったく異なることは言うまでもない。ただし $\eta$ が小さい限られた領域では（約 10 [mv] 以下，電流と電圧が比例することが知られている（【例題 4-3】参照）。

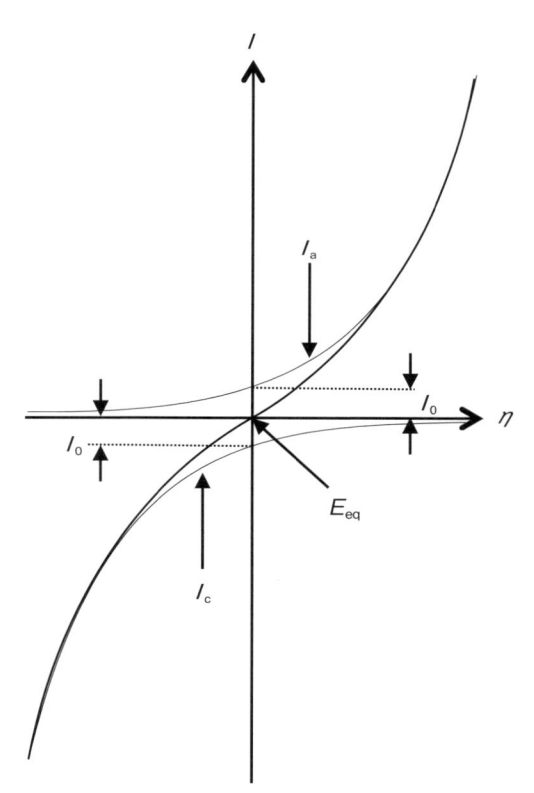

図 4-1 過電圧と電解電流の関係

## 4.3 ターフェルの式

正の $\eta$ がある程度以上に大きい場合（$\eta \gg 0$），(9)式の右辺の第2項は第1項に対して無視できる。逆に負の $\eta$ がある程度以上に大きい場合（$\eta \ll 0$），(9)式の右辺の第1項は第2項に対して無視できる[*1]。したがってこれらの場合について(10)式のような近似式が成り立つ。なお負の値となる $I_c$ と $I_0$ は絶対値をとった。

$$\frac{I}{I_0} = \exp(A \cdot \eta) \qquad \frac{|I|}{|I_0|} = \exp(-A\eta) \tag{10}$$

(10)式の自然対数をとり $\ln I_0$ と A は定数なので $-(\ln I_0)/A$ を a，自然対数を常用対数にして定数を b とおき直すと(11)式が得られる。これを**ターフェルの式**といい，b は**ターフェル係数**と呼ばれている[*2]。

$$\eta = a \pm b \log |I| \tag{11}$$

図4-2に $\log I$ と $\eta$ の関係を示す。$\log I$ と $\eta$ が直線関係にあり，(11)式の関係が成り立つ領域を**ターフェル領域**という。この直線を外挿して $\eta = 0$ の横軸と交わる点の $\log I$ が $\log I_0$ になるのは(10)式から明らかなので，$I_0$ を求めることができる。

$\eta$ が増加するほど $I$ も増加するが，その増加には限界がある。この限界は電極表面上における電気化学反応の反応物や生成物の電極表面-溶液間の拡散などの過程に起因している。たとえば工場の生産能力は充分なのに，原料や製品の輸送力が限られている場合と同じである。このため $\eta$ を増加しても $I$ が増加せず，ほぼ一定になる。この電流を**限界拡散電流**と呼ぶ。反応物濃度が低くなるとターフェル領域が狭くなるが，あまりに濃度が低すぎるとターフェル領域が観測されなくなる。この場合は $I_0$ を求めることができない。

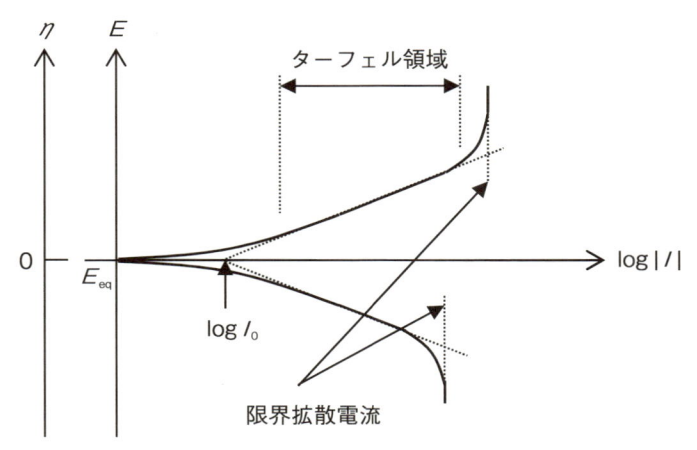

**図4-2 過電圧と電解電流の対数の関係**

---

[*1] 一般的に，$\eta > 50$ [mV] のときにターフェルの式に従うといわれている。
[*2] b はほぼ 0.120 [V] になることが多くの電気化学反応について確認されているが，a は電気化学反応によって大きく異なることが知られている。

## 4.4 交換電流（$I_0$）

(7)式について，還元反応と酸化反応の速度定数を$k_c$と$k_a$，RedとOxの濃度を[Red]と[Ox]，電極面積を$S$ [cm$^2$]とすると，$v_a=Sk_a$[Red]，$v_c=Sk_c$[Ox]となるので，(6)式は(12)式のように表される[*3]。

$$I = nF(v_a - v_c) = nFS(k_a[\text{Red}] - k_c[\text{Ox}]) \tag{12}$$

化学反応が生じるためには反応物が**活性化状態**に達しなければならず，それに必要なエネルギーを**活性化エネルギー**（$\Delta G^{\ddagger}$）と呼ぶ。この活性化状態に達する確率を**ボルツマン因子**といい$\exp(-\Delta G^{\ddagger}/RT)$となる。$k$はこの確率に比例するはずなので，(13)式のように表すことができる。ここで$k°$は基準になる速度定数である。

$$k = k°\exp\left(-\frac{\Delta G^{\ddagger}}{RT}\right) \tag{13}$$

いま，平衡（$\eta=0$）で[Red]と[Ox]が一定で$c$に等しく還元反応と酸化反応の$\Delta G^{\ddagger}$が$\Delta G_0^{\ddagger}$に等しいとすると，$k_a$と$k_c$も等しくなる。それを$k_0$とすると(14)式が導かれる。このように$I_0$は$k°$に比例するので，$k°$の代わりに**速度論的パラメーター**としても用いられる。

$$I_0 = nFSck_0 = nFck°\exp\left(-\frac{\Delta G_0^{\ddagger}}{RT}\right) \tag{14}$$

(11)式で$b=0.12$ [V]としたときの$I_0=10^{-3}$，$10^{-6}$，$10^{-9}$ [A]における$\eta$と$I$の関係を**図4-3**に示す。同じ電気化学反応でも用いる電極が異なると$I_0$も大きく異なることが多い。たとえば水の電解時の水素発生反応は電極に白金を用いると，亜鉛を用いる場合の100億倍程度にもなる。このように$I_0$は電極の性能をも表している。

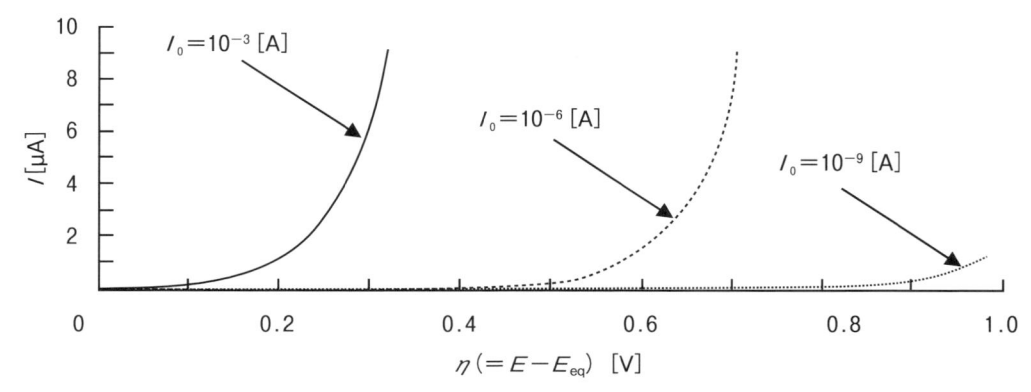

**図4-3　交換電流が過電圧と電解電流の関係に及ぼす影響**

[*3] 電気化学反応の反応速度$v$は，面積が異なる電極上においても比較できるようにするために，電極表面の単位面積あたりで$v$を示す必要がある。したがって$v$の単位を単位面積あたり，毎秒あたりに反応する物質量 [mol]で表す（[mol/(cm$^2$s)]）。そうすると速度定数$k$の単位は [cm/s] となる。

## 【例題 4-2】水の電気分解における水素発生の電極の種類と過電圧

希硫酸水溶液を電気分解したときに陰極から発生する水素を気泡として見ることができるためには，$10^{-3}$ [A/cm$^2$] 以上の電解電流が流れる必要がある。いま 0.1 [mol/L] の硫酸水溶液を電解したとき，$10^{-3}$ [A/cm$^2$] の電解電流を得るために必要な過電圧が，Pb 電極を用いたとき $-1.2$ [V]，Pt 電極を用いたとき $-0.27$ [V] であった。それぞれの交換電流密度を求めよ。ただし，ターフェル係数は 0.12 [V] として計算せよ。

> (10)式から(11)式の導出過程を考えれば，$b = 0.12$ [V]，$a = 0.12 \log I_0$ となる。(11)式の $I$ は電流であるが，$I/I_0$ の比は電流の代わりに電流密度を用いても同じ値になる。これらを考慮して解けばよい。

**解** 還元電流であるから(10)式の右側の式の常用対数をとると

$$\log\left(\frac{|I|}{|I_0|}\right) = -A\eta \iff \frac{\log |I_0|}{A} - \frac{\log |I|}{A} = \eta$$

したがって，$b = 1/A = 0.12$ [V] となるから，$I = 10^{-3}$ [A/cm$^2$]，$\eta = -1.2$ [V] (Pb)，$-0.27$ [V] (Pt) を以下の式に代入することによって求められる。

$$|I_0| = |I| 10^{\frac{\eta}{0.12}} = 10^{-3} \times 10^{-1.2/0.12} = 1.0 \times 10^{-13} \text{ [A/cm}^2\text{]} \quad (\text{Pb})$$

$$|I_0| = |I| 10^{\frac{\eta}{0.12}} = 10^{-3} \times 10^{-0.27/0.12} = 5.6 \times 10^{-6} \text{ [A/cm}^2\text{]} \quad (\text{Pt})$$

Pb と Pt において，$\eta$ は $-0.27 - (-1.2) = 0.93$ [V] 異なるが，$I_0$ でみれば $5.6 \times 10^7$（5600 万倍）も Pb よりも Pt における水素発生速度は速いことになる。

---

### 問題 4-3

25℃ において $Fe^{2+}$ の活量が 1 の水溶液中に鉄電極を挿入し，電位を $-0.25$ [V] に保持したときの酸化電流密度はいくらか。ただし鉄の溶解反応（$Fe \rightleftharpoons Fe^{2+} + 2e^-$）の $E_{eq}$ は $-0.44$ [V]，$i_0 = 2.2 \times 10^{-7}$ [A/cm$^2$]，$b = 0.059$ [V] とする。

**ヒント** 酸化電流なので $a = -b \log i_0$ を使う。

### 問題 4-4

25℃ において，ある電気化学反応で同じ酸化電流を得るのに必要な $\eta$ は，電極が Pt の場合 0.81 [V]，Fe の場合 0.52 [V] であった。反応速度は Pt と Fe で何倍異なるか。ただし，$b = 0.120$ [V] とする。

**ヒント** 酸化反応なので(10)式の左側の式から $I_0 = I 10^{-\eta/b}$ となる。$I$ は同値なので比をとる。

## 4.5 発展 転移係数（$\alpha$）

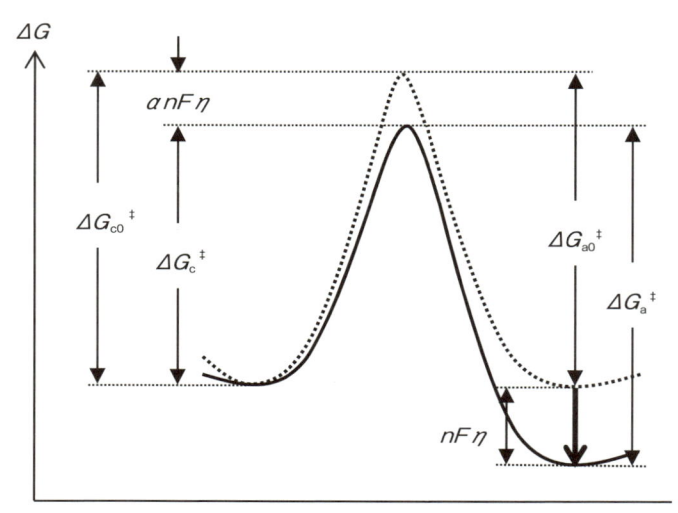

図 4-4 電気化学反応のエネルギー図

電気化学反応に特徴的なことの1つが外部からの電解電位により活性化エネルギーを任意に変えられることである。その様子を模式的に図 4-4 に示す。$\eta$ 印加前の状態を点線，$\eta$ 印加後の状態を実線で示す。最初の還元反応と酸化反応の活性化エネルギーを $\Delta G_{c0}^{\ddagger}$ と $\Delta G_{a0}^{\ddagger}$ とし，$\eta$ を印加後に生成物のエネルギーが $nF\eta$ だけ引き下げられるとする。その結果，$\Delta G_{c0}^{\ddagger}$ は $nF\eta$ の $\alpha$ 分が引き下げられることになる。

$$\Delta G_c^{\ddagger} = \Delta G_{c0}^{\ddagger} - \alpha nF\eta \qquad \Delta G_a^{\ddagger} = \Delta G_{a0}^{\ddagger} + (1-\alpha)nF\eta \tag{15}$$

(15)式を(12)式と(14)式に代入すれば(16)式が得られる。

$$I = I_0\left[\exp\left(\frac{\alpha nF\eta}{RT}\right) - \exp\left\{-\frac{(1-\alpha)nF\eta}{RT}\right\}\right] \tag{16}$$

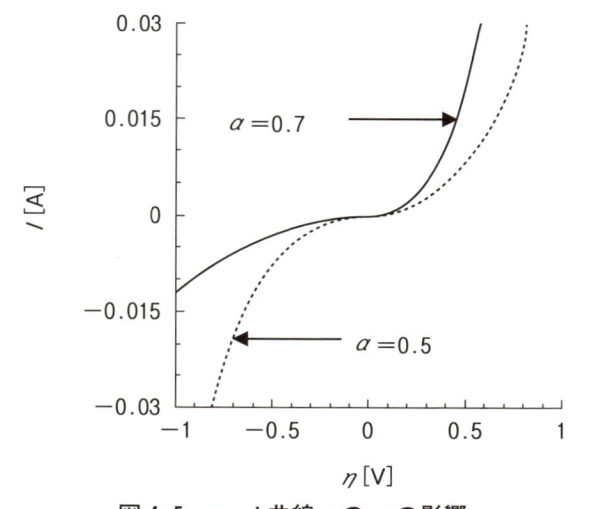

これを**バトラー・フォルマー式**という[*4]。図 4-5 に $\alpha$ が 0.5 と 0.7 の場合の $\eta-I$ 曲線を示す（$I_0 = 10^{-3}$ [A]，$n=1$，$T=298$ [K] として(16)式を用いた）。$\alpha$ が 0.5 のとき曲線は原点に対して対称であるが，$\alpha$ が 0.7 のときは還元電流が小さく非対称となる。$\alpha$ は**転移係数**あるいは**移動係数**と呼ばれ，電気化学反応の不可逆性を表している。なお(16)式により，ターフェルの式の b は $0.059/\alpha n$ になる。よって b = 0.120 [V] になるのは，$n=1$，$\alpha=0.5$ の場合である。

図 4-5 $\eta-I$ 曲線への $\alpha$ の影響

---

[*4] この関係式以外にも速度定数の関係もバトラー・フォルマーの式と呼ばれることがあるが，多くの電気化学の成書では(16)式がバトラー・フォルマー式として紹介されている。

## 【例題 4-3】バトラー・フォルマー式を用いた特別な場合の $I-\eta$ 関係

バトラー・フォルマー式を用い，次の各条件での $I$ と $\eta$ の関係式を導出せよ。

① $|\eta|$ が充分大きいときの $I$ と $\eta$ 関係を導出し，ターフェル式の定数 a, b を n, F, $\alpha$, R, T を用いて表せ。

② $|\eta|$ が小さく 0 に近い場合（$|\eta| \ll RT/\alpha nF$, $|\eta| \ll RT/(1-\alpha)nF$ の場合）の $I$ と $\eta$ の関係を導出せよ。ただし $x$ が 0 に近いときに用いることができるマクローリン展開において，$\exp(\pm x) \approx 1 \pm x$ としてよい。

> ① (16)式において，$\eta$ が負の値で大きければ 2 項目が無視できるので 1 項目のみを考慮し，$\eta$ が正の値で大きければ 1 項目が無視できるので 2 項目のみを考慮する。② (16)式の指数項を展開して整理すればよい。

**解** ① $\eta$ が負の値で大きいときは (16)式の指数項は 1 項目のみとなり，正の値で大きいときは (16)式の指数項は 2 項目のみとなる。それぞれの場合について，(16)式の両辺を $I_0$ で除して絶対値の常用対数をとれば，

$$\log \frac{I}{I_0} = \frac{\alpha nF\eta}{RT} \log e \qquad \log \left|\frac{I}{I_0}\right| = -\frac{(1-\alpha)nF\eta}{RT} \log e$$

したがって，$\eta$ について各式を変形すれば

$$\eta = a + b \log I = -\frac{RT}{2.303\alpha nF} \log I_0 + \frac{RT}{2.303\alpha nF} \log I$$

$$\eta = a - b \log I = \frac{RT}{2.303(1-\alpha)nF} \log I_0 - \frac{RT}{2.303\alpha nF} \log I$$

② $|\eta|$ が小さく 0 に近い場合，指数項をマクローリン展開すれば

$$\frac{I}{I_0} = 1 + \frac{\alpha nF\eta}{RT} - \left\{1 - \frac{(1-\alpha)nF\eta}{RT}\right\} = \frac{nF\eta}{RT}$$

したがって，$\eta$ について各式を変形すれば

$$\eta = \frac{RT}{nFI_0} I$$

($RT/nFI_0$) は，オームの法則に照らし合せてみると $\eta$ が電圧で $I$ が電流のときの抵抗になっているので，分極抵抗とも呼ばれている。

## 4.6 濃度過電圧

限界拡散電流が流れているときは，反応物の濃度が低く拡散過程が律速となっている。このとき拡散による物質移動のためにエネルギーが必要となり，余分な電場を要する。これを**濃度分極**あるいは**拡散分極**といい，この電場の大きさを**濃度過電圧**（$\eta_c$）と呼ぶ。図4-6に[Red]は一定で[Ox]を減少させたときの$E$と$I$の関係を示す。反応物の濃度[Ox]が減少するにつれて，$I_0$は小さくなる。またターフェル領域が狭くなり，限界拡散電流（$I_{lim}$）も小さくなる。

$$I = -nFSJ \tag{17}$$

拡散の場合，$I$は流速（$J$）（単位面積を1秒間に通過する物質量 [mol]）に比例する。$J$は**フィックの拡散の第一法則**によると，濃度勾配（$dc/dx$）と拡散係数（$D$）の積に比例する。よって電極表面の[Ox]を$c^*$，溶液沖合の[Ox]を$c$，濃度変化がある領域の距離を$\delta$[*5]とすると，(17)式に代入して$I$と$I_{lim}$は，

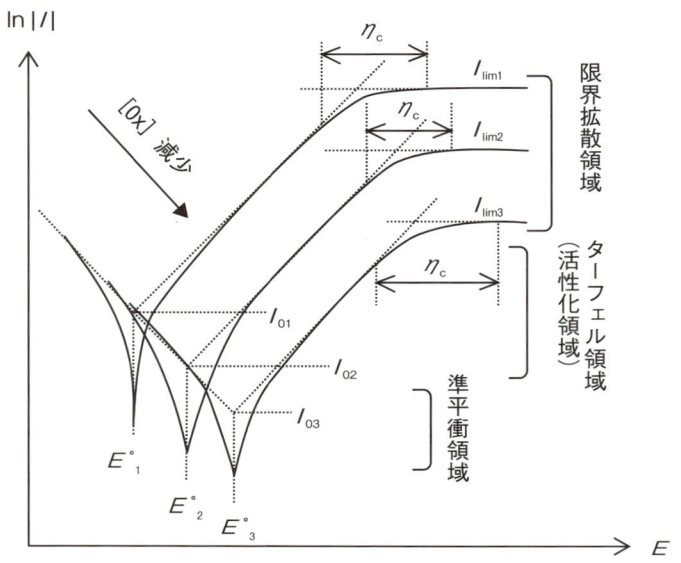

図4-6 反応物の濃度と濃度過電圧（$\eta_c$）

$$I = nFSD\frac{dc}{dx} = \frac{nFSD(c-c^*)}{\delta} \qquad I_{lim} = \frac{nFSDc}{\delta}\text{[*6]} \tag{18}$$

電荷移動反応が充分に速く，濃度分極がネルンストの式に従うとすれば

$$\eta_c = \left|\frac{RT}{nF}\ln\left(\frac{c^*}{c}\right)\right|\text{[*7]} \tag{19}$$

これを(18)式の左側の式と右側の式を用いて$c$と$c^*$を$I$と$I_{lim}$で表せば，濃度分極を表す(20)式が得られる。

$$\eta_c = \left|\frac{RT}{nF}\ln\left(\frac{I_{lim}-I}{I_{lim}}\right)\right| \tag{20}$$

---

[*5] 濃度変化が存在する領域は**拡散層**と呼ばれ，その距離は拡散層の厚さである。
[*6] 過電圧が充分大きいときに濃度分極が起こり，このときは$c^*≒0$とすることができる。
[*7] 活量をモル濃度で近似している。

## 【例題 4-4】拡散層の厚さと過電圧

拡散層の厚さ（$\delta$）は溶液沖合の対流などの影響で最大 0.5 [mm] 程度であるが，時間とともに変化する。その時間依存は次式のようになることが知られている。

$$\delta = \sqrt{\pi D t}$$

いま，50 [mol/m³] の有機化合物を充分大きい過電圧で電解酸化したとき，電解開始から 20 秒後の限界電流密度はいくらになるか。ただし，拡散過程が律速となっているとし，反応電子数は 2，その有機化合物の拡散係数は $1.0 \times 10^{-9}$ [m²/s]，ファラデー定数は 96500 [C/mol] とする。

> まず与式から $\delta$ を求め，(17)式の右側の式を用いて解けばよい。$I$ を $S$ で割ったものが電流密度となることも考慮する。

**解** 与式に，$D=1.0 \times 10^{-9}$ [m²/s]，$t=20$ [s] を代入して $\delta$ を求めると

$$\delta = \sqrt{\pi D t} = \sqrt{\pi (1.0 \times 10^{-9})(20)} = 2.51 \times 10^{-4} \text{ [m]}$$

求めた $\delta$ の値，$D=1.0 \times 10^{-9}$ [m²/s]，$n=2$，$F=96500$ [C/mol]，$c=50$ [mol/m³] を(17)式の右側の式に代入すると電流密度（$I_{\text{lim}}/S$）は

$$\frac{I_{\text{lim}}}{S} = \frac{nFDc}{\delta} = \frac{(2)(96500)(1.0 \times 10^{-9})(50)}{2.51 \times 10^{-4}} = 38.4 \text{ [A/m}^2\text{]}$$

### 問題 4-5

25℃ で酸性水溶液においてあるヒドロキノン（有機化合物）を電解酸化したところ，$\eta$ が 0.1〜0.75 [V] までは $\log I$ は $\eta$ に比例し，0.75 [V] における電流値は 27 [mA] であった。さらに $\eta$ を増加させると 45 [mA] の一定の電流値（限界電流）となった。限界電流が得られ始める $\eta$ は何 [V] か。ただし，$n=2$，$R=8.31$ [J/(K·mol)]，$F=96500$ [C/mol] とする。

**ヒント** (19)式より，$I$ と $I_{\text{lim}}$ の単位は単位が同じでありさえすればよい。

### 問題 4-6

電極面積が 0.20 [cm²] の電極を用い，モル濃度が 0.050 [mol/L] の反応物の電解還元（$n=1$）を行なった。ある時間経過後，電極表面の反応物濃度が $1.5 \times 10^{-4}$ [mol/L]，拡散層の厚さが 1.2 [μm] であった。この反応物の拡散係数を $6.0 \times 10^{-6}$ [cm²/s] とすると，このときの電流はいくらになるか。

**ヒント** (18)式の左側の式を用い，[L]，[μm] を [cm³]，[cm] に換算して計算する。

## 4.7 限界電流の決定因子

電気化学反応の速度を決定する因子は，電極表面上における電荷移動の速度と電極表面に反応物が供給される物質移動の速度の2つである。どちらかの遅い方の速度が電流に反映される。図 4-7 を見てみよう。ある電極表面で1秒間に反応物である Ox が2個反応し電荷移動が起こっていて，電極表面には1秒間に Ox が4個移動してくる場合 (a)，電極表面近傍には Ox が充分に存在するので，電極表面上の電荷移動の速度が律速となり電流に反映される。他方，1秒間に Ox が3個反応し電荷移動が起こっていて，電極表面には1秒間に Ox が2個しか移動してこない場合 (b)，電極表面の Ox が不足するため，溶液沖合から電極表面に Ox が拡散して到達する物質移動の速度が律速になる[*8]。(16) 式が成り立つのは (a) の場合であり，$\eta$ を増加させると $I$ が大きくなる。(16) 式は電極表面の反応物濃度が一定であるとして導かれているが，$\eta$ を増加させ続けていくと電極表面の反応物濃度は低下し，やがて濃度分極になり，$I$ は $I_{lim}$ となって一定する[*9]。

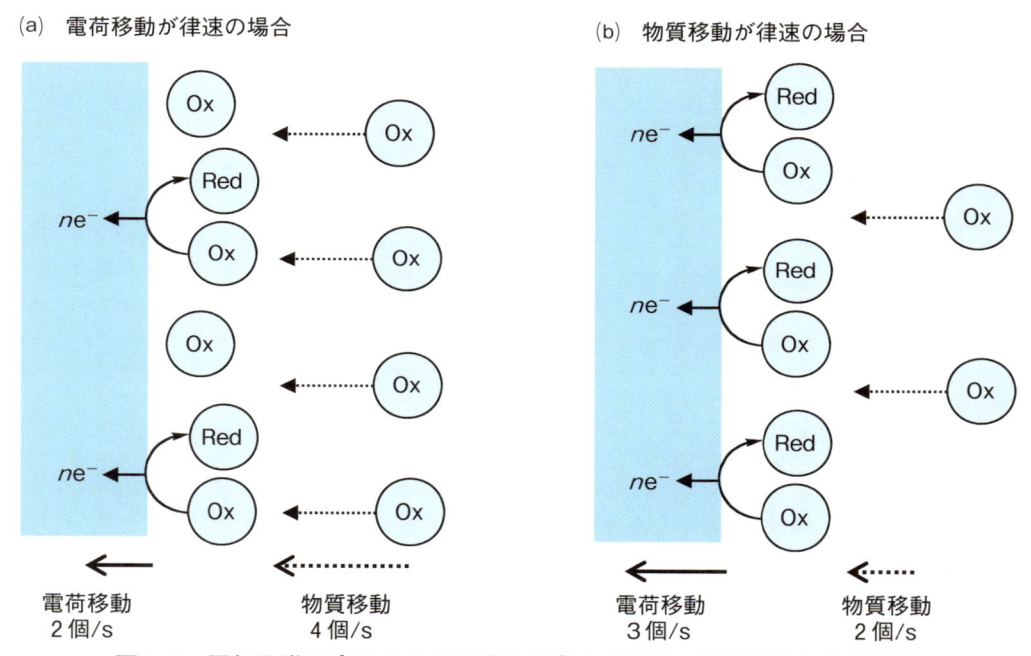

(a) 電荷移動が律速の場合　　　　　　　　(b) 物質移動が律速の場合

電荷移動　　　物質移動　　　　　　　　電荷移動　　　物質移動
2個/s　　　　4個/s　　　　　　　　　3個/s　　　　2個/s

**図 4-7** 電気化学反応における電流を決定する因子：電荷移動と物質移動

多くの電気化学反応では電荷移動よりも物質移動の速度の方が遅いので，電解直後から物質移動過程が律速になることが多い。

---

[*8] 図 4-6 で，反応物濃度が低いと，より速く電極表面の濃度不足が生じるのでターフェル領域が狭くなる。
[*9] 種々の実験条件が変わっても，電流密度が 1 [A/cm²] を超えることはまずない。

## 4.8 発展 拡散律速の場合の電流の時間変化

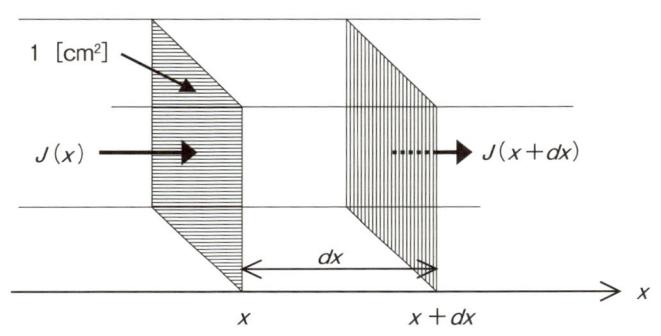

充分に大きい $\eta$ を加えたとき，およそ1秒以内で電極表面の反応物濃度はほぼ0になる。電極表面近傍に濃度勾配が生じると，溶液沖合から電極表面に向かって反応物が拡散し始める。拡散が律速のときは(17)式のとおり $I$ は $J$ に比例するが，$\eta$ を変化させなければ $J$ は時間とともに変化する。すでに $J$ はフィックの拡散の第一法則に従うことを述べたが，この場合には $J$ は時間による変化も考慮しなければならない。**図 4-8** のように断面積が1 [cm$^2$]，長さが $dx$ [cm] の液柱内に入った $J(x)$ が $J(x+dx)$ に変化して出ていくとすると，濃度変化は $J$ の変化を液柱の体積 $dx$ [cm$^3$] で割ったものとなる。これは $dc/dt$ と等しいので偏微分で表すと (21) 式となる。

**図 4-8 液柱に出入りする流速の変化**

$$\frac{\partial c}{\partial t} = -\frac{\partial J}{\partial x} \tag{21}$$

フィックの拡散の第一法則（$J=-D(dc/dx)$）を考慮すると (22) 式が得られる。

$$\frac{\partial c}{\partial t} = D\frac{\partial^2 c}{\partial x^2} \tag{22}$$

これを**フィックの拡散の第二法則**あるいは**拡散方程式**と呼ぶ。

この拡散方程式を $x=0$ のとき $c=0$，$t=0$ のときと $x\to\infty$ のときの $c$ が溶液沖合の濃度と等しいとおいて解き，(17) 式に代入すると**コットレルの式**と呼ばれる (23) 式が得られる[*10]。

$$I = nFSc\sqrt{\frac{D}{\pi t}} \tag{23}$$

このように**拡散律速**であるときの電流を**拡散電流**と呼ぶ。この場合，$I$ を $t^{-1/2}$ に対してプロットすると原点を通る直線関係となり，その傾きから $D$ を求めることもできる。また外部から一定の電位を印加して得られる電解電流の時間変化を測定する電気化学測定法を**クロノアンペロメトリー（ポテンシャルステップ法）**と呼ぶが，この測定法の基本式にもなっている。

---

[*10] (22) 式の微分方程式をラプラス変換して解いて，(17) 式に代入すると (23) 式が得られる。

## 4.9 発展 ボルタンメトリー

印加している電位を時間とともに変化させることを**電位走査（掃引）**といい，電位走査して電流を測定する方法を**ボルタンメトリー**と呼ぶ。ボルタンメトリーは通常，測定溶液を静置した状態で行なうが，**回転円板電極ボルタンメトリー**のように電極を回転させたり，溶液を撹拌させたりして測定する**対流ボルタンメトリー**などもある。近年よく用いられるのが**サイクリックボルタンメトリー**であり，これは時間に比例した電位で電位走査を行なうもので，得られる電流-電位曲線は**サイクリックボルタモグラム**と呼ぶ。

図 4-9 は，50 [mV/s] の電位走査速度（$v$），0～0.6 [V] の電位領域で測定したサイクリックボルタモグラムである。まず，還元体（Red）のみを含む電解質に 0 [V] から正方向に電位を印加してい

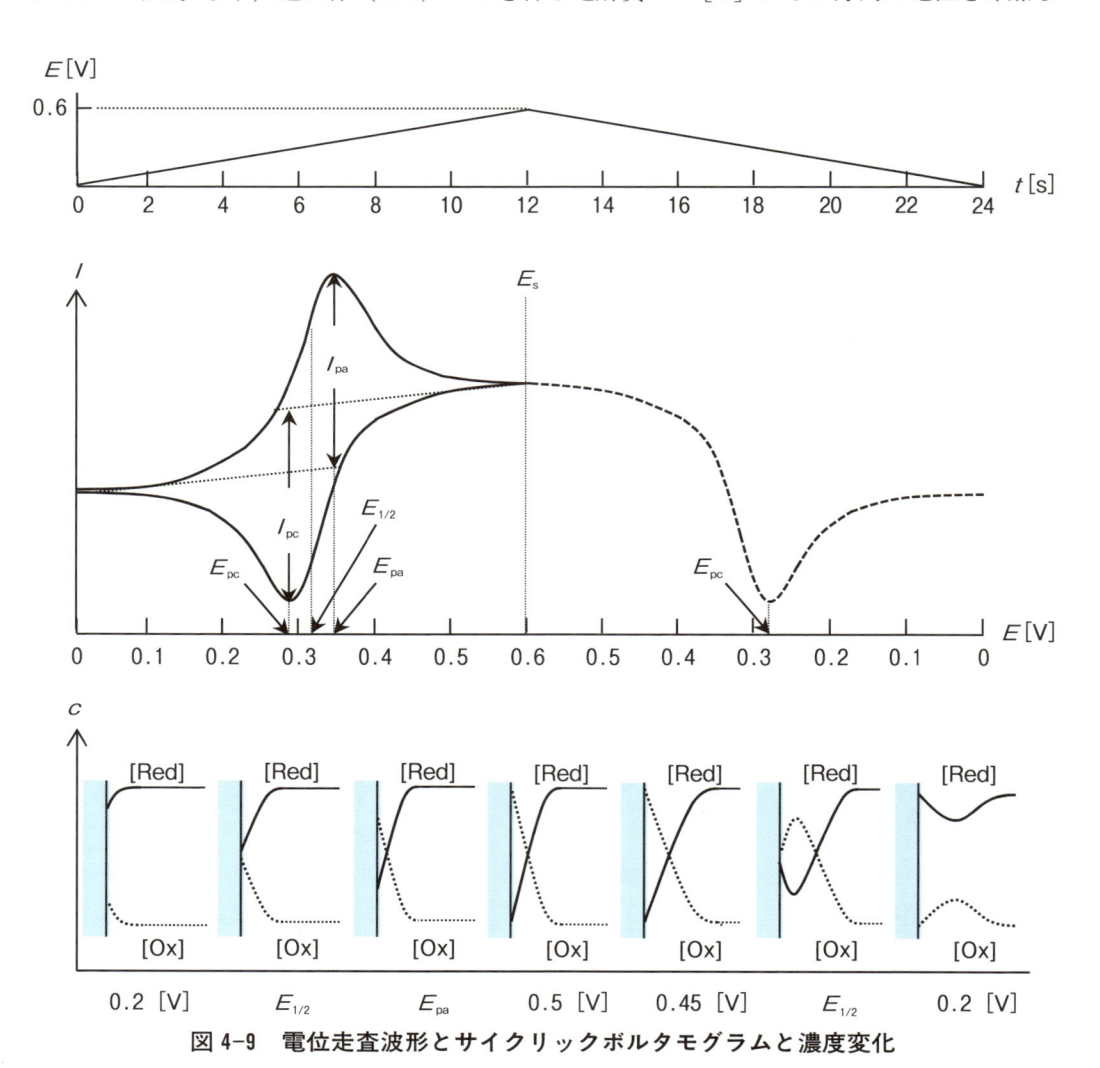

図 4-9　電位走査波形とサイクリックボルタモグラムと濃度変化

くと，電流はしだいに増加していき $E_{pa}$ の電位でピークを形成する（$E_{pa}$ を**酸化ピーク電位**，$I_{pa}$ を**酸化ピーク電流**という）。電極近傍の Red の濃度（[Red]）は，酸化反応（Red→Ox+ne$^-$）の進行とともに減少し，逆に酸化体（Ox）の濃度（[Ox]）は増加していく。これらの変化にともない拡散層が厚くなっていく。$E_{1/2}$ の電位で [Red]=[Ox] となったのち，0.5 [V] 付近で [Red]≒0 となる。$I_{pa}$ が観測された後に $I$ が減少するのは，[Red] が少なくなるためであるが，[Red] が 0 となった約 0.5 [V] 以降では拡散層の成長により電流が減少していく。

$E_s$（=0.6 [V]）で電位走査方向を反対にすると，還元反応（Ox+ne$^-$→Red）の進行とともに，正方向の電位走査と点対称の同様な破線の波形が観測される。測定電流を x–y 記録計に出力させれば，破線の波形の対称波形が $E_s$ から逆に記録される（$E_{pc}$ を**還元ピーク電位**，$I_{pc}$ を**還元ピーク電流**という）。

電荷移動が充分に速い可逆な電気化学反応のサイクリックボルタモグラムにおいて，Red の溶液沖合の濃度を $c_{Red}$ [mol/cm$^3$]，拡散係数を $D_{Red}$ [cm$^2$/s] とすると，$I_{pa}$ は(24)式のように表される。

$$I_{pa} = 0.446\, nFSc_{Red}\sqrt{\frac{nFD_{Red}}{RT}}\sqrt{v} \tag{24}$$

また 25℃ で，$F$=96485 [C/mol]，$T$=298.15 [K]，$R$=8.314 [J/(K·mol)] とすると，(25)式になる。なお，$E_{pc}$ とのちょうど中間の電位を**半波電位**（$E_{1/2}$）と呼ぶが，$E_{1/2}$ は $D_{Red}$≒$D_{Ox}$ ならほぼ $E°$ と等しくなる（$D_{Ox}$ は Ox の拡散係数）。したがってサイクリックボルタンメトリーにより電気化学反応で重要な $E°$ を知ることが可能である。

$$I_{pa} = 2.69 \times 10^5 n^{\frac{3}{2}} Sc_{Red}\sqrt{D_{Red}v} \tag{25}$$

$I_{pa}$ と $I_{pc}$ の比と $E_{pa}$ と $E_{pc}$ のピーク電位差（$\Delta E_p$）は，その電気化学反応の可逆性を示す目安となる量であり，それらの関係は(26)式のようになる。$I_{pa}$ と $I_{pc}$ の比が 1 に近く，$\Delta E_p$ が小さいほど可逆性が高い。

$$\frac{I_{pc}}{I_{pa}} = 1 \qquad \Delta E_p = E_{pa} - E_{pa} = \frac{0.057}{n} \quad (25℃)\ [V] \tag{26}$$

$I_{pc}$ あるいは $I_{pa}$ の $v$ 依存性も重要で，(25)式より $I_{pc}$ や $I_{pa}$ が $\sqrt{v}$ に比例すれば拡散律速であることが判る。また，酸化体や還元体が電極表面に吸着している場合，$I_{pc}$ や $I_{pa}$ は $v$ 自身に比例することも知られている[*11]。

---

[*11] 電極表面に単分子層の酸化体と還元体が存在するときのピーク電流（$I_p$）は次式のようになる。

$$I_p = \frac{n^2F^2Sc}{4RT}v$$

## 【例題 4-5】サイクリックボルタンメトリーによる拡散係数の決定

20 [mmol/L] の $FeSO_4$ を含む pH 2.2 の緩衝溶液（充分な無関係電解質も含む）の $Fe^{2+}$ の酸化（$Fe^{2+} \rightarrow Fe^{3+} + e^-$）のサイクリックボルタモグラムを 5, 10, 20, 50, 100 [mV/s] の電位走査速度で測定した。左図は得られた $i_{pa}$ と $v^{1/2}$ の関係であり，傾きは 0.113 であった。電極の表面積は 0.12 [$cm^2$] として $Fe^{2+}$ の拡散係数を求めよ。なお測定は 25℃ で行なっている。

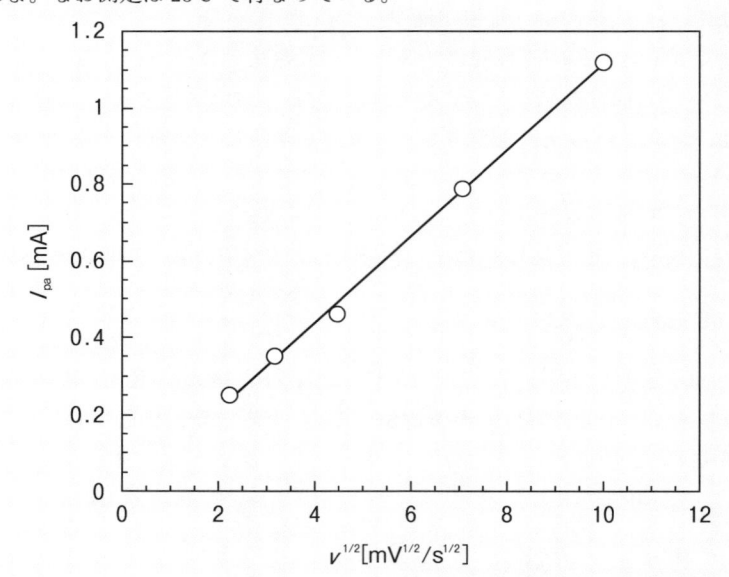

電気化学反応は $Fe^{2+} \rightarrow Fe^{3+} + e^-$ なので，$n=1$ である。(25)式を用いて傾きから $D_{Red}$ を求めればよい。濃度は [mol/cm³] の単位に換算し，傾きも $I_{pa}$ の単位は [A] に，$v$ の単位は [(V/s)$^{1/2}$] に換算して求める。

**解** 傾きの単位は [mA/(mV/s)$^{1/2}$] なので，これを [A/(V/s)$^{1/2}$] にするには $\sqrt{1000}$ で割ればよい。(26)式から傾きを $D_{Red}$ について変形し，$S=0.12$ [$cm^2$]，$n=1$，$c_{Red}=20\times 10^{-6}$ [mol/cm³] を代入して $D_{Red}$ を求めると

$$D_{Red} = \left\{ \frac{0.113 \div \sqrt{1000}}{(2.69 \times 10^5) n^{\frac{3}{2}} S c_{Red}} \right\}^2 = \left\{ \frac{0.113 \div \sqrt{1000}}{(2.69 \times 10^5)(1)^{\frac{3}{2}}(0.12)(20\times 10^{-6})} \right\}^2$$

$$= 3.06 \times 10^{-5} \text{ [cm}^2\text{/s]}$$

---

### 問題 4-7

25℃ で可逆な電気化学反応のサイクリックボルタモグラムにおいて，以下の①と②の場合の半波電位を求めよ。ただし電位は飽和 Ag/AgCl 電極に対するものとする。

① $n=2$ で $E_{pa}=+0.444$ [V] のとき。　　② $n=1$ で $E_{pc}=+0.213$ [V] のとき。

**ヒント** $E_{pa}$ と $E_{pc}$ の中間に $E_{1/2}$ が位置することを考慮し，(26)式を用いればよい。

## 4.10 発展 各種電気化学測定法

表4-1に代表的な電気化学測定法を6つ示す。解析するときの主要関係式は、観測する電気化学反応に先行あるいは後続する反応や反応物や生成物の電極表面への吸着などが起こらないと仮定し、(22)式を解いて得られたものである。また、電気化学反応がすべて可逆系の場合のものである。不可逆系の場合の関係式も導出されているが、表中に示した式とは異なり$α$も式中に入ってくる。また各種反応系についても多くの理論式が報告されている。

電気化学反応が拡散律速であるかどうかを確認するには、$I_p-\sqrt{v}$プロット（サイクリックボルタンメトリー）、$\sqrt{τ}-I^{-1}$プロット（クロノポテンショメトリー）、$I-1/\sqrt{t}$プロット（クロノアンペロメトリー）、$I_d-\sqrt{ω}$プロット（回転円板電極ボルタンメトリー）が原点を通る直線となるかどうかをみればよい。これらの場合の直線の傾きは$n$, $S$, $D$, $C$の関数となり、$n$, $D$, $C$を求めることもできる。もちろんこれらの電気化学測定法を用いて反応の解析も可能であるが、2種類以上の電気化学測定法と分光法などの原理の異なる測定法を併用しないと充分な反応解析が行なえない。これまでに電気化学測定法と吸収スペクトル測定、水晶振動子の周波数測定、電気伝導度測定などを同時に組み合わせた測定法が反応解析や酸化状態による材料導電率変化を知るのに有効な手段となっている。

電気化学測定法の基本因子は$E$, $I$, $t$であるが、これらを組合せ別の制御因子とする方法も展開できる。前述のサイクリックボルタンメトリー、微小交流電位を直流電位に重畳させて印加させる**交流ポーラログラフィー**、電位パルスを変化させて印加する**ノーマルパルスボルタンメトリー**や**微分パルスボルタンメトリー**などがある。電流を時間で積分すると$Q$となるが、一定の$E$を印加したときの$Q$と$t$の関係を測定するのが**クロノクーロメトリー**、一定の$Q$を与えたときの$E$と$t$の関係を測定するのが**クーロスタット法**である。**回転円板電極ボルタンメトリー**は、電極を回転させることによって強制的かつ定常的に物質移動を行なわせるため、得られる限界電流（$I_d$）は$t$ではなく電極の回転速度（$ω$）の関数になる。また円板電極の外側にリング電極をマウントさせた回転リング円板電極を用いると、円板電極上で生成した物質の検出することもできる。

ここで述べた他にも**交流インピーダンス法**など多くの電気化学測定法があり、目的によって選別して使用される[12]。

---

[12] 電気化学測定法についてはいくつかの和書も市販されているので、詳細はそれらを参考にするとよい。

表 4-1 可逆な電気化学反応の電気化学測定法[*1]

| 電気化学測定法 | 制御変数 | 観測図形 | 主要関係式 |
|---|---|---|---|
| サイクリックボルタンメトリー | $\dfrac{dE}{dt}$<br>電位走査速度<br>($E=E_\lambda$ で符号逆転) | （$I$ vs $E$ のピーク応答図；$E_{pc}$, $E_{pa}$, $I_{pa}$, $I_{pc}$, $E_\lambda$） | $I_p = 0.446\, nFSc\sqrt{\dfrac{nFD}{RT}}\sqrt{v}$<br>$\dfrac{I_{pc}}{I_{pa}} = 1$<br>$\varDelta E_p = E_{pa} - E_{pa} = \dfrac{2.2\,RT}{nF}$ |
| クロノアンペロメトリー<br>（ポテンシャルステップ法） | $E_1$ ($t<0$：印加前)<br>$E_2$ ($t>0$：印加後)<br>電位 | （$I$ vs $t$ の減衰曲線） | $I = nFSc\sqrt{\dfrac{D}{\pi t}}$<br>($E_2 \ll E_{1/2}$) |
| ダブルポテンシャルステップ | $E_1$ ($t<0$：印加前)<br>$E_2$ ($0<t<t_\lambda$)<br>$E_3$ ($t_\lambda<t$)<br>電位 | （$I_a$, $I_c$ の時間応答、$t_\lambda$ で反転） | $\|I_c\| = nFSc\sqrt{\dfrac{D}{\pi}}\left\{\dfrac{1}{\sqrt{t-t_\lambda}} - \dfrac{1}{\sqrt{t}}\right\}$<br>$1 > \left\|\dfrac{I_c}{I_a}\right\| \geqq 0.293$ |

4.10 発展 各種電気化学測定法

| 手法 | 測定量 | 応答 | 式 |
|---|---|---|---|
| クロノポテンショメトリー | $I$ 電流 | (E vs t 曲線, $E_{\tau/4}$, $\tau$) | $\sqrt{\tau} = \dfrac{nFSc\sqrt{\pi D}}{2|I|}$（サンドの式）<br>$E = E_{1/2} + \dfrac{RT}{nF}\ln\left(\dfrac{\sqrt{\tau}-\sqrt{t}}{\sqrt{t}}\right)$ |
| 電流反転クロノポテンショメトリー | $I$ 電流<br>($t = t_\lambda$ で符号逆転) | (E vs t 曲線, $E_{\tau/4}$, $\tau_a$, $\tau_c$, $t_\lambda$) | $\dfrac{\tau_c}{\tau_a} = \dfrac{1}{3}$<br>$E_{\frac{\tau_a}{4}} = E_{\frac{\tau_c}{4}}$ |
| 回転円板電極ボルタンメトリー | $E$ 電位 | (I vs E 曲線, $E_{1/2}$, $I_d$, $I_d/2$) | $I_d = 0.620nFSCD^{\frac{2}{3}}\nu^{-\frac{1}{6}}\sqrt{\omega}$<br>（レビッチの式）<br>$E = E_{1/2} + \dfrac{RT}{nF}\ln\left(\dfrac{I_d - I}{I}\right)$ |

*1 佐々木和夫, 木谷 皓, 化学の領域, 33 巻, 8 号, pp. 57–68 (1979) を元に作成した。

## 演習問題 4

① 20℃において反応物の半分が活性化状態になるためには，最低どれくらいの活性化エネルギーが必要か。ボルツマン因子を用いて見積もれ。ただし，$R=8.31$ [J/(K·mol)] として計算せよ。

> **ヒント** ボルツマン因子＝0.5として計算すればよい。

② (16)式のバトラー・フォルマー式を [Red]≠[Ox] で，より一般化した形にすると次式のようになる。この式を用いネルンストの式を導出せよ。ただし，$a_{Red}≒[Red]$，$a_{Ox}≒[Ox]$ と近似してよい。

$$I = nFSk°\left[[Red]\exp\left(\frac{\alpha nF\eta}{RT}\right) - [Ox]\exp\left\{-\frac{(1-\alpha)nF\eta}{RT}\right\}\right]$$

> **ヒント** 平衡である場合は $I=0$ であること，$\eta=E-E_{eq}$ に着目し与式を変形すればよい。

③ ポテンシャルステップ（定電位）クロノクーロメトリにおいて可逆な電気化学反応の電気量（$Q$）の時間依存を示す式が次式である。この式をコットレルの式（(19)式）から導出せよ。

$$Q = 2nFSc\sqrt{\frac{Dt}{\pi}}$$

> **ヒント** $I=\frac{dQ}{dt}$ であるから，$Q=\int I\,dt$。よってコットレル式を $t$ で積分すればよい。

④ 25℃において，0.20 [mol/L] $HNO_3$ 水溶液に動作電極として電極表面積が 0.50 [cm²] の Pt 板電極，参照電極として飽和銀-塩化銀（Ag/AgCl）電極を挿入して，ポテンシャルステップ法によって $H^+$ の電解還元反応を行なった。$\eta$ を 0 [V] から $-0.45$ [V] にポテンシャルステップさせたところ，電解電流はコットレル式にしたがって減少した。以下の各問に答えよ。

(1) $t=0.40$ [s] において $I=90$ [mA] であった。これより $H^+$ の拡散係数はいくらか。ただし，$HNO_3$ は完全に $H^+$ と $NO_3^-$ に電離しているものとする。また，$n=1$，$F=96500$ [C/mol] としてよい。

(2) $t=3.0$ [s] における電流はいくらか。

> **ヒント** $c$ の単位は [mol/cm³] にする。

⑤ $Cu^{2+}+2e^-\rightarrow Cu$ の電解還元反応を 80 [A/m²] で行なうためには電位はいくらにすればよいか。ただしターフェルの式が成立しているとし，$E_{eq}=+0.337$ [V]，ターフェル係数は $-0.059$ [V]，$i_0=1$ [A/m²] とする。

> **ヒント** $i_0=1$ なので，【例題 4-3】の関係式より (11)式の $a$ は 0 である。

# 5 電極表面の過程

これまでに食塩水などの電解質溶液は電気が流れることを学んだ。

2つの白金電極を挿入して電圧をかければ電気が流れることは確かであるが，それではどれくらいの電圧をかければ「電気が流れる」のであろうか。

電気が流れるものの代表格は金属で，ほんのわずかの電圧をかけてもオームの法則に従って電流が流れる。

しかし電解質溶液ではオームの法則が成り立たないことをみてきた。

実は電気が流れるためには，まず電極表面上で何らかの電気化学反応が起こらなければならない。

電気化学反応が起こった結果，陽極近傍には正電荷を持った物質が増加し，陰極近傍には負電荷を持った物質が増加する。

これらの過剰の電荷を打ち消すために溶液中の陽イオンは陰極に，陰イオンは陽極に向かって動く。
このようにして電荷が電極間で運ばれて電流が流れることになる。

それでは電気化学反応が起こらない程度の電圧がかかったときにはまったく電流は観測されないような気がするが，実際は電圧がかかった瞬間に微小な電流が流れる。

この電流は電極表面に形成される電気二重層というものに起因する。

ここではこうした電極表面に注目して，電極表面の構造，電極表面の役割，電極表面で起こる反応や現象などについてみてくことにする。

ヘルマン・ルートヴィヒ・フェルディナント・フォン・ヘルムホルツ（ドイツ，1821-1894）
電気二重層の理論を1879年に発表した

## 5.1 電解槽の電位分布

電解質溶液に2つの電極を挿入して両電極間に電気化学反応が生じない程度の低い電圧 $V_0$ をかけたとき，微小な電流が観測される。電気化学反応が起こらないときはイオンがほとんど移動しないので一定の電流は流れない。この瞬時に観測される微小電流はコンデンサの充電電流と同じで，電解質溶液の抵抗を $R$，両電極をコンデンサとみなしたときの容量を $C$ とすると，電気回路でいう $RC$ 回路と等価である[*1]。電極表面にできた電荷を補償するため異符号の電荷のイオンが電極表面近くに向き合う。この異符号の電荷が向かい合った層を**電気二重層**と呼ぶ[*2]。電解質溶液に瞬時に電流が流れた後，印加電圧 $V_0$ は電気二重層に分配される（**図 5-1**(a)）。

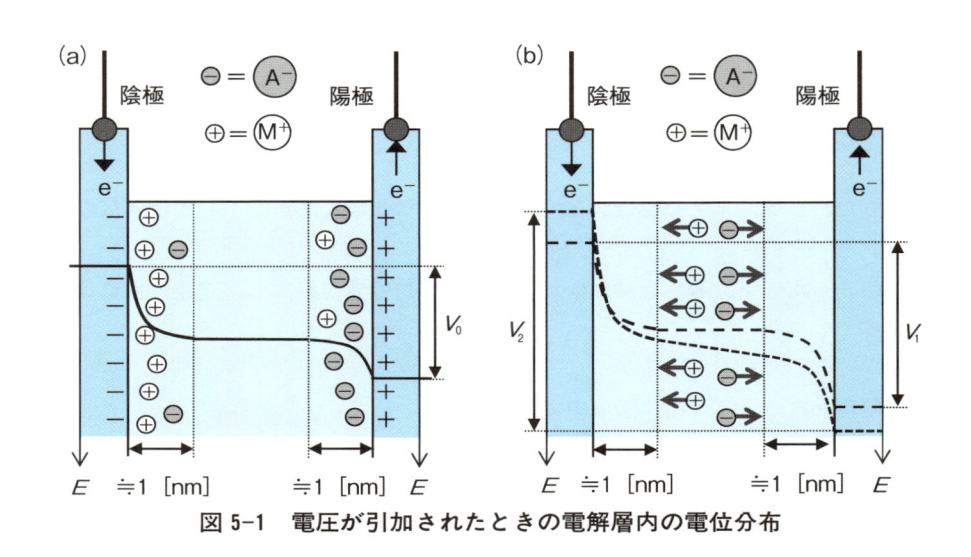

**図 5-1** 電圧が引加されたときの電解層内の電位分布

電極から離れた電解質溶液では移動できるイオンが多くあるので，電位差ができない。なお(a)において，電気二重層は非常に薄いので強調して描いてある。また電気二重層の電解質イオンはほんのわずか（全体の $10^{-4}$% 以下）である。

電気化学反応が起こる電圧 $V_1$ がかかると(b)，相対的に陰極においては負電荷が，陽極においては正電荷が増加する。これらの電荷を補償するために，電解質の陰イオンが陽極方向に，陽イオンが陰極方向に移動して電解電流が流れる。大きな電解電流が流れる高い電圧 $V_2$ がかかると，電解質溶液の抵抗 $R$ による **IR 降下**によって中央の電解質溶液内にも電位の勾配が生じる。

---

[*1] 章末の**演習問題 5** の【1】参照。
[*2] 電気二重層の厚さは分子レベルの 1 [nm] 程度である。たとえば電気二重層にかかる電位差が水の電解が生じない $E°$ （= 1.23 [V]）の半分程度である 0.6 [V]，厚さを 1 [nm] とすると，電場は 6,000,000 [V/cm] にもなる。このような非常に大きな電場が電気二重層に存在し，電気化学反応が起こる場所を提供している。

## 5.2 電気二重層の構造

電解層内の電極近傍に存在する電気二重層について，ヘルムホルツは導電体の電極が対峙している電気回路のコンデンサと同様なモデル，**ヘルムホルツ固定層**モデルを提案した（**図 5-2(a)**）。

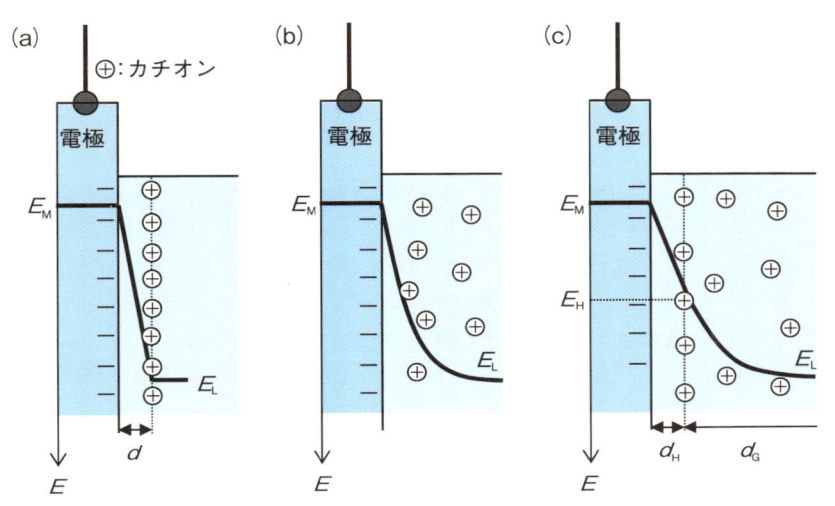

**図 5-2　電気二重層に関する 3 つのモデル**

いかに多くの電荷を充電できるかの目安となる**静電容量（キャパシタンス）** $C_H$ は，この場合(1)式となる。なおここで，$\varepsilon$ は比誘電率，$\varepsilon_0$ は真空の誘電率である。

$$C_H = \frac{\varepsilon_0 \varepsilon}{d} \tag{1}$$

しかし実際の静電容量の電位依存性が(1)式に従わないこと，対峙するイオンが電極からの距離 $d$ の位置に存在するのは不自然であることから，グイとチャップマンは対峙するイオンが溶液沖合に分布しているモデル，**拡散二重層**モデル（**グイ・チャップマンのモデル**）(b)を提案し，ポアソンの式とボルツマン分布から静電容量に関する関係式（**【例題 5-1】**参照）を導いた。

実際の電気二重層はヘルムホルツ固定層モデルと拡散二重層モデルのどちらか一方では説明できなかったため，シュテルンは固定層 $d_H$ と拡散層 $d_G$ からなるモデル，**シュテルンのモデル**(c)を提案した[*3]。電気二重層モデルはさらに発展していくが，いずれもこのモデルが基礎になっている[*4]。

---

[*3] 静電容量は，$d_H$ と $d_G$ の層の静電容量が直列に接続している合成静電容量となり，電解質濃度が高くなるとヘルムホルツ固定層の静電容量に近くなり，電解質濃度が低くなると拡散二重層の静電容量に近くなる。
[*4] イオンの電極表面への特異吸着を考慮したグラハムのモデルやボクリス・デヴァナサン・ミュラーのモデルなどが代表的なものである。

### 【例題 5-1】シュテルンのモデルの静電容量

アニオンとカチオンが単位体積内に同数 $n$ 個存在する電解質溶液において，グイ・チャップマンのモデルの静電容量 $C_G$ は下式のようになる。ここで，$z$ はアニオンとカチオンの電荷数，$k$ はボルツマン定数，$e$ は電気素量，$T$ は絶対温度，$E_M$ と $E_L$ は図5-2に示したように電極と溶液の電位である。この $C_G$ の関係式から，電解質濃度が高くなると単位体積中のイオンの個数 $n$ が大になり $C_G$ も大きくなる。いまシュテルンのモデルにおいて電解質濃度が充分に高くなると，その静電容量 $C_S$ はヘルムホルツ固定層の静電容量 $C_H$ に近似できることを示せ。

$$C_G = \sqrt{\frac{2z^2 e^2 \varepsilon_0 \varepsilon n}{kT}} \cosh\left\{\frac{ze(E_M - E_L)}{2kT}\right\}$$

> シュテルンのモデルでは $E_M - E_H$ の電位差分がヘルムホルツ固定層モデルに，$E_H - E_L$ の電位差分がグイ・チャップマンのモデルに従うものとして解けばよい。すなわち $C_H$ と $C_G$ が直列に接続されているものとして求めればよい。

**解** $C_S$ は直列に $C_H$ と $C_G$ が接続されているときの合成静電気容量となるので

$$\frac{1}{C_S} = \frac{1}{C_H} + \frac{1}{C_G}$$

これを変形すると

$$C_S = \frac{C_H C_G}{C_H + C_G}$$

題意より $C_H \ll C_G$ だから，$C_H + C_G \fallingdotseq C_G$ となるので

$$C_S \fallingdotseq \frac{C_H C_G}{C_G} \fallingdotseq C_H$$

よって電解質濃度が充分に高い場合，静電容量はヘルムホルツ固定層の静電容量に近似できる。

### 問題 5-1

シュテルンのモデルにおいて拡散二重層の静電容量 $C_G$ がヘルムホルツ固定層の静電容量 $C_H$ の9倍であったとき，シュテルンのモデルの静電容量を $C_H$ を用いて表せ。

**ヒント** 【例題 5-1】の $C_H$，$C_G$，$C_S$ の関係式に代入して導けばよい。

## 5.3 発展 電気二重層キャパシター

電極間に電圧がかかり電気二重層が形成されると，そこには電荷が充電されている状態なので，電極間に電球などの何か負荷を接続させると電流を取り出す（放電させる）ことができる（図 5-3）。

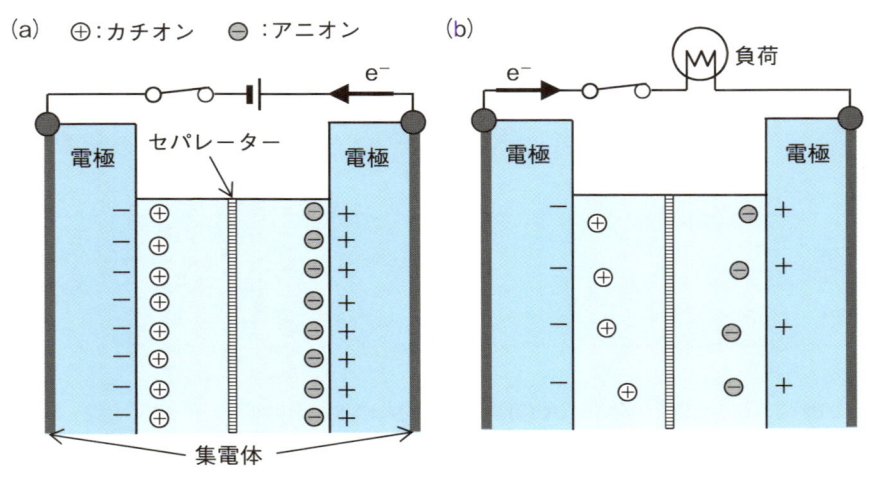

**図 5-3 電気二重層キャパシターの充電および放電の原理**

これを**電気二重層キャパシター（EDLC）**と呼ぶ。EDLC は**エネルギー密度**[*5]こそ電池に劣るが，**出力密度**[*5]と**サイクル寿命**においては電池を上回っている。これらの特性を活かし，蓄電，負荷平準化電源，停電時の補償など多様な分野に利用されている。

EDLC の充放電曲線を図 5-4 に示す。充電と放電において，電荷 $Q$ と電圧 $V$ が比例関係にあるのが EDLC の特徴である。充電から放電に変わったときに見られる電圧降下は溶液抵抗などの内部抵抗による $IR$ 降下によるものである。

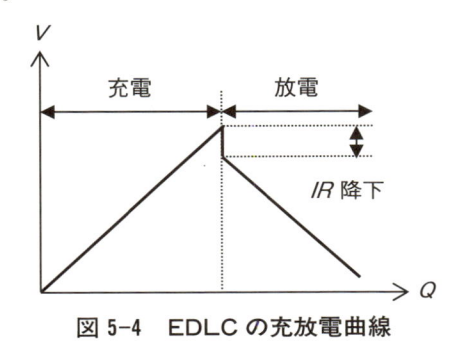

**図 5-4 EDLC の充放電曲線**

$$U = QV = \frac{1}{2}CV^2 \tag{2}$$

静電エネルギー $U$ は (2) 式のようになるので，$U$ を大にするために，電極表面積を増大させる試み[*6]や高い分解電圧を持つ有機電解質の利用など，現在さまざまな努力がなされている。

---

[*5] エネルギー密度が高いということは，単位質量（あるいは体積）あたりに貯えられるエネルギーが大きいことを意味し，出力密度が高いということは短時間で大きなエネルギーを取り出せることを意味する（**6.1** 参照）。

[*6] たとえば市販されているキャパシターにおいては，表面積が 2000 [m$^2$/g] 程度にもなる活性炭などが用いられている。

### 【例題 5-2】静電容量と静電エネルギー

不純物がほとんど存在しない電解質溶液において，酸化還元反応が生じない場合のサイクリックボルタモグラムは，右図のように印加された $E$ に対して電流 $I$ は一定になる。以下の①と②の各問に答えよ。

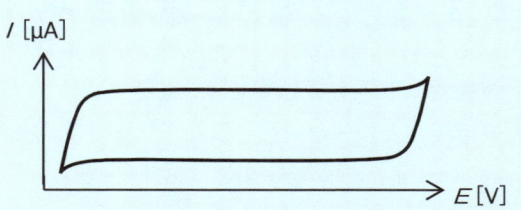

① 一定の電流値 $I$ [A] は，電気二重層の静電容量を $C$ [F]，電位走査速度を $v$ [V/s] とすると，これらを用いてどう表されるか。

② 電位走査速度が 200 [mV/s] で図のようなサイクリックボルタモグラムが得られ，一定の電流値が 10 [μA] であったとき静電容量はいくらか。

> ① 電気二重層に充電される電荷 $Q$ は静電容量 $C$ と電位（電圧）$E$ の積となる（$Q=CE$）。また，$v=dE/dt$ および $I=dQ/dt$ の関係を用いれば容易に導くことができる。
> ② ①で導出した関係式に，単位に注意して $I$ と $v$ の値を代入すれば求められる。

**解** ① $I=dQ/dt$ に，$Q=CE$ と $v=dE/dt$ の関係式を代入することにより

$$I = \frac{dQ}{dt} = \frac{d(CE)}{dt} = C\frac{dE}{dt} = Cv$$

② ①で得られた関係式を変形して，$I=10$ [μA] $=10\times10^{-6}$ [A]，$v=200$ [mV/s] $=200\times10^{-3}$ [V/s] を代入すると

$$C = \frac{I}{v} = \frac{10\times10^{-6}}{200\times10^{-3}} = 5.0\times10^{-5} \text{ [F]} = 50 \text{ [μF]}$$

---

### 問題 5-2

静電エネルギー $U$ は，電荷 $Q$ と電圧 $V$ の積で表されるが，$Q$ が $V$ に依存する場合は下式のようになる。静電容量 $C$ が $V$ に依存せず一定であるとき，$U$ は $C$ と $V$ を用いてどのように表されるか。

$$U = \int_0^V Q\, dV$$

**ヒント** $Q=CV$ を考慮すればよい。

## 5.4 電極触媒

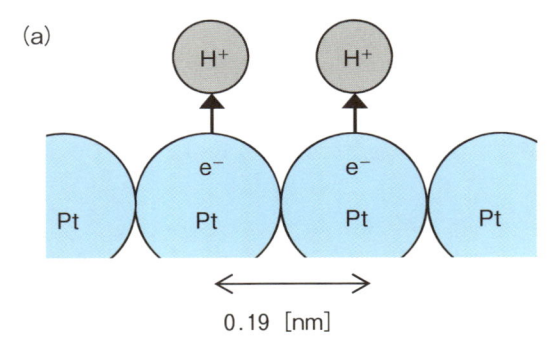

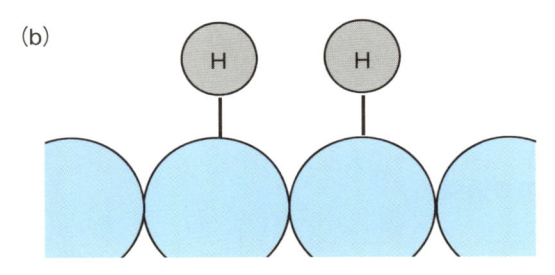

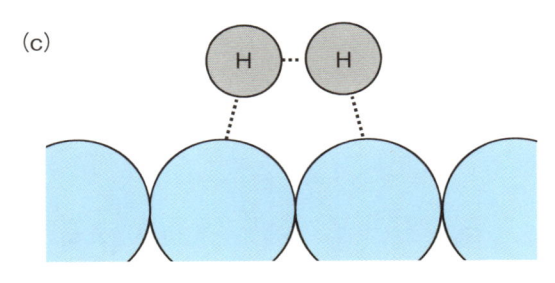

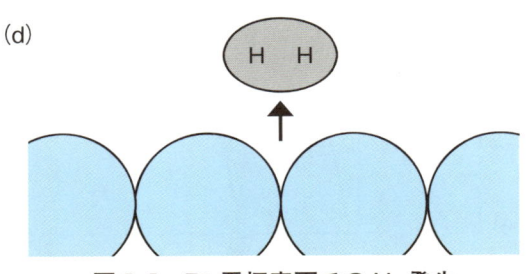

(a)
(b)
(c)
(d)

0.19 [nm]

**図 5-5** Pt 電極表面での $H_2$ 発生

　同じ電気化学反応でも電極の材料や表面状態などが異なると，それらの反応速度は著しく異なることが多い。その理由は電気化学反応が起こる電極表面の過程に原因があるのは言うまでもない。

　$H^+$ が還元されて $H_2$ となる電気化学反応においては，【例題 4-2】で見たように電極に Pt を用いると，Pb を用いた場合の約 5600 万倍も反応速度が速くなる。化学的に安定な Pt がこの反応に対してどのような役割を果たすのかみていこう。この反応の過程は次の 4 過程である（図 5-5）。(a) 2 個の $H^+$ の充分な接近，(b) 電極表面上における $H^+$ の電子の受け取り，(c) 2 個の H 原子の共有結合による $H_2$ の生成，(d) $H_2$ の電極表面からの脱着による $H_2$ ガスの発生。実際 (a) の過程では，ヒドロニウムイオン（$H_3O^+$）の電極表面への接近に引き続いて $H^+$ の還元により原子上の H の表面への吸着が生じる。一般に金属 M の電極表面における (a)～(d) の過程は，少なくとも (2)～(4) 式などからなる過程から成り立っていると考えられている[*7]。

$$H_3O^+ + e^- \longrightarrow MH + H_2O \quad (2)$$

$$2MH \longrightarrow 2M + H_2 \quad (3)$$

$$MH + H_3O^+ + e^- \longrightarrow H_2 + H_2O + M \quad (4)$$

　表面に H が吸着しやすいほど $H_2$ の脱着が起こりにくくなるので，反応が効率的に進むためには，Pt のように適度の MH の結合エネルギー[*8]を有する金属を用いる。このように電気化学反応が起こりやすい状況を提供するものを**電極触媒**という。

---

[*7] (2) 式は**フォルマー・ステップ**，(3) 式は**ターフェル・ステップ**，(4) 式は**電気化学ステップ**と呼ばれている。
[*8] 約 240 [kJ/mol] であり，Pt の他に Re，Rh，Ir などもこの値に近い MH の結合エネルギーを有し，この水素発生反応に対して電極触媒として機能する。

## 5.5　金属の析出

### ① 電気めっき

金属イオンが電解還元されて金属の膜が形成される**電気めっき**も，その金属が電極表面上に析出する反応なので，電極自身の性質に強く影響される。一般に電気めっきにおいて，金属イオン $M^{n+}$ は錯イオンであることが多い[*9]。最終的にその金属 M の電極上で電解還元される反応は (5) 式のとおりであるが，図 5-6 のような各過程からなる。

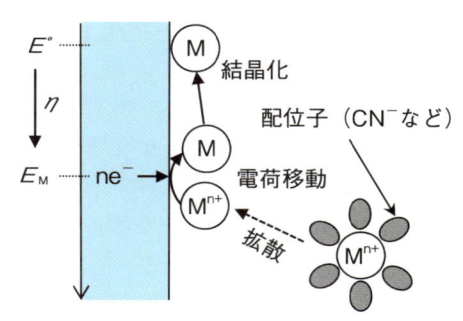

図 5-6　電気めっきの各過程

$$M^{n+} + ne^- \longrightarrow M \quad E° \ [V] \tag{5}$$

まず $M^{n+}$ は溶液沖合から M 電極表面に到達し（拡散過程），電極表面において電解還元（電荷移動過程）が生じる。そして原子 M が安定な配列に落着き，結晶化していく（結晶化過程）。平滑なめっきを行なうには電荷移動過程が律速になるようにする[*10]。

### ② アンダーポテンシャル析出（UPD）

(5) 式の反応を M 電極で行なうと，$E°$ に過電圧 $\eta$ を加えた $E_M$ から (5) 式による還元電流が流れ始める。しかし他の種類の金属 $M_P$ を電極に用いて，電位を印加すると $E_M$ の手前の $E_P$ でピーク電流が観測されることがある（**図 5-7**）。

これは (5) 式によるものであるが，電解還元で生じる M 原子が M 電極表面上に生成するよりも，$M_P$ 電極表面上に生成する方がエネルギー的に有利，つまり安定だからである。このように本来，電析が生じる電位に達する前に電解析出が起こることを**アンダーポテンシャル析出（UPD）**という。$M_P$ 電極表面が M 原子で覆われると，それ以降は M 電極表面上に M が析出するのと同じことなので，UPD は M 原子 1 個分の層が形成されて終わる。ピーク電流の電気量からもそれが支持される。なお，このように異種金属上の原子層を**アドアトム**という。

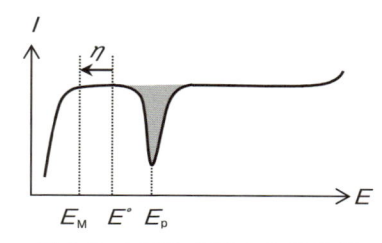

図 5-7　UPD を示す $I$–$E$ 曲線

---

[*9] たとえば銀めっきにおいては，配位子はほとんど $CN^-$ である。
[*10] 金属表面は微視的に見ると凹凸が存在し，金属イオンは凸部で電解還元されやすい。このため拡散律速の場合は凸部で金属析出が優先的に進行する。このため平滑なめっきができない。

## 【例題 5-3】単原子（分子）層のサイクリックボルタモグラム（CV）

電極表面上にレドックス反応を生じる単原子（分子）層が存在する場合の CV は，右図のように上下対称で酸化および還元ピーク電位は同じになる。酸化体と還元体の表面被覆量を $\Gamma_O$ と $\Gamma_R$ [mol/cm$^2$] とすると電解電流 $I$ は次式のようになる。

$$I = nFS\frac{d\Gamma_O}{dt} = -nFS\frac{d\Gamma_R}{dt}$$

酸化体と還元体も安定で（$\Gamma_O + \Gamma_R = \Gamma$（一定）），$\Gamma_O$ と $\Gamma_R$ の比がネルンスト式に従うものとして，$I$ が電位走査速度 $v$ に比例することを示せ。

> ネルンスト式を変形して $\Gamma_O/\Gamma_R =$ の式とし，$\Gamma_R = \Gamma - \Gamma_O$ を代入した後に，$d\Gamma_O/dt$ を $d\Gamma_O/dt = (d\Gamma_O/dE)(dE/dt) = v(d\Gamma_O/dE)$ により求める。

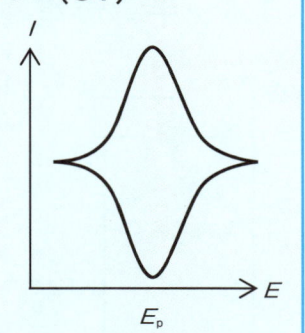

**解** ネルンストの式を変形すると

$$E = E° - \frac{RT}{nF}\ln\left(\frac{\Gamma_O}{\Gamma_R}\right) \iff \frac{\Gamma_O}{\Gamma_R} = \exp\left\{\frac{nF(E-E°)}{RT}\right\}$$

$\Gamma_R = \Gamma - \Gamma_O$ を代入し，$\beta = (nF/RT)$, $x = E - E°$ とおくと $\Gamma_O$ は

$$\Gamma_O = \frac{\Gamma \exp(\beta x)}{1 + \exp(\beta x)}$$

したがって $d\Gamma_O/dt = v(d\Gamma_O/dE)$ を考慮すると，$dE = dx$ だから $I$ は

$$I = nFS\frac{d\Gamma_O}{dt} = nFSv\frac{d\Gamma_O}{dx}$$

$$= nFSv\frac{\{\beta\Gamma\exp(\beta x)\}\{1 + \exp(\beta x)\} - \{\Gamma\exp(\beta x)\}\{\beta\exp(\beta x)\}}{\{1 + \exp(\beta x)\}^2}$$

---

### 問題 5-3

【例題 5-3】で得られた結果を用いて $I$ が右式のように表されることを確認せよ。

$$I = \frac{\dfrac{n^2F^2}{RT}S\Gamma v \exp\left\{\dfrac{nF(E-E°)}{RT}\right\}}{\left[1 + \exp\left\{\dfrac{nF(E-E°)}{RT}\right\}\right]^2}$$

**ヒント** 【例題 5-3】の結果を丁寧に計算して整理し，$\beta$ と $x$ を元に戻せばよい。

## 5.6 半導体電極

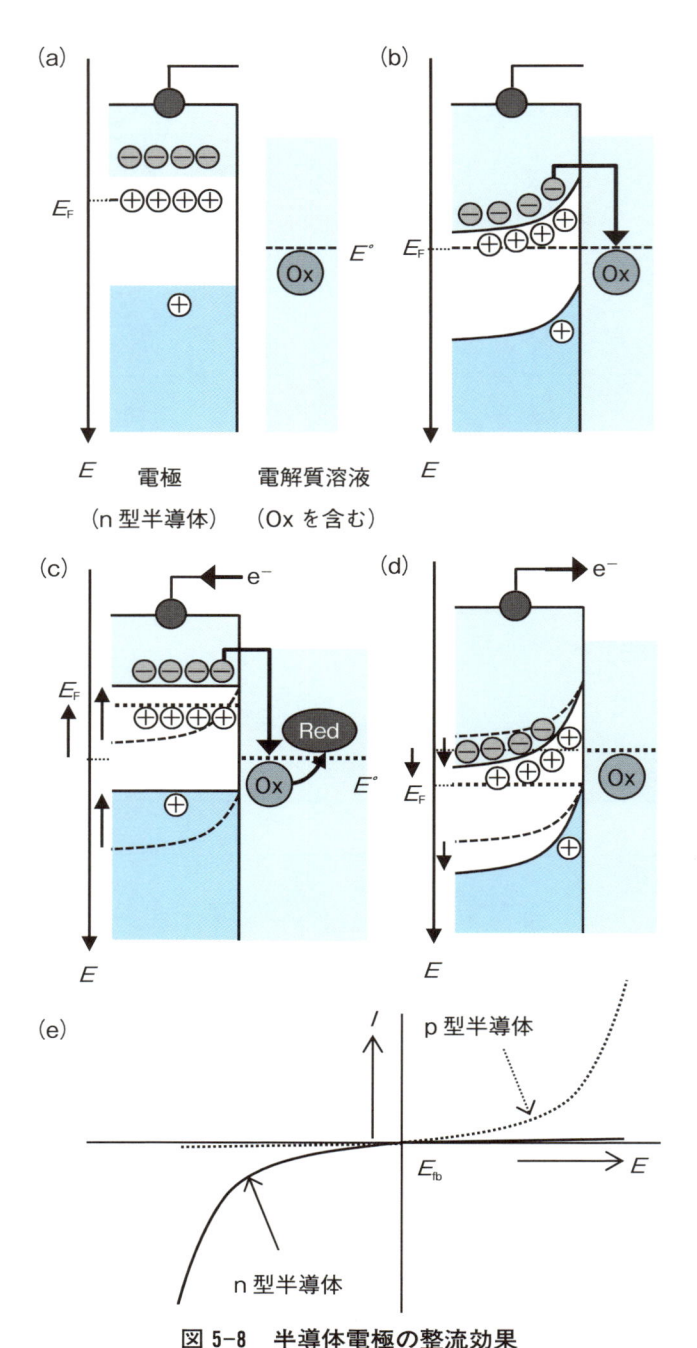

### ① 整流作用

半導体を電極に用いた場合，金属には見られないいくつかの挙動を示す。n 型半導体を例にバンド構造をみてみよう（図 5-8 (a)）。$e^-$ を放出しやすい原子 D を少量混入すると，D は $D \rightarrow D^+ + e^-$ により結晶内でイオン化する[*11]。この $e^-$ のエネルギーは伝導帯内にあり，$e^-$ は結晶内を自由に動けるが，$D^+$ は結晶内に固定化されていて移動できず伝導帯近くの禁制帯にエネルギー順位を持つ。図では $D^+$ を⊕，$e^-$ を⊖で示している。$E_F$ は**フェルミ準位**と呼ばれ，最も活性な電子のエネルギーを示す。

電解質溶液に浸すと(b)，⊖の一部は溶液内の酸化体（Ox）を還元し，半導体は正に溶液は負に帯電する。この⊖の移動は，$E_F$ が下降し Ox のレドックス電位（$E°$）に等しくなるまで起こる。⊕は移動できず，表面から内部にわたって存在する。この電荷の分布が傾きを持った層を**空間電荷層**という[*12]。このように半導体／溶液表面における電荷分布は電極内部に生じる。

(b)の状態にある電極に負の電位を印加していくと，$E_F$ が低くなりやがて半導体内全体にわたって水平になる(c)。この場合の電位を**フラットバンド電位（$E_{fb}$）**という。$E_{fb}$ よりも印加する電位を低くしていくと，⊖は内部から表面に移動し，溶液中の Ox を還元する。逆に(b)の状態にある電極に正の電位を印加していくと，$E_F$ は押し上げられ⊖は内部に移動してしまうので，Ox の還元は起こらない(d)。つまり n 型半導体の場合，$E$ が $E_{fb}$ より低く還元

図 5-8 半導体電極の整流効果

---

[*11] 不純物 D から発生する電子が主に**キャリア**（電流に貢献する荷電粒子）になる半導体を n 型半導体，電子を受取りやすい不純物 A により発生した正孔がキャリアになる半導体を **p 型半導体**と呼ぶ。
[*12] 空間電荷層の厚みは，よく用いられる半導体で 10～100 [nm] 程度である。

状態にあるときは還元電流が流れるが，$E_{fb}$ より高く酸化状態にあるときには酸化電流はほとんど流れない（(e)の実線）。なお，p型半導体の場合はこの逆で，(e)の点線のような電流-電位曲線が得られる。以上から，半導体電極には**整流作用**があることがわかる。

② 光照射効果

n型半導体電極は酸化電流がほとんど流れないが，禁制帯以上のエネルギーを有する光が電極に照射されると流れることがある（**図 5-9**(a)）。禁制帯以上のエネルギーを有する紫外線が照射されると，価電子帯上部の電子が紫外線を吸収して伝導帯に励起される。励起された電子（⊖，$e^-$）は空間電荷層のエネルギー分布に従い半導体内部に移動し外部回路へ流れていく。他方，価電子帯に発生した正孔（⊕，$h^+$）のエネルギーよりも高いエネルギーを有する電子を持つ還元体（Red）が溶液中に存在すれば，Redからその正孔に電子が移動して酸化反応が起こる。このことによりn型半導体電極に禁制帯以上のエネルギーを有する光を照射すると酸化電流が流れる。なお，p型半導体電極の場合はこの逆で，還元反応が起こることになる。

電極表面上に励起状態のエネルギーが伝導帯よりも高い色素[*13]を吸着させると，紫外線よりもエネルギーの低い可視光線の照射により励起した電子が伝導帯に注入される(b)。励起電子を失った色素は溶液内に適当な還元剤（R）の電子によって捕捉される。このように色素の吸着により半導体電極の光吸収領域を色素の光吸収領域まで拡張させることができる。これを**色素増感**という。

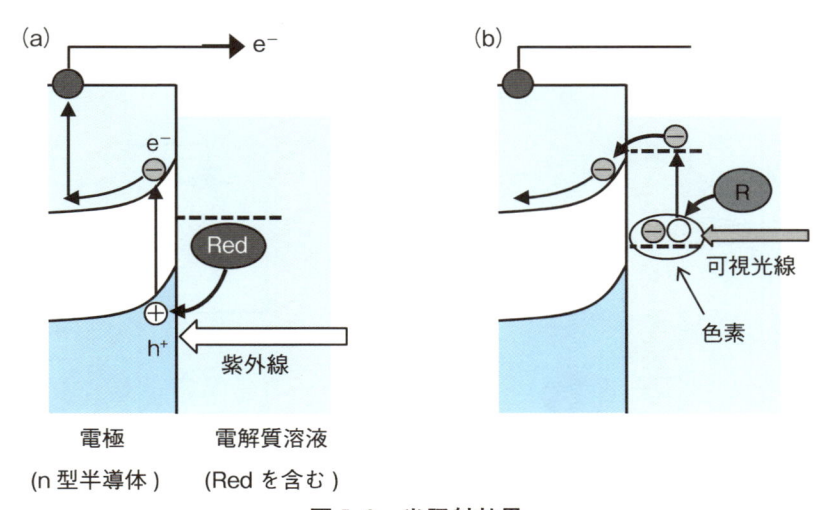

図 5-9 光照射効果

---

[*13] たとえばn型であるTiO$_2$などでは，エオシンやローダミンBなどのキサンテン色素が用いられる。

## 【例題 5-4】p 型半導体電極の整流作用

電子を受け入れやすい物質 A を少量混入すると p 型半導体が得られることがある。A が $A+e^-\rightarrow A^-$ により結晶内でイオン化すると，A に $e^-$ を奪われたことによって結晶内に正孔が発生する。この正孔は結晶内を自由に動くことができ，そのエネルギーは価電子帯内にある。$A^-$ は結晶内に固定化されていて移動できず，価電子帯近くの禁制帯にエネルギー順位を持つ。なお $E_F$ は $A^-$ のエネルギーと価電子帯の間の禁制帯内にある。これらのエネルギー帯の関係をもとに図 5-8(c)，(d) のような図を描き，溶液中に半導体のフェルミ準位よりも低い $E°$ を持つ還元体 Red が存在するときの p 型半導体電極の整流作用（図 5-8(e) の点線の関係）を説明せよ。なお $A^-$ は⊖，正孔は⊕で示せ。

> p 型半導体においては，空間電荷層は電極/溶液界面でエネルギーが低く（$E$ が高く），電極内部になるにしたがいエネルギーは高くなる（$E$ は低くなる）。また $E_F$ は価電子帯近くの禁制帯内に存在する。これらの関係を図示して説明すればよい。

**解** p 型半導体電極に，負および正の電位を印加した場合のエネルギー図を模式的に示すと下図のようになる。p 型半導体電極を電解質溶液に浸すと，半導体の正孔の一部が Red を $E_F=E°$ になるまで酸化し，半導体は負に溶液は正に帯電し空間電荷層ができる（図中の破線）。$E$ を負に印加すると，$E_F$ が上昇し価電子帯も押し上げられるので，Red の電子は正孔に移動することができない。つまり還元電流はほとんど流れないことになる。$E$ を正に印加し $E_{fb}$ に達すると，$E_F$ が下降し価電子帯は押し下げられて平坦になる。$E_F$ が Red の $E°$ よりも高くなるため，Red の電子は正孔に移動することができ，外部回路に酸化電流が流れることになる。

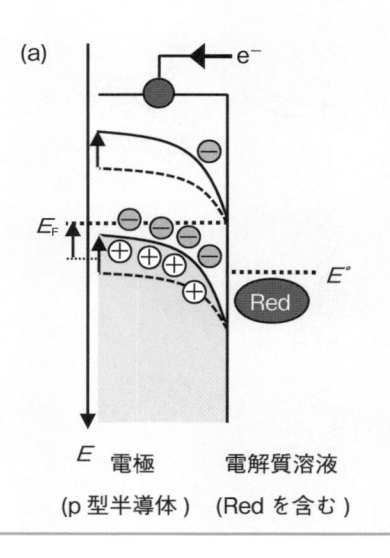

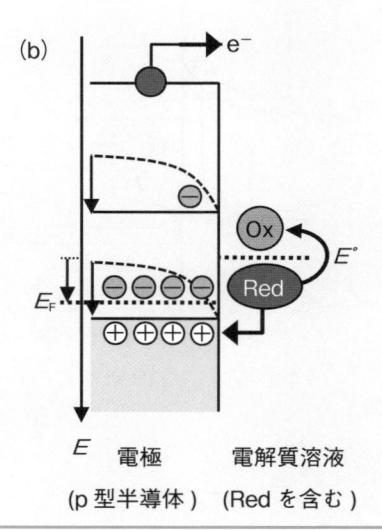

## 5.7 発展 電極表面の修飾

電極表面に何らかの機能を有する物質を固定化した電極を**修飾電極**と呼ぶ。この修飾電極は多方面への応用が期待されている。

チオール基を末端に持つアルキルチオール（RS-H）で金表面を処理すると，このアルキル基のファンデルワールス力（疎水性の親和力）によりアルキル基が集合し，単分子層のRSで金を修飾することができる。このように表面上に形成させた単分子層の分子集合体を**自己組織化単分子膜（SAM）**という。この膜を修飾した電極を用いると疎水性の化合物の電気化学反応が促進されることがある。たとえばある金属電極上では生じない疎水性化合物 Ox の電解還元（Ox＋e⁻→Red）が（図 5-8 (a)），疎水性のOxが同じく疎水性のSAMを通じて電解還元が起こる(b)[*14]。さらに RS-H を用いて触媒などの機能性分子（$Red_c$）で電極表面を修飾し，電子移動を起こすこともできる (c)。

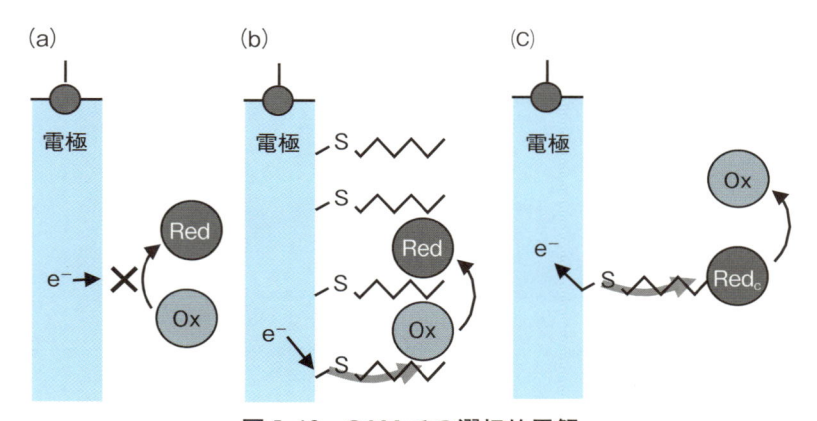

図 5-10 SAM での選択的電解

近年，導電性高分子で電極表面を修飾することもさかんに行なわれている。たとえば**ポリアニリン**はアニリンを含む酸性水溶液でアニリンを電解酸化することによって容易に電極表面を修飾することができる。ポリアニリンは酸化状態で緑色，還元状態で無色か薄黄色を呈するので，電圧を印加することによって色調を変化させるエレクトロクロミックディスプレー（ECD）として機能する。また酸化状態で導電性が変化することを利用した電子素子やガスセンサ，二次電池の正極活物質，電極触媒，など多様な応用が期待されている。このほか，色素や酵素などの修飾させる物質の種類やそれらの修飾方法も多岐に及んでいる。いくつかの応用分野と具体例を下表に示す。

| 応用分野 | 具 体 例 |
|---|---|
| 情 報 | ECD，電解発光素子，光電変換素子，電子素子　など |
| 分 析 | イオンセンサ，ガスセンサ，バイオセンサ　など |
| エネルギー | 二次電池，燃料電池，キャパシター，光電池　など |
| 医 療 | 酵素センサ，免疫センサ，分析用検出素子　など |
| 合 成 | 不斉電解合成，選択的電解合成，電極触媒　など |

[*14] 逆に金属電極を用いると明瞭に観測される親水性の金属イオンや金属錯体イオンの電解電流が，SAMを被覆した電極においては，SAMによるブロックにより観測されないことがある。

## 【例題 5-5】単原子（分子）層の CV におけるピーク電流の走査速度依存性

① 単原子（分子）層が存在する場合の CV において，ピーク電流（$I_P$）と電位走査速度（$v$）の関係式を**問題 5-3** で確認した下式から導出せよ。

$$I = \frac{\frac{n^2F^2}{RT}S\Gamma v \exp\left\{\frac{nF(E-E°)}{RT}\right\}}{\left[1+\exp\left\{\frac{nF(E-E°)}{RT}\right\}\right]^2}$$

② 【例題 5-3】の図に示したような CV を図積分した値から表面被覆量を求めることができる。その理由を説明せよ。

> ① 単原子（分子）層は電極表面に吸着しているため，ピーク電位（$E^p$）は $E°$ に等しいとしてよい。したがって与式に $E=E°$ を代入するとよい。
> ② CV の図積分値が $IdE$ の積分値であることに着目しすればよい。

**解** ① 与式において，$E=E°$ のときの電流が $I_p$ になるので

$$I_p = \frac{\frac{n^2F^2}{RT}S\Gamma v \exp(0)}{\{1+\exp(0)\}^2} = \frac{\frac{n^2F^2}{RT}S\Gamma v}{(1+1)^2} = \frac{n^2F^2 S\Gamma v}{4RT} \quad (I_p\text{ は }v\text{ 自身に比例する})$$

② CV の図積分値は $IdE$ の積分値となり，【例題 5-3】における関係式，$I=nFSv(d\Gamma_0/dE)$ を用いれば次式のようになり，$\Gamma_0$ を求めることができる。

$$図積分値 = \int I\,dE = nFSv\int d\Gamma_0 = nFSv\Gamma_0$$

---

### 問題 5-4

可逆的なレドックス反応を生じる分子 M を表面積が 2.0 [cm²] の電極表面に被覆させた修飾電極の CV を $v=100$ [mV/s] で測定したとき観測されるピーク電流は何 [μA] になるか。ただし M 1 個が電極を被覆している面積は 600 [Å²] とし，電極表面は M で隙間なく被覆されているものとする。またレドックス反応は下式のとおりであり，アボガドロ定数は $6.0\times10^{23}$ [1/mol]，$R=8.3$ [J/(K·mol)]，$T=298$ [K]，$F=96500$ [C/mol] として計算せよ。

$$M_{ox} + e^- \rightleftarrows M_{red} \quad (M_{ox}：M \text{ の酸化体},\ M_{red}：M \text{ の還元体})$$

**ヒント** 【例題 5-5】で導出した式に代入して求めればよい。

## 5.8 金属の腐食

金属が周囲の環境下において化学的に表面から浸食されていく現象を**腐食**といい，電池反応を用いて説明することができる。酸性水溶液中における鉄の腐食を例にとって説明しよう。鉄の溶解と $H^+$ の還元の $E°$ は (6) 式のとおりなので，Fe と $H^+$ が反応し鉄の溶解と水素発生が生じることになる ((7) 式)。

$$Fe^{2+} + 2e^- \rightleftharpoons Fe \quad E° = -0.44 \ [V] \quad 2H^+ + 2e^- \rightleftharpoons H_2 \quad E° = 0 \ [V] \tag{6}$$

$$Fe + 2H^+ \longrightarrow Fe^{2+} + H_2 \tag{7}$$

鉄の表面は物理的・化学的で均一ではなく凹凸，傷，格子欠陥，不純物[*15]などが存在するため，Fe→$Fe^{2+}$+2$e^-$ と 2$H^+$+2$e^-$→$H_2$ の反応は別の箇所で生じることが多い。つまり同一の鉄内で，ある箇所が陽極として，また別の箇所が陰極として働く（図 5-11）。腐食はこのような機構で進行するが，これは**局部電池機構**と呼ばれている。

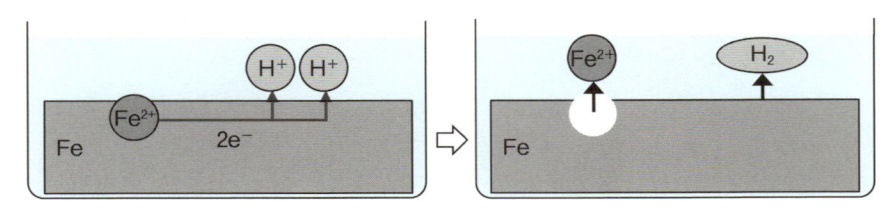

**図 5-11 電池反応と腐食における局部電池機構**

酸性水溶液中で測定した鉄電極のターフェルプロットを図 5-12 に示す。鉄の溶解反応と水素発生反応の直線部を外挿して得られる交点は両者の電流が等しい電位で**腐食電位**（$E_{corr}$）という。$E_{corr}$ における電流は**腐食電流**（$i_{corr}$）と呼ばれ，腐食速度を表している。なお，中性あるいは塩基性溶液の場合，鉄の溶解反応に対する還元反応は，溶存酸素の還元反応になる。

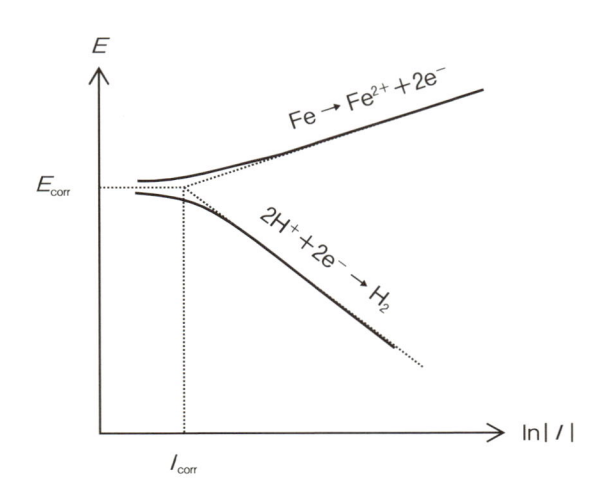

**図 5-12 腐食反応のターフェルプロット**

---

[*15] 不純物が少ない純度の高い鉄が錆びにくいのはこのためである。

## 5.9 金属の防食

腐食を抑止することを**防食**という。塗装などによる被覆，水分や溶存酸素の除去などは腐食反応に関与する物質の除去となるので有効であるが，腐食反応は電気化学反応なので電気化学的に防食することが可能である。

亜鉛（Zn）は Fe よりも $E°$ が低くイオン化傾向が大である（(8)式）。

$$Zn^{2+} + 2e^- \rightleftarrows Zn \qquad E° = -0.76 \ [V] \tag{8}$$

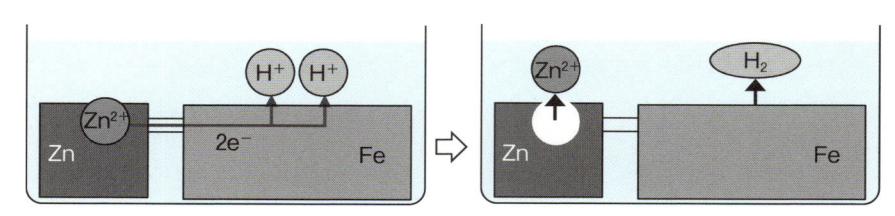

**図 5-13　犠牲アノード（Zn）による防食**

Fe に Zn を接続させると，Fe よりも Zn の酸化が優先的に生じるため Fe 自身は腐食せず，Zn の腐食のみが起こる。このように防食したい金属のために接続される金属を**犠牲アノード**という。

外部から電位を印加することによって常に Fe を還元状態にしておけば，Fe の溶解反応は起こらず Fe を防食することができる。炭素電極などを防食したい Fe に接続し，Fe が陰極，炭素電極が陽極になるように電圧を印加する。酸性水溶液中であれば Fe 上で $H^+$ の還元による水素発生，炭素電極上で水の酸化による酸素発生が生じる（(9)式）。

$$\begin{aligned}&（Fe 上）\ 2H^+ + 2e^- \longrightarrow H_2 \\ &（炭素電極上）\ 2H_2O \longrightarrow 4H^+ + O_2 + 4e^-\end{aligned} \tag{9}$$

その結果，鉄の溶解反応を抑制できるので防食が行なえる（**図 5-14**）。この手法を**強制通電**という。

鉄をある酸化電位領域に保持すると**不働態**と呼ばれる酸化鉄などの薄い皮膜が形成され腐食が抑制される。このことを利用して防食する方法は**アノード防食法**と呼ばれている[16]。

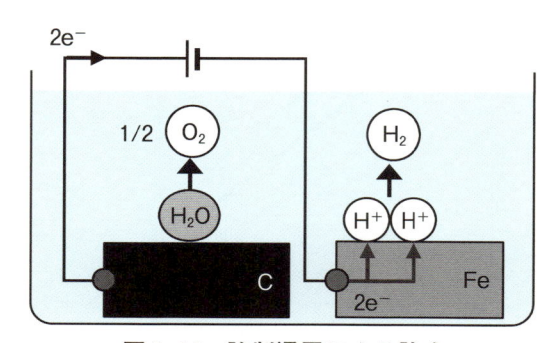

**図 5-14　強制通電による防食**

---

[16] 犠牲アノードを用いる方法と強制通電する方法は，防食される金属がカソードとなるため**カソード防食法**と呼ばれている。

## 5.10 発展 平衡電位と混成電位

図 5-12 の鉄電極を酸性水溶液中に浸して測定したターフェルプロットにおいて，水素発生反応の直線部分については水素の電極反応のカソードのプロットとほぼ一致する。他方，鉄の溶解反応の直線部分については鉄の酸化反応のプロットとほぼ同じになる（図 5-15）。

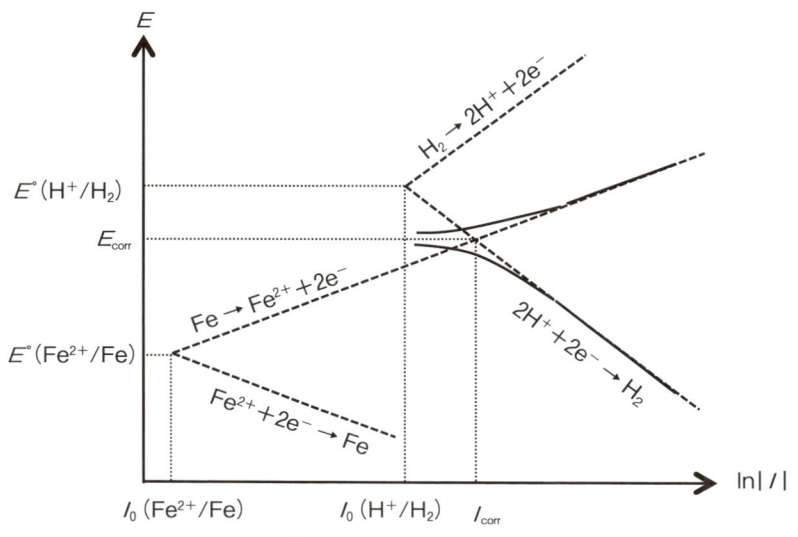

**図 5-15　腐食の各反応のターフェルプロット**

$H^+/H_2$ と $Fe^{2+}/Fe$ の電極反応の平衡電位（$E°$）とそれに対応する交換電流（$I_0$）を図中に示した。注意しなければならないのは，$E_{corr}$ と $I_{corr}$ が $E°$ と $I_0$ とは化学的にまったく異なる意味を持つことである。$E°$ は同一で可逆な電気化学反応の正方向と逆方向の反応速度が同じ状態（化学平衡状態）の電位を表しており，その可逆反応に固有の値である。また $I_0$ も反応速度を表す固有の値である。

しかし $E_{corr}$ は異なる酸化反応と還元反応の電流値の絶対値が同じ電位であり，**混成電位**の 1 つである。混成電位においては酸化反応と還元反応が異なっており化学平衡にある状態ではない。さらに同じ酸化反応でも還元反応が異なれば $E_{corr}$ も $I_{corr}$ も異なる。図 5-16 の酸化電流は鉄の溶解（$Fe \rightarrow Fe^{2+}+2e^-$）であるが，還元電流が破線の水素発生の場合（$2H^++2e^- \rightarrow H_2$）と実線の溶存酸素の還元の場合（$O_2+2H_2O+4e^- \rightarrow 4OH^-$）では $E_{corr}$ も $I_{corr}$ も異なる。なお溶存酸素の還元では，拡散による溶存酸素の移動量に限界があり限界拡散電流がみられるが，同様に酸化電流と還元電流が等しくなる電位が $E_{corr}$ となる。

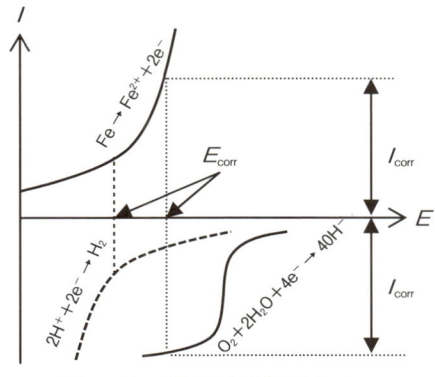

**図 5-16　限界拡散電流と $I_{corr}$**

## 【例題 5-6】プルベーダイヤグラム

溶液の pH によって金属の表面の組成がどう変化するのかを知ることは腐食を考えるときに重要である。左図はいろいろな pH と $E$ における Fe の表面組成を示したもので，**プルベーダイヤグラム**[17] と呼ばれている。図中の㋐の直線関係を図中の電気化学反応を参考にして導け。ただしネルンストの式は **3.3** の (6) 式を用い，$Fe^{2+}$ と $Fe^{3+}$ の活量はともに $10^{-6}$，$E°(Fe(OH)_3/Fe^{2+}) = +0.97$ [V] とする。

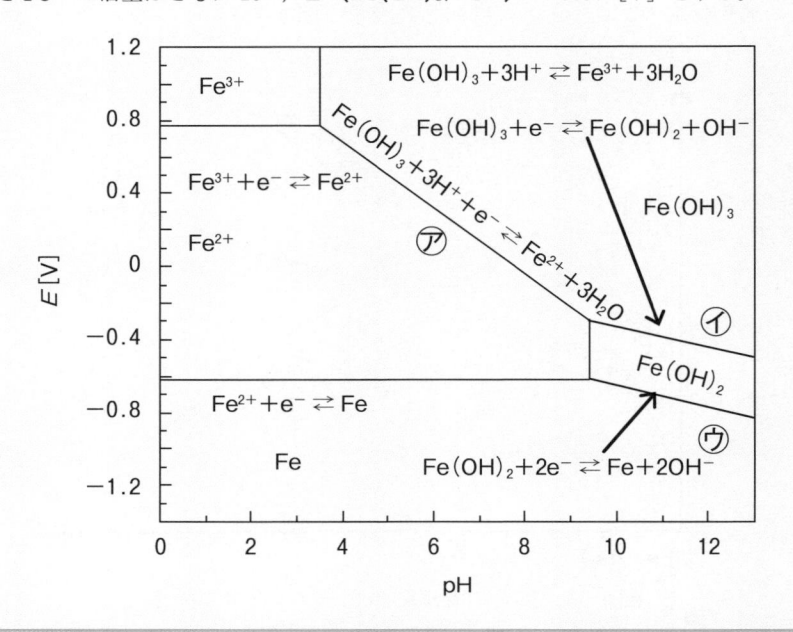

ネルンストの式において，$Fe^{2+}$ と $Fe^{3+}$ の活量を $10^{-6}$，$H_2O$ と固体純物質の活量を 1 とした後に，pH と $H^+$ の関係を考慮すれば導出できる。

**解** $n=1$，$a_{Fe(OH)_3} = a_{H_2O} = 1$，$a_{Fe^{2+}} = 10^{-6}$ をネルンストの式に代入して

$$E = E°(Fe(OH)_3/Fe^{2+}) - \frac{0.059}{n} \log\left(\frac{a_{Fe^{2+}} a_{H_2O}^3}{a_{Fe(OH)_3} a_{H^+}^3}\right) = 0.97 - 0.059 \log\left(\frac{10^{-6}}{a_{H^+}^3}\right)$$

$$= 0.97 - 0.059 \times (-6) - 3 \times 0.059 \log\left(\frac{1}{a_{H^+}}\right) = 1.32 - 0.18 \text{pH}$$

---

### 問題 5-5

【例題 5-6】の図における斜線㋑と㋒の関係を，例題と同様にして導出せよ。ただし，$E°(Fe(OH)_3/Fe(OH)_2) = -0.56$ [V]，$E°(Fe(OH)_2/Fe) = -0.89$ [V]，水のイオン積は $10^{-14}$ とする。

**ヒント** $Fe(OH)_2$，$Fe(OH)_3$，Fe は固体純物質でそれらの活量は 1 である。

---

[17] プルベーダイヤグラムはネルンストの式（化学平衡論）に基づいているので，化学平衡にない腐食の状況には完全には一致しないが，腐食を考える上では有用である。なお鉄と同様に，いろいろな金属についてプルベーダイヤグラムが得られている。

## 演習問題 5

① 電解が起こらないような低い電圧 V を印加した場合，電気回路でいうと電気抵抗 R とコンデンサ C を直列に接続した回路と等価とみなすことができる。このときの電流の経時変化（電流 I と時間 t の関係）を右に示す。

いま R が 80 [Ω] の電解質溶液に 2 本の白金電極を浸して 0.10 [V] の V を印加したとき，C=250 [μF] としたときの 1, 10, 100, 1000 [ms] 後の電流はいくらになるか。

**ヒント** 関係式に各数値を代入するときには，単位に注意する。

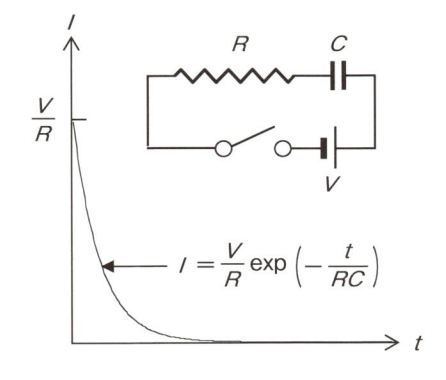

② 電解質溶液に浸した禁制帯エネルギー幅が 3.3 [eV]，伝導帯-フェルミ準位間エネルギーが 0.1 [eV] の n 型半導体電極がある。(1)～(3) の各問に答えよ。ただしフラットバンドの電位は，参照電極基準で −0.4 [V] とする。

(1) フラットバンド電位に印加されたとき，伝導帯下端と価電子帯上端の電子のエネルギーは参照電極を基準とするとそれぞれ何 [eV] か。

(2) この電極が +0.30 [V] に印加されたとき，伝導帯と価電子帯はフェルミ準位から電極表面に向かってどちら向きに何 [eV] 変化するか。

(3) (2) の状態に電位が印加されたとき，伝導帯下端と価電子帯上端の電子のエネルギーは参照電極を基準とするとそれぞれ何 [eV] か。

**ヒント** フェルミ準位は価電子帯上端よりも上に，伝導帯下端よりも下に位置している。

③ (1) 【例題 5-6】の図における 2 本の水平線の関係を，例題と同様にして導け。ただし $E°(Fe^{3+}/Fe^{2+})=+0.77$ [V], $E°(Fe^{2+}/Fe)=-0.44$ [V], $Fe^{2+}$ と $Fe^{3+}$ の活量はともに $10^{-6}$ とする。

(2) 【例題 5-6】の図における 2 本の垂線は電気化学反応ではなく，溶解度積に基づくものである。それらの溶解度積の値から pH の値を求めよ。ただし溶解度積は，$Fe(OH)_2$ が $8.0×10^{-16}$, $Fe(OH)_3$ が $3.2×10^{-38}$ とし，水のイオン積は $10^{-14}$ を用いよ。

**ヒント** 水のイオン積より得られる関係式，$pH=14+\log a_{OH^-}$ を用いる。

④ 酸性水溶液中において鉄電極の酸化電流を測定して得られたターフェルプロットのターフェル勾配は 59 [mV] で，交換電流密度は 0.12 [μA/cm²] であった。他方，同じ鉄電極を用いて水素発生のターフェルプロットも得たところ，ターフェル勾配は −120 [mV]，交換電流密度は 0.96 [μA/cm²] であった。$E°(Fe^{2+}/Fe)=-0.44$ [V], $E°(H^+/H_2)=0$ [V] として，酸性水溶液中における鉄の腐食電位と腐食電流を求めよ。

**ヒント** $\log i$ を x, E を y として，ターフェルプロットの直線の交点を求めればよい。

⑤ ある貴金属電極を $Cu^{2+}$ を含む酸性水溶液中に浸して負方向へ電位を印加していったところ，この貴金属電極表面において UPD が生じ，Cu の単原子層がこの電極表面を均一に完全に覆った。この貴金属の表面は貴金属原子が右図のように縦横 3 [Å] の等間隔で正方形状に並んでいるとすると，Cu の UPD において流れる電気量は電極表面 1 [cm²] あたりいくらになるか。ただし，この貴金属原子 1 個の上に Cu 一個が析出するものとし，$e^-$ 1 個の電気量を示す電気素量 (e) は $1.6 \times 10^{-19}$ [C] とする。

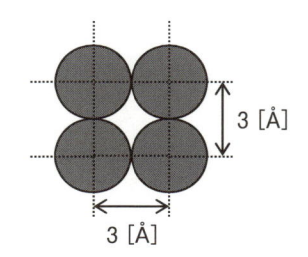

**ヒント** 貴金属原子は正方形内に一個存在し，反応は $Cu^{2+} + 2e^- \to Cu$ であることに注意する。

⑥ 半導体電極に色素増感を行なう目的で電極上にある色素を固定化させた。この色素の光吸収の最大波長が 550 [nm] のとき，励起状態となって電子を放出する電位は何 [V] か。ただし，この色素の基底状態の電位は +0.75 [V] とする。なお光速は $3.0 \times 10^8$ [m/s]，プランク定数は $6.6 \times 10^{-34}$ [Js]，1 [eV] = $1.6 \times 10^{-19}$ [J] とする。

**ヒント** 問題 2-7 のようにエネルギーを求め，基底状態の電位を考慮して求める。

⑦ 金電極表面全体を均一に SAM で修飾した。この SAM において，その分子は円板状に右図のように六方状に配列していた。円板状の分子の直径は 3 [Å]，分子間距離が 6 [Å] だったとすると，電極表面 1 [cm²] あたり何個の分子が存在することになるか。

**ヒント** 図中の六角形の中には分子は 3 個存在することに注目する。

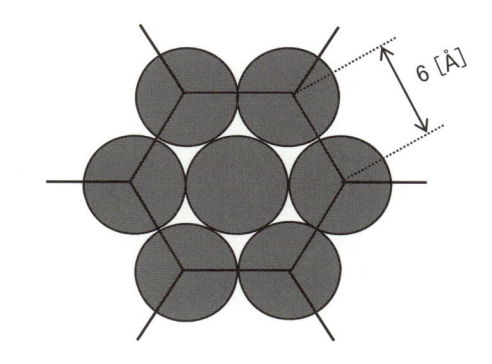

# 6　　　　　　　電　　　　池

すでに異なる電極電位を持つ半電池をうまく組み合わせれば，電池が得られることをみてきた。

また半電池の電極電位や電池の起電力など，理論的なことについても学んできた。

異なる電極電位を示す半電池は多数あるので，原理的には多くの電池が作製できそうである。

しかしながら実際に電池として用いるためには，多くの制約がある。

たとえば材料のコストや安全性はもちろんであるが，なるべく高い出力電圧，大きい容量，優れた耐久性など，多くの要素がありそうである。

ここでは実用電池の条件について触れた後，実際に用いられている電池にはどんな種類があるのか，またそれらはどういった要素から成り立っているのか，どのような特性があるのかについてみていくことにする。

さらに，今後に期待され研究開発がさかんに行なわれている燃料電池や太陽電池といった電池のメカニズムなどについても触れることにする。

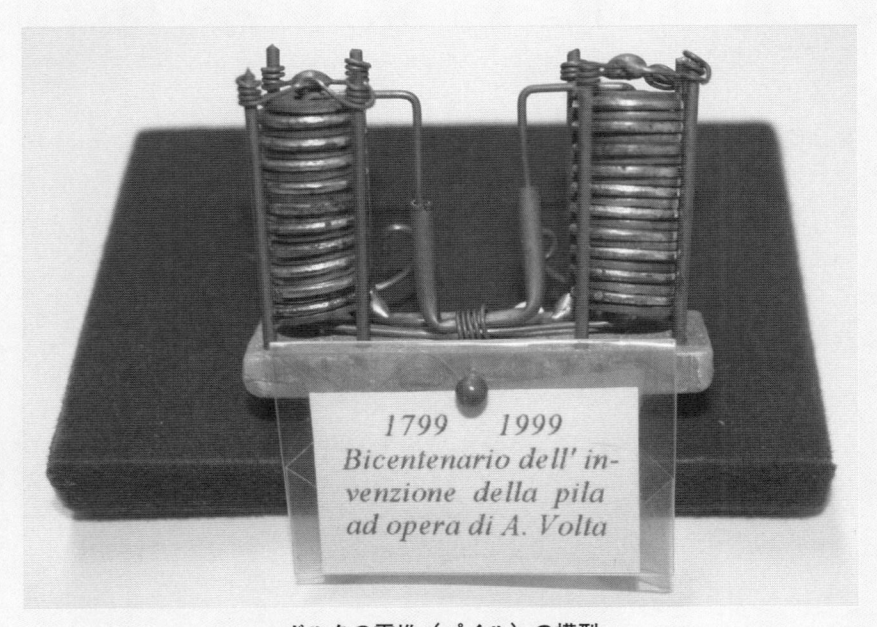

**ボルタの電堆（パイル）の模型**
イタリア，コモ湖畔のボルタ博物館でお土産用に売られていたもの

## 6.1 実用電池の条件

実用電池は，放電のみしか行なわれない**一次電池**と放電と充電が繰り返し行なえる**二次電池**とに大別される。これらの実用電池に要求される主な特性を下表に示す。

| | | 要求される特性 |
|---|---|---|
| 二次電池 | 一次電池 | 1) 原材料および製造コストが低いこと<br>2) 安全性が高く，環境に負荷を与えないこと<br>3) 放電容量が大であること<br>4) 起電力が大であること<br>5) 出力密度が高いこと<br>6) 内部抵抗（$R$）が低いこと<br>7) 活物質の利用率が高いこと<br>8) 放電特性が安定していること<br>9) 温度特性に優れていること（広い温度範囲で使用できること）<br>10) **自己放電**が小さく保存特性に優れていること |
| | | 11) 充電を簡単に行なえること<br>12) 充電時に副反応など望ましくないことが生じないこと<br>13) 放電と充電が繰り返し何回でも行なえること |

1），2），7)～9），11），12) の特性は自明のことなので，説明を要しないと思う。

3) 大きな**放電容量**[*1]のためには，利用する電気化学反応の1電子あたりの物質の質量（体積）が小さいことが望まれる。放電容量に起電力を乗じたものが**エネルギー密度**[*1]となるが，これは単位質量（体積）あたりが有するエネルギーを表している。この値も大きいほど良い。

4) 各半反応の$E°$の差（$\mathit{\Delta}G°$の減少量）が大きいほど起電力が大きくなる。

5) **出力密度**は［W/kg］あるいは［W/L］の単位で表される量で，この値が高いほど急速な放電が可能であることを示している。**4.4** でみたように，過電圧（$\eta$）が小さく交換電流（$I_0$）が大きいほど電気化学反応が速いので，放電させるときに多くの電流を取り出すことができる。また $\eta$ が大きいほど，放電時の電池電圧が小さくなってしまう。

6) 電池電圧はその $IR$ 降下分だけ低下するので，$R$ は小さいほどよい。

10) 実用電池では電池反応のもとになる物質を**活物質**という。この活物質が，電池を使用せずに保存しているときに放電以外の原因によって劣化することを**自己放電**と呼ぶ。自己放電が小さいほど優れた電池といえる。

13) 充放電のくり返し寿命を**サイクル寿命**といい，この寿命が長いほどよい。なおサイクル寿命は使用条件に依存する。

---

[*1] 放電容量の単位は通常［A·h］が用いられ，1［kg］あたりの容量を**重量放電密度**［A·h/kg］，1［L］あたりの容量を**体積放電密度**［A·h/L］という。エネルギー密度の単位は通常［W·h/kg］あるいは［W·h/L］が用いられる。

## 【例題 6-1】電池の理論エネルギー密度

電池の理論エネルギー密度は電池反応から求めることができる。以下の電池反応で表される起電力が 1.5 [V] の酸化銀電池の理論エネルギー密度 [W·h/kg] を求めよ。ただし電解質溶液の質量は無視できるものとし，$F=96500$ [C/mol]，原子量は，Zn=65，Ag=108，O=16 として計算せよ。

　　（負極）$Zn + 2OH^- \longrightarrow ZnO + H_2O + 2e^-$
　　（正極）$Ag_2O + H_2O + 2e^- \longrightarrow 2Ag + 2OH^-$
　　（全体反応）$Zn + Ag_2O \longrightarrow ZnO + 2Ag$

> 負極の活物質は Zn，正極の活物質は $Ag_2O$ なので，これらの質量の合計が電池全体の質量になる。全体反応において Zn を 1 [mol] とすると，$Ag_2O$ も 1 [mol] になるので質量 [kg] を求めることができる。また $e^-$ が 2 [mol] になるので流れた電気量は $2F$ [C] となる。この電気量を [W·h] に換算して起電力を乗じ，電池全体の質量 [kg] で割ればよい。

**解**　Zn を 1 [mol] とすると，活物質全体の質量（≒電池全体の質量）は
$$65 + 108 \times 2 + 16 = 297 \text{ [g]} = 297 \times 10^{-3} \text{ [kg]}$$
他方，流れた電気量は
$$2F = 2 \times 96500 \text{ [C]} = \frac{2 \times 96500}{3600} \text{ [A·h]}$$
したがって理論エネルギー密度は
$$1.5 \times \frac{\frac{2 \times 96500}{3600}}{297 \times 10^{-3}} = 271 \text{ [W·h/kg]}$$

---

### 問題 6-1

負極の活物質を Li とした場合，正極の活物質が AgCl の場合も $NiF_2$ の場合も，ともに起電力は 2.84 [V] であった（電池の全体反応は以下に示す）。この 2 つの電池の理論エネルギー密度 [W·h/kg] を求めよ。ただし，電解質溶液の質量は無視できるものとする。また $F=96500$ [C/mol]，原子量は，Li=7，Ag=108，Cl=35，Ni=59，F=19 として計算せよ。

　　（全体反応）$AgCl + Li \longrightarrow Ag + LiCl$
　　（全体反応）$NiF_2 + 2Li \longrightarrow Ni + 2LiF$

**ヒント**　負極の反応はともに $Li \rightarrow Li^+ + e^-$ であるので，各活物質と $e^-$ のモル比がわかる。

## 6.2 電池の電流-電圧特性

放電時の電池電圧 $V$ は (1) 式のようになる。

$$V = V_0 - \eta_a - \eta_c - IR \tag{1}$$

電池の起電力 ($V_0$) は理論的な最大値であって，電池を使用すると（放電させると）電池の電圧は低下する。交換電流 $I_0$ が大きい場合は負極と正極の電池反応の過電圧（$\eta_a$ と $\eta_c$）が小さく，$V$ は大となる（図 6-1 実線）。逆に $I_0$ が小さい場合は過電圧（$\eta'_a$ と $\eta'_c$）が大きくなり，電池電圧は低くなり $V'$ になってしまう（図 6-1 点線）。これに加えて放電時には，電池の内部抵抗による $IR$ 降下も生じるので，その分 $V$ は減少する。

電流-電圧曲線（$IV$ 特性曲線）を図 6-2 に示す。正極と負極を短絡すると，短絡電流 $I_s$ が流れて $V=0$ になる。また負荷を接続していない開回路時の正極-負極間の電圧は $V_0$ である。出力電力 $P$ は $IV$ である。たとえば $I=I_1$，$V=V_1$ で放電している場合，図中の網掛けした面積が $P$ になる。よって，$P$ の最大値の $V_0$ と $I_s$ の長方形に近いほど $P$ が大きくなる[*2]。$I_0$ が小さいと図中の破線のような曲線になり，$P$ は濃い青に網掛けした面積になってしまう。濃い青に網掛けした長方形の面積と薄く網掛けした長方形の面積を比べると，破線の場合は $P$ が著しく小さくなることがわかると思う。

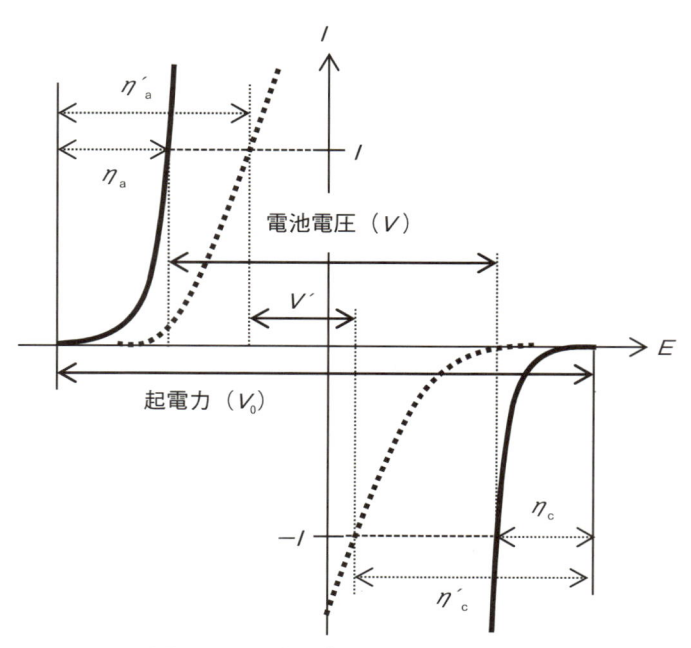

**図 6-1** 電池反応における $I$–$E$ 曲線

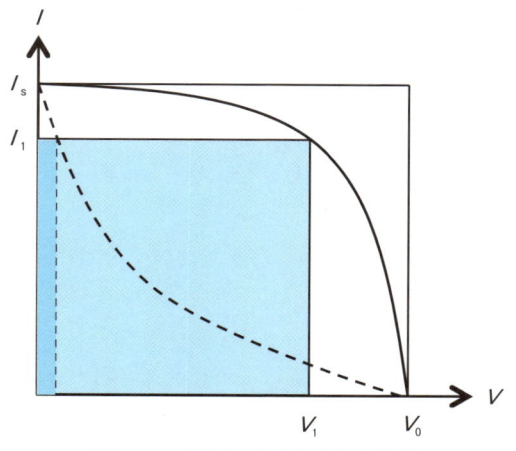

**図 6-2** 電池の電流-電圧曲線

---

[*2] 網掛けの面積を $V_0 \times I_s$ で割ったものを**フィルファクター**といい，効率の目安となる。

## 6.3 一次電池

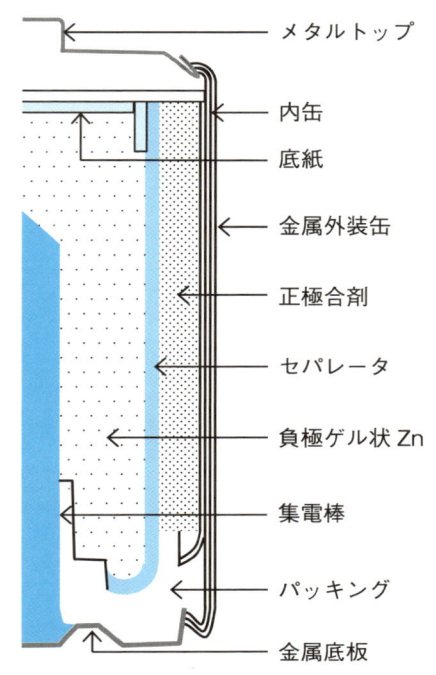

図6-3 アルカリ乾電池の構成例
（ラベル：メタルトップ、内缶、底紙、金属外装缶、正極合剤、セパレータ、負極ゲル状Zn、集電棒、パッキング、金属底板）

　放電のみ行なえ，充電によって最初の状態に戻せない使い捨てタイプの電池を**一次電池**と呼ぶ。私たちの身の回りで最もなじみの深いものが**乾電池**であり，そのうち現在，もっとも典型的なものは**アルカリ乾電池**であろう。その構造を図6-3に示す。この電池に限らず実用電池を構築するためには，正極活物質と負極活物質はもちろんイオン伝導性の電解質，両活物質の混合を抑制する膜であるセパレータ，活物質への電子の供給源となる集電体，そしてカップや金属缶などのケースなどから構成される。負極活物質であるZn粉末はゲル状電解液に分散させている。この外側に正極活物質である$MnO_2$を含む合剤がセパレータを介して配置されている。負極活物質のZnから$H_2$が発生することによる自己放電があるため，InやGaなどを含むZn合金が用いられる。

　放電時の負極，正極，全体の反応はそれぞれ(2), (3), (4)式のようになる（負極の反応は最初にZnが酸化されて$Zn(OH)_4^{2-}$が生成し，それが電解質溶液中に飽和するようになると$Zn(OH)_2$の沈殿になる。さらに正極で$H_2O$が消費されると，$Zn(OH)_2$の脱水反応が進行し最終的にはZnOに変わる）。

$$Zn + 2OH^- \longrightarrow ZnO + H_2O + 2e^- \tag{2}$$

$$MnO_2 + H_2O + e^- \longrightarrow MnO(OH) + OH^- \tag{3}$$

$$Zn + 2MnO_2 + H_2O \longrightarrow 2MnO(OH) + ZnO \tag{4}$$

　なお乾電池としてこれまでなじみが深かったものに**マンガン乾電池**[*3]もあるが，現在この乾電池は国内の工場ではほとんど製造されていない。なお代表的ないくつかの一次電池の特性を表6-1に示した。

　酸化銀電池は高価であるが，理論容量が大きく高負荷放電に優れ，放電電圧が長時間安定であるなど良好な電池特性を示す。電解液にはKOHやNaOH水溶液が用いられ，正極には$Ag_2O$，負極にはゲル状亜鉛粉末が用いられている。

　リチウム電池は金属Liを負極とするもので大きな起電力が得られる。正極の代表例には$MnO_2$があるが（表6-1），$I_2$や$SOCl_2$なども負極として採用されている。この電池は自己放電が小さく，長期保存できる。なお金属Liは水分と激しく反応して危険なため，電解液には有機溶媒が用いられる。このことによりこの電池は水溶液を電解液にしたときより広い温度範囲で使用できる。

---

[*3] この電池の原型はルクランシェ電池であるが，電解液組成や正極活物質の$MnO_2$を電解$MnO_2$にするなどして性能が向上した。また電解質溶液をクラフト紙に塗布含浸するなどして量産性も向上した。しかしエネルギー密度もアルカリ乾電池に比べてかなり低いので，アルカリ電池が台頭してきている。

表 6-1　代表的な実用一次電池

| 電池名 | | アルカリ乾電池 | 酸化銀電池 | 空気電池 | リチウム電池 |
|---|---|---|---|---|---|
| 公称電圧[*4] | | 1.5 [V] | 1.5 [V] | 1.3 [V] | 3.0 [V] |
| エネルギー密度 | | ~120 [W·h/kg] | ~95 [W·h/kg] | ~320 [W·h/kg] | ~360 [W·h/kg] |
| 負極 | 活物質 | Zn | Zn | Zn | Li |
| | 反応 | $Zn+2OH^- \rightarrow$ $ZnO+H_2O+2e^-$ | $Zn+2OH^- \rightarrow$ $ZnO+H_2O+2e^-$ | $Zn+2OH^- \rightarrow$ $ZnO+H_2O+2e^-$ | $Li \rightarrow Li^+ + e^-$ |
| 電解質 | | KOH | KOH または NaOH | KOH または NaOH | $LiClO_4$（非水系） |
| 正極 | 活物質 | $MnO_2$ | $Ag_2O$ | $O_2$ | $MnO_2$ |
| | 反応 | $MnO_2+H_2O+e^- \rightarrow$ $MnO(OH)+OH^-$ | $Ag_2O+H_2O+2e^- \rightarrow$ $2Ag+2OH^-$ | $O_2+2H_2O+4e^- \rightarrow 4OH^-$ | $MnO_2+Li+e^- \rightarrow$ $LiMnO_2$ |
| 全体反応 | | $Zn+2MnO_2+H_2O \rightarrow$ $2MnO(OH)+ZnO$ | $Zn+Ag_2O \rightarrow ZnO+2Ag$ | $2Zn+O_2 \rightarrow 2ZnO$ | $Li+MnO_2 \rightarrow LiMnO_2$ |
| 形状 | | 円筒またはボタン型 | ボタン型 | 円筒またはボタン型 | 円筒またはボタン型 |
| 特性・用途 | | 放電電圧が安定，急速放電可能・ストロボ，電気シェーバー，音響電子機器など。 | 電圧変動が小，温度特性良好・カメラ，ポータブル電卓，腕時計など。 | 空気導入が必要，電圧変動が小，小型軽量，高エネルギー密度・補聴器，非常灯，標識など。 | 高エネルギー密度，温度特性良好・腕時計，うき，カメラやコンピューターのバックアップなど。 |

[*4] 起電力の代表的な値を**公称電圧**という。放電していくとこの電圧は低下していく。

## 6.4 二次電池(1)：アルカリ二次電池

二次電池として最もポピュラーなのは1859年にプランテが発明した鉛蓄電池であるが，高等学校の教科書などでもよく解説されているので，まず**アルカリ二次電池**についてみていこう。この電池には1899年にユングナーにより発明された**ニッケルカドミウム電池**[*5] があり，自己放電が少なく温度特性にも優れているが，**メモリー効果**[*6] を有することや有害なCdを含んでいるため，メーカーによる回収・リサイクルが必要なことなどの短所がある。このため現在では，**ニッケル-金属水素化物電池**に置き換わってきている。

この電池は負極活物質に水素吸蔵合金（MH）[*7]，正極活物質にはNiOOH（オキシ水酸化ニッケル），電解質溶液にはKOH水溶液などが用いられ，放電時のそれぞれの反応は(5)式と(6)式のとおりで，全体反応は(7)式となる。

$$MH + OH^- \longrightarrow M + H_2O + e^- \tag{5}$$

$$NiOOH + H_2O + e^- \longrightarrow Ni(OH)_2 + OH^- \tag{6}$$

$$MH + NiOOH \longrightarrow M + Ni(OH)_2 \tag{7}$$

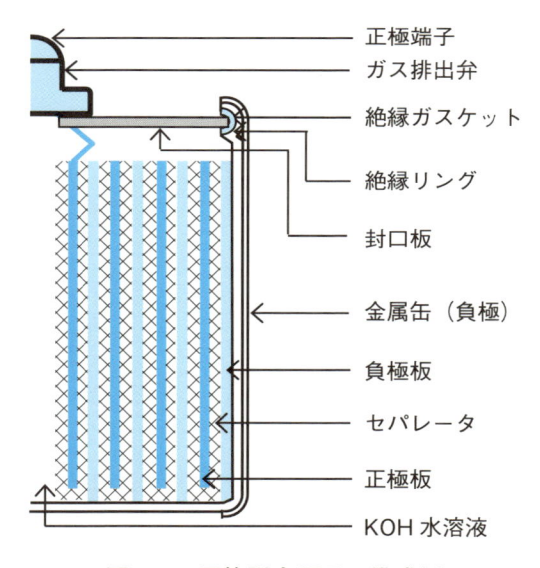

図 6-4　円筒型市販品の構成例

過放電時には正極で$H_2$が発生するが，この$H_2$はMに吸収されてMHに戻る。他方，過充電時に正極で発生した$O_2$はMH中の水素と反応し$H_2O$に変わる。したがって過充電にも過放電にも強く，密閉構造とすることもできる。

MHは高密度にまた高速で水素を吸蔵できるので，容量もニッケルカドミウム電池よりも大きくなるうえ，急速充放電が可能である。**図 6-4**に円筒型の市販品の構造を示した。負極板はMH粉末，導電剤，結着剤をペースト状にして金属多孔板に塗布・プレスしたもの，正極板は多孔質焼結基板か発泡状金属板に活物質を保持したものである。なお代表的な二次電池のいくつかの特性を**表 6-2**にまとめた。

---

[*5] JIS名称でニカド電池，商標名でニッカド電池と呼ばれる。
[*6] 放電を完全に行なわずに充電を繰り返すと，容量が低下してしまう効果をいう。
[*7] よりよく水素を吸蔵できるようにするため，Mは希土類元素の混合物であるミッシュメタルと呼ばれるものが用いられ，Ni，Co，Mn，Alも導入される。

表 6-2 代表的な実用二次電池

| 電池名 | | 鉛蓄電池 | アルカリ二次電池<br>(ニッケルカドミウム蓄電池) | アルカリ二次電池<br>(ニッケル水素化物蓄電池) | リチウムイオン電池 |
|---|---|---|---|---|---|
| 公称電圧 | | 2.0 [V] | 1.2 [V] | 1.2 [V] | 3.7 [V] |
| エネルギー密度 | | ~41 [W·h/kg] | ~55 [W·h/kg] | ~75 [W·h/kg] | ~110 [W·h/kg] |
| 負極 | 活物質 | Pb | Cd | MH (金属水素化物) | $C_6Li_x$ |
| | 反応 | $Pb+SO_4^{2-} \rightleftarrows PbSO_4+2e^-$ | $Cd+2OH^- \rightleftarrows Cd(OH)_2+2e^-$ | $MH+OH^- \rightleftarrows M+H_2O+e^-$ | $C_6Li_x \rightleftarrows C_6+xLi^++xe^-$ |
| 電解質 | | $H_2SO_4$ | KOH | KOH または NaOH | $LiPF_6$ (非水系) |
| 正極 | 活物質 | $PbO_2$ | NiOOH | NiOOH | $Li_{1-x}CoO_2$ |
| | 反応 | $PbO_2+4H^++SO_4^{2-}+2e^- \rightleftarrows$<br>$PbSO_4+2H_2O$ | $NiOOH+H_2O+e^- \rightleftarrows$<br>$Ni(OH)_2+OH^-$ | $NiOOH+H_2O+e^- \rightleftarrows$<br>$Ni(OH)_2+OH^-$ | $Li_{1-x}CoO_2+xLi^++e^- \rightleftarrows$<br>$LiCoO_2$ |
| 全体反応 | | $Pb+PbO_2+2H_2SO_4 \rightleftarrows$<br>$2PbSO_4+2H_2O$ | $Cd+2NiOOH+2H_2O \rightleftarrows$<br>$2Ni(OH)_2+Cd(OH)_2$ | $MH+NiOOH \rightleftarrows$<br>$M+Ni(OH)_2$ | $C_6Li_x+Li_{1-x}CoO_2 \rightleftarrows$<br>$C_6+LiCoO_2$ |
| 形状 | | 直方体型 | 直方体, 円筒, ボタン型 | 直方体, 円筒, ボタン型 | 直方体, 円筒, ボタン型 |
| 特性・用途 | | 高い信頼性と経済性, 保存が容易, 急速充放電が可能・自動車, 防災や非常用電源, 産業用など。 | 耐過充放電性大, 長寿命, 信頼性大, 密閉化可能・家電, 電動工具, おもちゃなど。 | 出力-エネルギー密度-寿命のバランス良好, 耐過充放電性大, 密閉化可能・ハイブリッド車, エネループなど。 | 高エネルギー密度, 少ない自己放電・モバイル機器, 電気自動車など。 |

## 【例題 6-2】二次電池の放電における電極材料と電解質の量変化

自動車用として最も使用されている二次電池が鉛蓄電池である。これは負極活物質に Pb，正極活物質に $PbO_2$，電解質に硫酸水溶液を用いたものである。放電時の各極の電池反応は下式のとおりである。①この電池の放電時の全体反応はどうなるか。②いまこの電池を放電させたところ，正極の質量が 1.6 [g] 増加していた。このとき電解質溶液から失われた硫酸は何 [g] か。ただし原子量は，H＝1，S＝32，O＝16 としてよい。

（負極）$Pb + SO_4^{2-} \longrightarrow PbSO_4 + 2e^-$

（正極）$PbO_2 + 4H^+ + SO_4^{2-} + 2e^- \longrightarrow PbSO_4 + 2H_2O$

> 反応式からわかるように，正極の $PbO_2$ が 1 [mol] 反応すると正極上に $PbSO_4$ が 1 [mol] 生成する。したがって $PbO_2$ が 1 [mol] 反応すると，$(PbSO_4)-(PbO_2)=SO_2$ の式量分の質量増加がある。このことから $PbO_2$ が何 [mol] 反応したかがわかる。負極と正極の反応の電子数は同じなので，$PbO_2$ が 1 [mol] 反応すると 2 [mol] の $H_2SO_4$（正極の反応で $4H^+$ と $SO_4^{2-}$，負極の反応で $SO_4^{2-}$）が失われる。

**解** ① 負極と正極の反応の電子数は同じなので，両反応式を加えると

$Pb + PbO_2 + 2H_2SO_4 \longrightarrow 2PbSO_4 + 2H_2O$

② 正極の質量増加分が 1.6 [g]，$SO_2$ の式量は 64，$H_2SO_4$ の分子量は 98 であるから失われた硫酸の質量は

$$\frac{1.6}{64} \times 2 \times 98 = 4.9 \text{ [g]}$$

硫酸の比重は 1.8 程度で水よりも重いので，放電が進むと電解質溶液の比重が低下する。よってこの比重を測定することによって鉛蓄電池の充電時期を知ることができる。

---

### 問題 6-2

ニッケルカドミウム蓄電池を放電させた結果，負極の質量が 0.85 [g] 増加した。このときに電解質溶液から失われた水は何 [g] か。以下の反応式を考慮して求めよ。ただし原子量は，H＝1，O＝16 としてよい。

負極：$Cd + 2OH^- \longrightarrow Cd(OH)_2 + 2e^-$　　正極：$NiOOH + H_2O + e^- \longrightarrow Ni(OH)_2 + OH^-$

**ヒント** 全体反応（(7)式）より，Cd が 1 [mol] 反応すると水が 2 [mol] 失われる。

## 6.5 二次電池(2)：リチウムイオン二次電池

$Li^+$ の還元反応は $E°$ が極めて低いため，二次電池に利用すると大きな起電力が得られると期待される。しかしながら充電時に生成する Li が**デンドライト**（樹枝）状に析出成長してセパレータを貫通して短絡する危険性がある。1992 年に実用化された**リチウムイオン二次電池**の電池反応においては，基本的には $Li^+$ が正極活物質と負極活物質間を移動するだけなのでデンドライト生成の危険性もないうえ，4 [V] 近くの起電力を有する。またエネルギー密度の高さも注目され，すでに利用されているモバイル機器以外にも電気自動車にも応用されている。

各極の電池反応を (9) 式に，電池全体の反応を (10) 式に，そのメカニズムを**図 6-5** に示す。放電時，$Li^+$ は $x$ だけ $C_6$ 層から $CoO_2$ 層に移動し，充電時はその逆の移動となる。$Li^+$ が挿入される層は**ファンデルワールス層**と呼ばれ，こうした層に挟み込んだような化合物を**層間化合物**という[*8]。

$$C_6Li_x \rightleftharpoons C_6 + xLi^+ + xe^- \qquad Li_{1-x}CoO_2 + xLi + xe^- \rightleftharpoons LiCoO_2 \qquad (9)$$
$$C_6Li_x + Li_{1-x}CoO_2 \rightleftharpoons C_6 + LiCoO_2 \qquad (10)$$

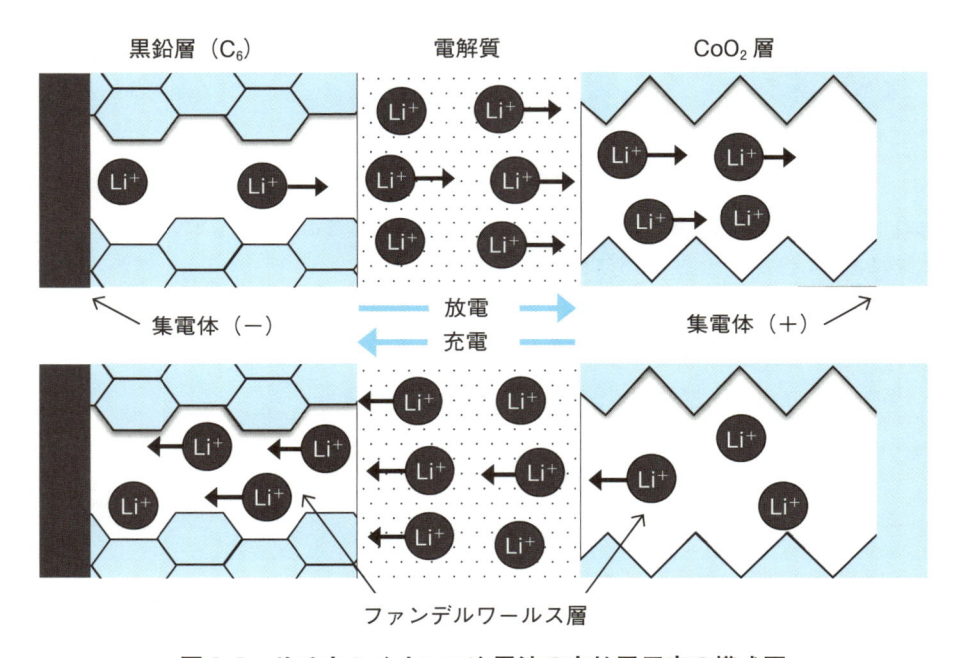

**図 6-5　リチウムイオン二次電池の充放電反応の模式図**

---

[*8] $CoO_2$–$C_6$ 層間を，存在するすべての $Li^+$ が移動する訳ではないので，反応式は $x$ だけ $Li^+$ が移動することを意味している。なお $x$ はほぼ 0.5 となることが知られている。

## 6.6 発展 電気自動車用の電池

**電気自動車（EV）**の発明は19世紀終末であり、実用化された当時はガソリン自動車よりも速かった。その後ガソリン自動車のエンジン性能の向上にともない、スピードはもちろんその他の性能もガソリン自動車が電気自動車を凌駕するようになった。しかしガソリン自動車による大気汚染などの問題が叫ばれ、ガソリン価格の高騰などもあって再び電気自動車が注目され研究開発されるようになった。電気自動車の長所として、排気ガスが0である、騒音が小さい、運転の自動化が可能、夜間余剰電力の活用、などが挙げられる。逆に欠点としては、電池寿命が短くコスト高である、電池質量が大である、充電に長時間を要する、電池の容量により走行距離が短く制約される、などがある。これらの欠点は用いる電池により改善できるので、より高性能の電池を得るために研究が進められている。

電気自動車がガソリン自動車に代替するために電池に要求される性能は、エネルギー密度が200 [W・h/kg]・300 [W・h/L] 以上、充放電のサイクル寿命が1000回以上（10年以上）、などとされているが、現在の二次電池の性能はこれらの性能には到達していない[*9]。新しい二次電池などを含め高エネルギー密度を有する二次電池を得るために鋭意、研究開発が行なわれている（**図 6-6**）。リチウムイオン電池やリチウム二次電池[*10]の高性能化、高性能な空気電池[*11]の開発などが期待されている。さらに燃料電池が利用できればガソリン車と同様に燃料を供給できるので、エネルギー密度の問題も解決できる。

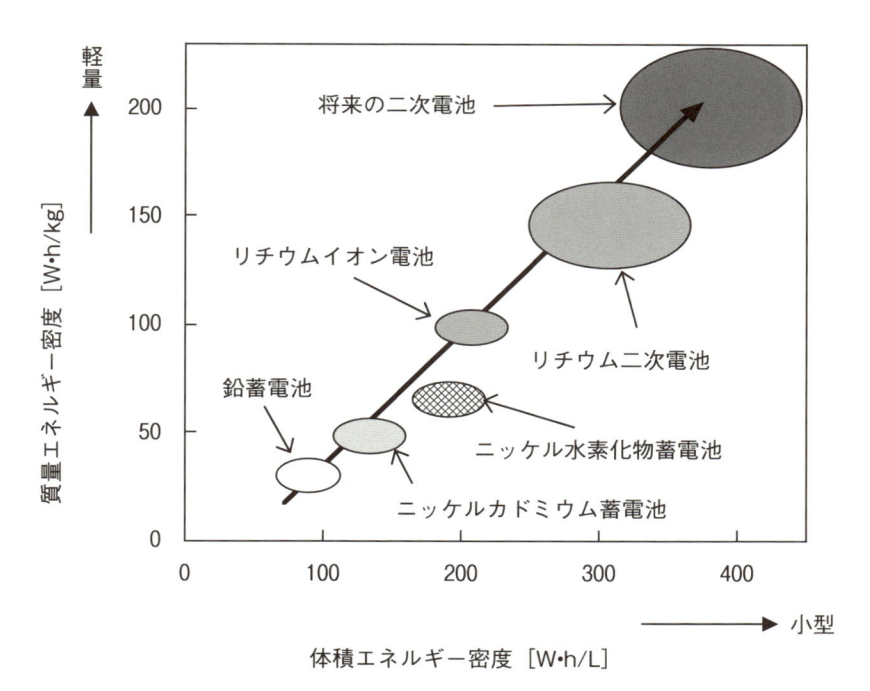

**図 6-6 二次電池のエネルギー密度**

[*9] エネルギー密度を求める場合、ケースや電解質溶液を考慮するかどうかなど、基準が同じではない。したがって報告されているエネルギー密度を比べるときは注意が必要である。
[*10] 負極として、金属Liや、リチウム合金などが検討されている。
[*11] 空気を正極活物質とする空気電池はすでにいくつか実用化されているが、負極活物質を検討することによってさらなる発展が期待できそうである。

## 6.7　燃料電池(1)：燃料電池とは

　反応熱の中で燃焼反応の反応熱が顕著に大きく $\Delta G$ も大きい。このエネルギーを電池に用いようとしたものが**燃料電池**である。負極活物質は燃料（水素や炭化水素など）で正極活物質は酸素（空気）である。燃料電池は燃料と酸素が供給し続けられるので継続して電力を得ることができるし，必要なときだけ電力を得ることもできる。したがって電池というよりは発電装置と考える方がいいかもしれない。燃料に純粋な水素を用いた場合，排出されるものは水のみになる。また天然ガス中に含まれる炭化水素を改質[*12]して得られる水素も利用できる。その他，アルコール，ビタミンCなどいろいろな燃料も利用できる可能性がある。

　正極と負極の多孔質電極によって電解質溶液がはさまれている構造で，正極には酸化剤ガスである酸素ガス（空気）が，負極には燃料ガス（水素ガスなど）が供給され続けている。それぞれの電極反応は多孔質電極内の電極自身，電解質溶液，気体の3相が共存する場所で生起する。水素ガス（$H_2$）が電極表面上に存在する白金粒子などの触媒に接触して $H^+$ に酸化される負極の例を**図6-7**に示す。多孔質電極の細孔内の燃料気体（$H_2$）と電解質溶液が接する場所で反応（(11)式）が生じ，この電子が負極から正極に向かう。

$$H_2 \longrightarrow 2H^+ + 2e^- \tag{11}$$

　他方，生成した $H^+$ は電解質溶液中を拡散して正極に到達して，酸素ガスと反応して水が生成する（(12)式）。

$$\frac{1}{2}O_2 + 2H^+ + 2e^- \longrightarrow 2H_2O \tag{12}$$

　燃料電池にはいくつかの種類があるが，低温で駆動する低温型燃料電池と高温で駆動する高温型燃料電池に大別できる。また燃料電池は用いる電解質の種類によって呼ばれることが多い。なお**表6-3**に燃料電池の長所を示す。

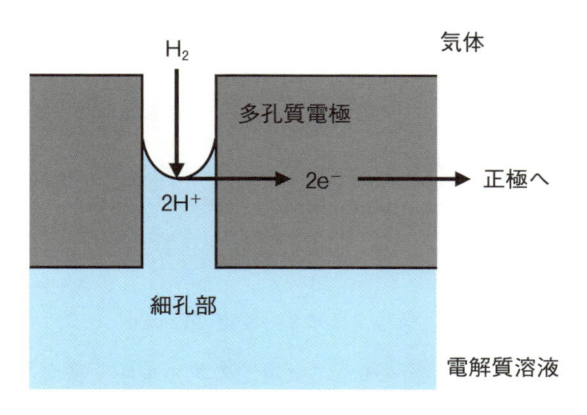

**図6-7**　水素-酸素燃料電池の原理図

---

[*12]　天然ガス中に含まれる炭化水素を，触媒を用いて400℃から900℃程度の高温の水蒸気と接触させることによって，水素を得ることをいう。

**表 6-3 燃料電池の長所**

| 長 所 | 内 容 |
|---|---|
| 高い発電効率 | 電気化学反応によって燃料の有する化学エネルギーを直接，電気エネルギーに変換する。このためエネルギー変換にともなって生じる損失が少なく，実在する原子力・火力・水力発電の変換効率と比べると高い発電効率が得られる。 |
| 高い総合エネルギー効率 | 得られる電気エネルギーと発生する熱エネルギーも同時に利用可能である。反応で発生する高温排ガスの熱を回収することによって，総合効率で70～80％のエネルギーを有効利用できる。省エネルギー性に優れた発電システムである。 |
| 燃料の多様性 | 天然ガスやLPGなどの化石燃料，下水汚泥や家畜汚泥処理・食品工場の排水処理・生ゴミの発酵処理で得られるバイオガス（メタンガスなど），工場から排出される廃メタノールなども燃料として用いることができる。廃棄物が有するエネルギーを有効利用するリサイクル・システムの構築が可能である。 |
| 環境に与える影響 | 火力発電などで発生する窒素酸化物（$NO_x$）や硫黄酸化物（$SO_x$）などの大気汚染ガスの排出がほとんどない。また二酸化炭素（$CO_2$）の排出を大幅に低減させることができる。熱機関やタービンなどを使用しないために，騒音が少ない。 |
| 低いランニングコスト | 熱機関であるエンジンやタービンなどの大型で複雑な駆動源を持たず，大規模なメンテナンスを必要としないのでランニングコストが低い。 |
| 形状の多様性と関連施設 | 発電システムや効率が施設・設備の規模に影響されないため，さまざまなサイズのものを構築することができる。発電システム自体を動力源として用いることができるので，従来必要であった施設や設備の整備が必要なくなる[13]。 |

[13] たとえば電車に用いれば，パンタグラフが不要になり電柱や架線も不要になるばかりか，トンネルの入行口の縮小化も図れる。

## 6.8　燃料電池(2)：低温型燃料電池

**アルカリ型燃料電池（AFC）**は，アルカリ電解質溶液をセパレータにしみ込ませ$OH^-$をイオン伝導体とするものである。空気を酸化剤として用いると電解質溶液が$CO_2$を吸収して劣化するため，高純度酸素を用いる必要がある。また純度の高い水素を用いなければならない，などの制約から，現在は航空宇宙用に実用化されているのみである。

**リン酸型燃料電池（PAFC）**は，高濃度のリン酸水溶液を電解質溶液として使用し，負極には天然ガスやメタノールなどを改質することによって得られる水素ガスを，正極には酸化剤ガスとして空気を供給しながら160〜210℃で運転する。燃料である天然ガス（主としてメタン）やメタノールは，改質器で水素ガスを主成分としたガスに改質される。現在すでにPAFCは，商用機において実績があるが，導入台数は少ない。

**固体高分子型燃料電池（PEFC）**は，$H^+$が移動できる固体高分子膜[*14]を電解質に用い，電極触媒である白金粒子を担持した正極および負極の2つの多孔質電極でその固体高分子膜を挟み込んだ簡単な構造をとる（図6-8）。負極に$H_2$を正極に空気（$O_2$）を供給し続けると，前出の(11)式と(12)式の反応が起こり，負極から正極へと$H^+$が移動する。すでに家庭用として実績があり，現在も普及が進んでいる。また，電気自動車用やポータブル電気機器用の電池としても期待されている。$H_2$の供給として，高圧タンク，水素吸蔵合金，液体水素タンクなどに貯蔵して供給する方式とメタンなどを水素に改質して供給する方式が考案されている。他方，高価な白金以外の触媒の開発などに期待が寄せられている。

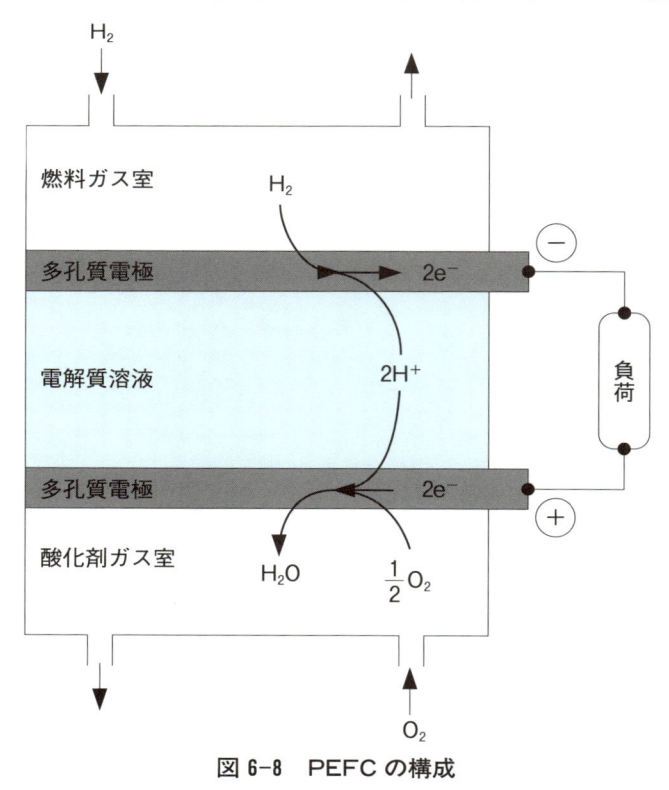

図6-8　PEFCの構成

---

[*14] ペルフルオロスルホン酸系陽イオン交換膜であり，デュポン社のナフィオン®などが知られている（7.5参照）。

## 6.9　燃料電池(3)：高温型燃料電池

**溶融炭酸塩型燃料電池（MCFC）**は，火力発電所の代替などの用途が期待されているが，まだ実用化には至っていない。しかし第二世代の燃料電池として開発が急ピッチで進められている。溶融塩はイオン伝導性が高く電解質として優れているうえ，$CO_2$ に対して安定なので燃料として炭化水素や CO などを用いることができる。イオン伝導種は炭酸イオン（$CO_3^{2-}$）であり，正極には $O_2$ と $CO_2$ が供給されて運転される。燃料として $H_2$ と CO を用いた場合の各極の反応は，(13)式と(14)式のようになる。

$$H_2 + CO_3^{2-} \longrightarrow CO_2 + H_2O + 2e^- \qquad CO + CO_3^{2-} \longrightarrow 2CO_2 + 2e^- \qquad (13)$$

$$\frac{1}{2}O_2 + CO_2 + 2e^- \longrightarrow CO_3^{2-} \qquad (14)$$

生じた $CO_2$ の一部は正極で消費されるが，分離・回収することができるのでクリーンで環境に低負荷である。溶融塩には溶融させたアルカリ金属の炭酸塩[*15]を用いる。600～700℃で運転されるので，白金などの触媒が不要で排熱を利用することもできる。

**固体酸化物型燃料電池（SOFC）**も MCFC と同様に火力発電所の代替などの用途が期待されている第三世代の燃料電池である。$O^{2-}$ の透過性が高いイットリア安定化ジルコニア（$ZrO_2+Y_2O_3$）やランタン・ガリウム系酸化物などの $O^{2-}$ イオン伝導性セラミックスを電解質に，高い導電性を有すると同時に高温酸化性雰囲気下で安定な $LaCoO_3$ や $LaMnO_3$ を主としたペロブスカイト酸化物を正極に，$H_2$ 存在で還元性雰囲気下でも安定な多孔質ニッケルなどが負極に用いられる。$H_2$ を燃料に用いた場合の各極の反応は(15)式のとおりである。

$$H_2 + O^{2-} \longrightarrow H_2O + 2e^- \qquad \frac{1}{2}O_2 + 2e^- \longrightarrow O^{2-} \qquad (15)$$

$H_2$ の代わりに炭化水素を用いた場合でも，ニッケルの触媒作用によって水蒸気改質（内部改質）を行えるので，炭化水素を直接使用できる利点がある。

MCFC や SOFC などの高温型燃料電池では，燃料電池の排熱を給湯や暖房または蒸気タービンの駆動などに利用できるので，いわゆる**コージェネレーション（コージェネ）・システム**を構築することができる。このため全エネルギー変換効率は高く 80% 程度にも達する。なお代表的な燃料電池の特性を**表 6-4** に示す。

---

[*15] 炭酸リチウムと炭酸カリウムの混合炭酸塩がよく用いられ，電解質を安定化させるため $\gamma\text{-LiAlO}_2$ が 45% 添加されている。

表 6-4　代表的な燃料電池と特徴

| 種　類<br>(略　号) | アルカリ型<br>(AFC) | リン酸型<br>(PAFC) | 固体高分子型<br>(PEFC) | 溶融炭酸塩型<br>(MCFC) | 固体酸化物型<br>(SOFC) |
|---|---|---|---|---|---|
| 電解質<br>(イオン種) | アルカリ (KOH)<br>($OH^-$) | リン酸 ($H_3PO_4$)<br>($H^+$) | 陽イオン交換膜<br>($H^+$) | アルカリ金属炭酸塩<br>($CO_3^{2-}$) | 安定化ジルコニア<br>($O^{2-}$) |
| 運転温度 | 室温〜240℃ | 160〜210℃ | 60〜80℃ | 600〜700℃ | 900〜1000℃ |
| 燃　料 | 純水素 | 水素，炭化水素 | 水素，炭化水素 | 水素，炭化水素 | 水素，炭化水素 |
| 主な特徴 | ・作動温度が低い<br>・材料選択の幅が広い | ・コンパクトなシステム<br>・排熱の有効利用 | ・高出力密度<br>・低作動温度（短い始動時間） | ・高電池電圧<br>・高総合効率（排熱の利用可） | ・高温作動<br>・燃料の内部改質が可能 |
| 主な課題 | ・燃料，酸化剤中の$CO_2$による電解液劣化の抑制 | ・高価な白金使用量の低減<br>・白金の触媒機能の劣化 | ・高価な白金使用量の低減<br>・温度，水管理<br>・白金の触媒機能の劣化 | ・構成材料の耐食性，耐熱性向上 | ・耐熱材料，熱シール<br>・電解質の薄膜化・剥離の抑制 |
| 主な用途 | ・航空宇宙用 | ・オンサイト型発電<br>・分散型電源 | ・家庭用<br>・電気自動車<br>・ポータブル電気機器 | ・電力事業<br>・産業・業務用<br>・コージェネ | ・分散型電源<br>・コージェネ |

### 【例題 6-3】 エネルギー変換効率

燃料の燃焼によって得られる熱エネルギーを $\varDelta H$, 電気化学反応で変換できるエネルギーを $\varDelta G$ とすると, エネルギー変換効率（$\xi$）は下式のように表すことができる。

$$\xi = \frac{\varDelta G}{\varDelta H}$$

原理的に電気化学反応では $\varDelta G$ をすべて電気エネルギーに変換できるが, もちろん実際には 100% 以下になる。それでも火力・水力・原子力発電に比べるとはるかに高い値になる。200℃ で駆動するリン酸型燃料電池の全体反応とその $\varDelta G$ と $\varDelta H$ が以下である場合, ①〜③の各問に答えよ。

$$2H_2 + O_2 \longrightarrow 2H_2O \qquad \varDelta G = -432 \text{ [kJ]}, \varDelta H = -484 \text{ [kJ]}$$

① 理論エネルギー変換効率を求めよ。
② 電池の理論起電力を求めよ。
③ 燃料（$H_2$）の利用率が 75% であるとき, 0.7 [V] の出力を得るためには $\xi$ は何%になるか。ただし $F = 96500$ [C/mol] とする。

> ② 反応電子数（n）は 4 であり, $\varDelta G = -nFE$ から求めればよい。
> ③ ②で求めた値をもとに計算すればよい。

**解** ① $\xi = \dfrac{\varDelta G}{\varDelta H} = \dfrac{-432}{-484} = 0.892$ 　　　　　　　　　　　　　　89.2 [%]

② $n=4$, $F=96500$ [C/mol] を代入して

$$E = -\frac{\varDelta G}{nF} = -\frac{-432 \times 10^3}{(4)(96500)} = 1.12 \qquad 1.12 \text{ [V]}$$

③ $0.892 \times \dfrac{0.7}{1.12} \times 0.75 = 0.418$ 　　　　　　　　　　　　　　　　　41.8 [%]

### 問題 6-3

水素を燃料とする燃料電池で 24 [A·h] の電気量の発電を行なおうとするとき, 100 [℃], 1 [atm] の状態で最低で何 [L] の空気が必要か。ただし, この状態で 1 [mol] の空気の体積は 30.6 [L] であり, 酸素は 20 [%] 含まれているものとする。なお, $F=96500$ [C/mol] とする。

> **ヒント**　(12)式などからわかるように, 1 [mol] の $O_2$ に対し $e^-$ は 4 [mol] 反応する。

## 6.10 太陽電池

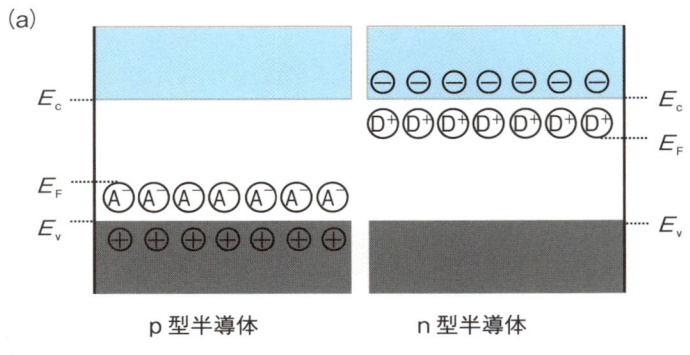

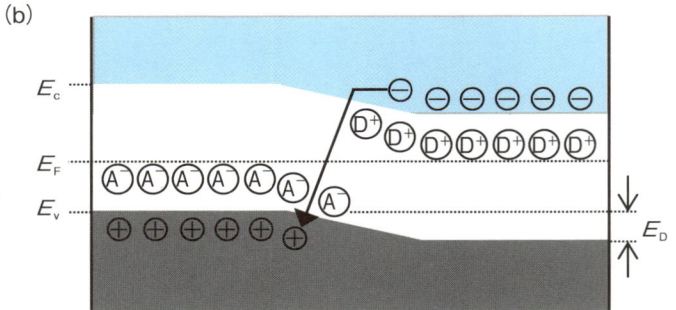

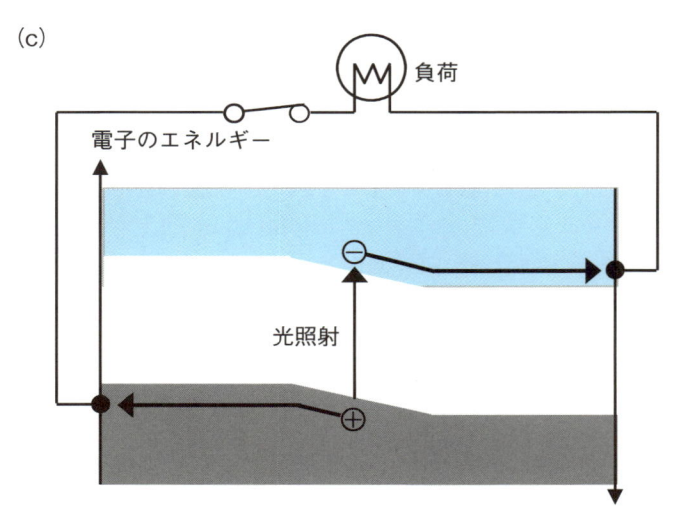

(a)
(b)
(c)

図 6-9　太陽電池（光電池）の原理

　5.6において，半導体が電解質溶液に接したときに半導体表面に空間電荷層が生じることを述べた。p型半導体とn型半導体を接合させた**pn接合**の場合も同様である。p型半導体はアクセプター**A**によって正孔⊕が，n型半導体はドナー**D**によって電子⊖が発生している（図6-9(a)）。両半導体を接合すると，フェルミ準位 $E_F$ が等しくなるように接合部に電荷の偏りができる(b)。接合部ではn型半導体の⊖がp型半導体の⊕と結合して消滅する結果，$A^-$ と $D^+$ による電荷の偏りができ電圧 $E_D$[*16] が発生する。接合部に光が照射されると，$E_V$ の価電子帯の電子が $E_C$ の伝導帯に励起される(c)。$E_D$ による空間電荷層の電位分布のため，励起された電子⊖と正孔⊕はエネルギーの低い方に移動する（⊖は右側に⊕は左側に移動する）。このためn型が負極，p型が正極となる電池になる。これは**光電池**と呼ばれ，光に太陽光を利用するものを**太陽電池**という。大面積で薄く光吸収効率に優れたpn接合を目指して研究が活発に行なわれている。

---

[*16]　この電圧は**接触電位**と呼ばれている。また接合部のキャリアが存在しない部分は**空乏層**という。

## 6.11 発展 湿式太陽電池

5.6 で半導体電極のバンド構造と光照射について触れたが，ここでは電解質溶液中の半導体電極に光を照射することにより起電力が発生する場合についてみていこう。$TiO_2$ などの n 型半導体電極にバンドギャップ以上のエネルギーを有する紫外線を照射すると，価電子帯の電子が伝導帯に励起されて価電子帯に正孔が生じる（図 6-10(a)）。

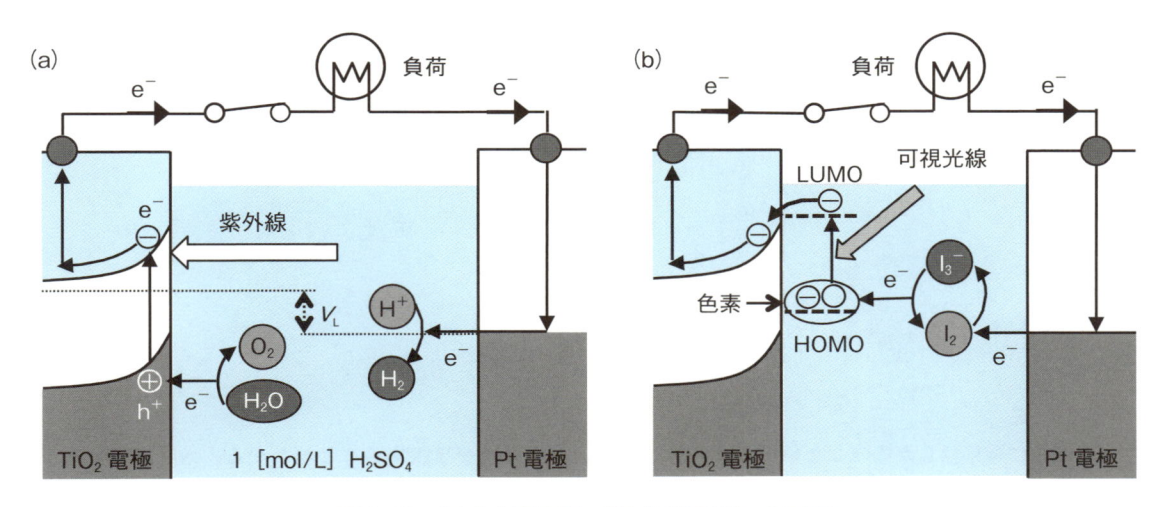

**図 6-10　湿式太陽電池（湿式光電池）の原理**

1 [mol/L] $H_2SO_4$ 水溶液中の場合，$E_c = -0.25$ [V]，$E_v = +2.75$ [V] になるので，生じた正孔は $E°$ が +1.23 [V] である $H_2O \rightarrow O_2$ の酸化を，伝導帯に励起された電子は Pt 電極上で $E°$ が 0 [V] の $H^+ \rightarrow H_2$ の還元を生じさせ，$H_2O$ の分解が起こる[*17]。また同時に起電力（$V_L$）も生じる。このように半導体電極に光照射によって起電力を生じる電池を，**湿式太陽電池**，**湿式光電池**あるいは**電気化学光電池**と呼ぶ。

最低空軌道（LUMO）が $E_c$ よりも高い色素[*18]を半導体電極表面に吸着させれば，可視光線も利用することができる。可視光線照射で最高被占軌道（HOMO）の電子が LUMO に励起される（図 6-10(b)）。電解質溶液中にこの電子を受取ることができる物質（$I_2$ など）が存在すれば，その物質は還元されて還元体（$I_3^-$ など）となる。この還元体から色素の HOMO に電子を渡せば，電池が形成されることになる。このような電池は，**色素増感太陽電池**と呼ばれている。色素増感を行なわなくても，バンドギャップの小さい CdS や GaAs などの半導体を用いれば可視光線の照射でも電子の励起が生じるが，半導体自身が溶解する**光腐食**も生じてしまう。色素増感の研究が活発に行なわれているのはそのためである。

---

[*17] 半導体電極に光照射を行なうことにより水の分解などが起こることは，東京大学の本多・藤嶋が見出したので**本多・藤嶋効果**と呼ばれている。

[*18] $TiO_2$ 電極では，エオシン Y やローダミン B などがこれにあたる色素である。メチレンブルーやチオニンなどはそれらの LUMO が $E_c$ よりも低いので増感は起こらない。

## 【例題 6-4】半導体や色素の吸収光波長

① 半導体や色素が吸収できる光の波長を $l$ [nm], バンドギャップあるいは色素の HOMO-LUMO 間のエネルギーを $E_g$ [eV] とするとき, $E_g$ と $l$ の関係式を導け。ただし, プランク定数 $h$ は $6.626\times10^{-34}$ [J·s], 光速度 ($u$) は $2.998\times10^8$ [m/s], 1 [eV]=$1.602\times10^{-19}$ [J] とする。

② $TiO_2$ には結晶構造などが異なるアナターゼ型とルチル型がある。アナターゼ型とルチル型のバンドギャップはそれぞれ 3.0 と 3.2 [eV] である。両者に吸収される光の波長は何 [nm] 以下になるか。

③ ローダミン B の HOMO-LUMO 間のエネルギーが 2.2 [eV] とすると, 吸収される光の波長は何 [nm] 以下になるか。

> $E_g$ と $l$ の関係式は**問題 2-7** の関係を用い, $h$ と $u$ の値を代入すればよい。このとき波長の単位に注意して, エネルギーの単位の換算を行なう。この関係式を用いて②と③の波長を求めればよい。

**解** ① $E_g = h\dfrac{u}{l} = 6.626\times10^{-34}\times\dfrac{2.998\times10^8}{l\times10^{-9}}\times\dfrac{1}{1.602\times10^{-19}} = \dfrac{1240}{l}$

② (アナターゼ型) $l = \dfrac{1240}{E_g} = \dfrac{1240}{3.0} = 413$ [nm]

(ルチル型) $l = \dfrac{1240}{E_g} = \dfrac{1240}{3.2} = 388$ [nm]

③ $l = \dfrac{1240}{E_g} = \dfrac{1240}{2.2} = 564$ [nm]

$TiO_2$ は主に紫外線しか吸収しないが, ローダミン B は可視光線を吸収することがわかる。太陽光のエネルギーは, 紫外線が約 4%, 可視光線が約 40%, 近赤外線が約 55% といわれているので, 色素増感は有効な手段であると考えられている。

---

### 問題 6-4

右表は SiC, GaP, $SnO_2$ の伝導帯下端 ($E_c$) と価電子帯上端 ($E_v$) の電位を示したものである。各半導体の吸収光波長を求めよ。ただし, 1 [eV]=$1.602\times10^{-19}$ [J] とする。

| 半導体 | SiC | GaP | $SnO_2$ |
|---|---|---|---|
| $E_c$ [V] | −1.75 | −1.25 | +0.20 |
| $E_v$ [V] | +1.25 | +1.05 | +4.00 |

**ヒント** $E_c$ と $E_v$ の差を用い, 【例題 6-4】①で導いた関係式に代入すればよい。

## 演習問題 6

① 導電性高分子であるポリアニリンは二次電池の正極活物質として機能することが報告され，すでにコイン型のリチウム電池として実用化されている。いまだに分子構造などが正確にわかっていないが，電池反応は以下のようになるとすると，理論エネルギー密度はいくらになるか。ただし起電力は 3.60 [V] とし電解質溶液の質量は無視できるものとする。また $F = 96500$ [C/mol]，原子量は，H=1, Li=7, C=12, N=14, Cl=35 として計算せよ。

(負極) $Li \longrightarrow Li^+ + e^-$

(正極) [構造式] $+ 2nCl^- + 2ne^- \longrightarrow$

[構造式] $+ 2nCl^-$

> **ヒント** ポリアニリンの式量は，$(12 \times 24 + 1 \times 20 + 14 \times 4)n + 2n \times 35$ である。

② 二次電池であるニッケル-カドミウム電池の各極の反応とそれらの $E°$ は以下のとおりである。これをもとに①〜④の各問に答えよ。ただし原子量は，H=1, O=16 として計算せよ。

$$Cd + 2OH^- \longrightarrow Cd(OH)_2 + 2e^- \qquad E° = -0.80 \text{ [V]}$$
$$NiOOH + H_2O + e^- \longrightarrow Ni(OH)_2 + OH^- \qquad E° = +0.52 \text{ [V]}$$

(1) 正極活物質および負極活物質として働いている物質はどれか。
(2) 25℃ における正極の電位 $E_+$ および負極の電位 $E_-$ をネルンストの式を用いて表せ。ただし固体である Cd, Cd(OH)$_2$, NiOOH, Ni(OH)$_2$ の活量は 1，OH$^-$ の活量はモル濃度 [OH$^-$] に近似してよい。
(3) 電池の全体反応を記せ。
(4) 放電し終わったとき正極は 1.7 [g] 増加していた。放電で消費した電気量は何 [C] か。ただし，$F = 96500$ [C/mol] とする。

> **ヒント** (4) 1 [mol] の正極活物質が反応したときの質量変化をもとに計算すればよい。

③ ある電池に 500 [Ω] の負荷を接続して放電を行なったところ，ちょうど 4 日間で完全に電池を使い切った。放電中の平均電池電圧は 1.5 [V] で，電池の質量が 10 [g] のとき，この電池の 1 [kg] あたりの容量（重量容量密度 [A·h/kg]）とエネルギー密度 [W·h/kg] はいくらか。

> **ヒント** 抵抗と電圧がわかっているので，オームの法則より電流が求められる。

# 7　電　解

電気分解と聞いて真っ先に思い出されるのは，水の電気分解であろう。

希硫酸水溶液あるいは水酸化ナトリウム水溶液に白金などの不活性な電極を2本浸して，電極間にある程度以上の直流電圧を印加すれば，酸素と水素ガスの発生を観察することができる。

すなわち水を成分元素である酸素と水素に「分解」できる。

したがって電気分解といえば，溶液中にある何らかの物質を電気で分解するといったイメージを持つと思う。

しかし実際は電気エネルギーを用い，自発的には起こり得ない酸化還元反応を起こしているのである。

このことを考慮すると「電気分解」という言葉は適当ではないかもしれない。

よってここでは「電気分解」ではなく「電解」という用語を用いることにする。

ここではファラデーの法則や電解の効率などの理論を理解した後に，実際に行なわれている工業電解のいくつかの例についてみていくことにする。

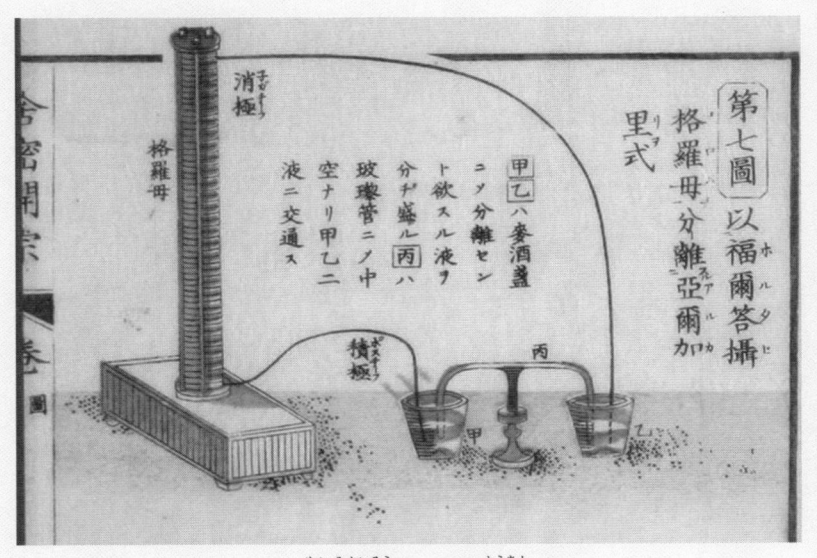

「舎密開宗」宇田川榕庵
我が国において初めて紹介された電気分解の例

早稲田大学図書館所蔵

## 7.1 ファラデーの法則

**ファラデーの法則**は**ファラデーの電気分解の法則**とも呼ばれ，1833年にファラデーにより見出されたものであり，以下の(1)(2)のように表現できる。
(1) 電解により生成する物質の量は通じた電気量に厳密に比例する。
(2) 電解で物質を酸化あるいは還元する場合，その物質1 [mol] を反応させるのに必要な電気量は，そのときに移動する電子の物質量に比例する。

定式化するとファラデーの法則は(1)式のようになる。

$$w = \frac{Q}{nF} M \tag{1}$$

ここで $w$ は変化した物質（イオンも含む）の質量 [g]，$Q$ は通じた電気量 [C]，$M$ は変化した物質のモル質量 [g/mol]，$n$ は反応の電子数である。$t$ 秒間に通じた $Q$ は，**電解電流**を $I$ とすると[*1] (2)式のようになるので，$I$ と $t$ より $w$ が求められる。

$$Q = \int_0^t I \, dt = It \quad (I が一定のとき) \tag{2}$$

すでに電子（$e^-$）1 [mol] の電気量がファラデー定数 $F$ であることは述べた。これは電子1個の電気量が電気素量 $e$ であり，アボガドロ定数が $N_A$ であることを考慮すると，$F = N_A e = (6.0221 \times 10^{23})(1.6022 \times 10^{-19}) = 96485$ [C/mol] となるからである。$F$ を A と h の単位で表すと 26.80 [A·h/mol] となり，1 [mol] の電子を流そうとすると，1 [A] では一日以上もかかることになる。

**図 7-1** に希硫酸水溶液に白金電極を2本挿入して電解した場合の模式図を示す。$H_2O$ の酸化による $O_2$ 発生と $H^+$ の還元による $H_2$ 発生が各電極上で生じる。なお酸化反応（(3)式）が生じる電極を**陽極**，還元反応（(4)式）が生じる電極を**陰極**と呼ぶ。

$$H_2O \longrightarrow \frac{1}{2} O_2 + 2H^+ + 2e^- \tag{3}$$

$$2H^+ + 2e^- \longrightarrow H_2 \tag{4}$$

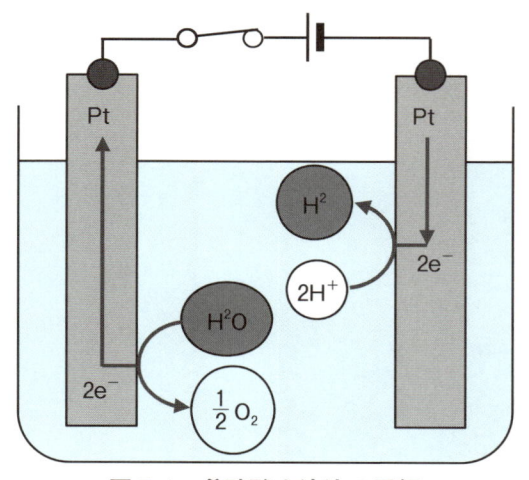

図 7-1　希硫酸水溶液の電解

---

[*1] 電気化学反応にともなう電流はファラデーの法則に従うことから**ファラデー電流**あるいは**電解電流**と呼ばれている。

## 【例題 7-1】電解と物質の変化量

室温（293 [K]）において硫酸銅(II)水溶液に白金電極を2つ浸し，最初の5分間は500 [mA] の定電流で電解し，その直後から5分間は定電位で電解した。その結果，一方の白金電極には銅が析出し，もう一方の白金電極においては酸素ガスが生じた。また定電位で電解した直後の電解電流は500 [mA] であったが，やがて時間に比例して減少し定電位電解の終了時には380 [mA] となっていた。これらの状況を考慮して，以下の①～③の各問に答えよ。ただし気体定数 $R$ は 8.31 [J/(K·mol)]，$F$ = 96500 [C/mol] とする。なお原子量は，O=16，Cu=64 とし，$O_2$ は理想気体とする。

① 陽極および陰極で生じている反応の反応式を記せ。
② 定電流で電解した5分間に析出した銅の質量 [g] と発生した酸素の体積 [mL] はいくらか。ただし，$O_2$ の圧力は $1.01 \times 10^5$ [Pa] とする。
③ 定電位で電解した5分間に析出した銅の質量 [g] はいくらか。

> 通じた電気量 $Q$ は (2) 式のとおりであり，定電流電解では $I$ が一定なので，$Q=It$ である。定電位で電解した5分間の $I$ は $t$ の一次関数になるので，(2) 式のように $t$ で積分することによって $Q$ を求める。求めた $Q$ を用いて反応式から物質量を求めればよい。なお $O_2$ の体積は理想気体の状態方程式によって求める。

**解** ① （陽極）$2H_2O \longrightarrow O_2 + 4H^+ + 4e^-$　　（陰極）$Cu^{2+} + 2e^- \longrightarrow Cu$

② $I$ は [A] に $t$ は [s] に換算して $Q$ を求めれば，反応式から物質量比はそれぞれ $e^- : Cu = 2:1$，$e^- : O_2 = 4:1$ であるから

$$Cu\ [g] = \frac{(500 \times 10^{-3})(5 \times 60)}{96500} \times \frac{1}{2} \times 64 = 0.0494\ [g]$$

$$O_2\ (mL) = \frac{(500 \times 10^{-3})(5 \times 60)}{96500} \times \frac{1}{4} \times \frac{(8.31)(293)}{1.01 \times 10^5} = 9.37 \times 10^{-6}\ [m^3] = 9.37\ [mL]$$

③ $I = 500 \times 10^{-3} - \frac{(500-380) \times 10^{-3}}{5 \times 60}t = 0.5 - 0.0004t$，となるので $Q$ は

$$Q = \int_0^t I\,dt = \int_0^{5 \times 60}(0.5 - 0.0004t)dt = \left[0.5t - 0.0004\frac{t^2}{2}\right]_0^{5 \times 60} = 132\ [C]$$

$$Cu\ [g] = \frac{132}{96500} \times \frac{1}{2} \times 64 = 0.0438\ [g]$$

---

**問題 7-1**

希硫酸水溶液に白金板電極を2本挿入して電解すると，陰極で水素ガス（$H_2$）が発生する。いま25℃，$1.01 \times 10^5$ [Pa] において水素ガスを 200 [mL] 得たいとき，800 [mA] の一定電流で何分間，電解すればよいか。ただし気体定数 $R$ は 8.31 [J/(K·mol)]，$F$ = 96500 [C/mol] とする。

**ヒント** 状態方程式で $H_2$ の物質量を求める。(4) 式から物質量比は $e^- : H_2 = 2:1$ である。

### 問題 7–2

25℃において硫酸銅（II）水溶液を2つの白金板電極で定電位電解したところ，陰極上に 0.719 [g] の銅（Cu）が析出した。電流は電解開始直後 1.20 [A] であったが，電解時間にほぼ比例して減少し，電解を終了する直前には 0.80 [A] となっていた。このとき発生した酸素ガス（$O_2$）は圧力を $1.01×10^5$ [Pa] とすると何 [mL] になるか。また電解時間は何分か。ただし $F=96500$ [C/mol]，$R=8.31$ [J/(K·mol)]，原子量は Cu=64，H=1，O=16 とする。なお，陰極と陽極の反応は以下のとおりである。

（陽極）$2H_2O \longrightarrow O_2 + 4H^+ + 4e^-$　　　　（陰極）$Cu^{2+} + 2e^- \longrightarrow Cu$

**ヒント**　電解を行なった時間を $t_0$ [s] とすると，電解電流 $I$ は次式のように与えられる。
$$I = 1.2 - \frac{1.2 - 0.8}{t_0} \cdot t$$

### 問題 7–3

水の電解により水素ガス（$H_2$）と酸素ガス（$O_2$）を製造する電解槽がある。この電解槽に 10 [kA] の電流を通じて電解を行なおうとするとき，電解槽の水位を一定に維持したい。理論的には毎時，何 [kg] の水を供給すればよいか。ただし $F=96500$ [C/mol]，原子量は H=1，O=16 とする。なお，陰極と陽極の反応は以下のとおりである。

（陽極）$2H_2O \longrightarrow O_2 + 4H^+ + 4e^-$　　　　（陰極）$2H_2O + 2e^- \longrightarrow H_2 + 2OH^-$

**ヒント**　両極で 6 [mol] 水が消費されるとき，$4H^+ + 4OH^- \longrightarrow 4H_2O$ で 4 [mol] の水が生成する。

### 問題 7–4

$Ni^{2+}$ を含む電解質溶液からニッケル（Ni）を電解析出させるとき，Ni の成膜速度が 1.00 [μm/min] であった。このときの電流密度は何 [A/m²] になるか。ただし $F=96500$ [C/mol] とし，Ni の原子量は 58.7，密度は 8.9 [g/cm³] とする。また電解析出の反応は次のとおりである：$Ni^{2+} + 2e^- \longrightarrow Ni$

**ヒント**　Ni を 1 [mol] 析出させるとして，その体積が原子量÷密度であることを用いる。

## 7.2 電解の効率

電解したときに流れた電流のすべてが電気化学反応に使われることはない。電気二重層の充電電流や望ましくない副反応などに貢献した電流もあるであろう。そのため通電した全電気量のうち，目的とする電気化学反応に消費された電気量の割合を知ることは有益である。これを**電流効率**といい，$\xi_I$ で表すと(5)式のように定義される。生成物量からファラデーの法則を用いて求められる電気量を全通過電気量で割ったものである。よって $\xi_I$ は流れた電子の何割がその反応を起こしたかを示す。

$$\xi_I = \frac{\text{目的とする電気化学反応に利用された電気量}}{\text{全通過電気量}} \tag{5}$$

電解も電池の放電の場合も過電圧が影響する（図7-2）。電池の放電の場合，電池電圧は正極と負極の過電圧（$\eta_+'$, $\eta_-'$）分だけ起電力より小さくなり，$IR$ 降下を除いた電圧は $V_r'$ になる。電解の場合は逆に，陽極と陰極の過電圧（$\eta_+$, $\eta_-$）分だけ印加電圧は**理論分解電圧**（陽極と陰極の $E°$ の差：$V_0 = E_+° - E_-°$）よりも大きくなるので，$IR$ 降下も考慮すると電解の印加電圧（$V$）は(6)式のようになる。

$$V = V_0 + \eta_+ + |\eta_-| + IR \tag{6}$$

したがって**電圧効率**を $\xi_V$ で表すと(7)式のように定義される。なお電解に要するエネルギーは電気量 $Q$ に電圧 $V$ をかけたものとなるので，$\xi_I \times \xi_V$ は**エネルギー効率**と呼ばれ，これも重要な物理量となっている[*2]。

$$\xi_V = \frac{\text{理論分解電圧}}{\text{印加電圧}} = \frac{V_0}{V_r} \tag{7}$$

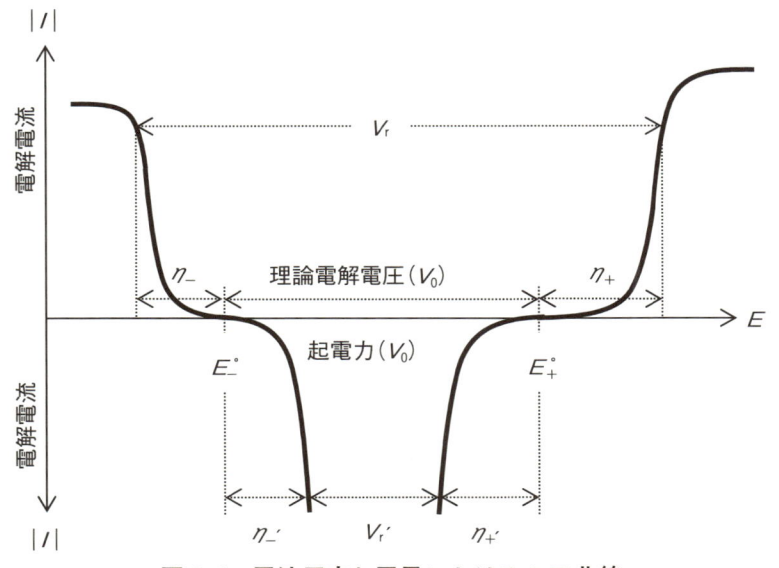

図7-2 電池反応と電界における I-E 曲線

---

[*2] 電流効率，電圧効率，エネルギー効率を百分率（％）で示す場合は，100をかければよい。なお電池の場合も同様にこれらの効率を定義できるが，効率は1以下になるように定義されるので分子と分母が逆になる。

## 【例題 7-2】金属の電析の量的関係と効率

25℃において，ニッケルイオン（$Ni^{2+}$）を含む水溶液を 2 本の白金電極を用い 3.0 [V] を印加して 20 分間電解したところ，陰極の白金電極上にニッケル（Ni）が 1.4 [g] 析出した。また陽極の白金電極上には $O_2$ が発生した。平均電流が 4.0 [A] であった場合，電流効率，電圧効率，エネルギー効率はそれぞれいくらになるか。ただし $F=96500$ [C/mol]，原子量は，O=16，Ni=59 とする。なお，陰極と陽極で起こる電気化学反応と $E°$ は以下のとおりである。

（陰極）$Ni^{2+} + 2e^- \longrightarrow Ni$ 　　　　　　　$E° = -0.23$ [V]

（陽極）$2H_2O \longrightarrow O_2 + 4H^+ + 4e^-$ 　　$E° = +1.23$ [V]

> 電析した Ni の物質量から反応に要した電気量 $Q_r$ を求め，平均電流 $I$ と電解時間 $t$ から $Q=It$ より求めた $Q$（実際に通電した電気量）で割れば，電流効率（$\xi_I$）が求められる。電圧効率（$\xi_V$）は，陽極と陰極の電気化学反応の $E°$ の差から求めた理論分解電圧を実際の印加電圧で割ればよい。また，エネルギー効率は $\xi_I \times \xi_V$ である。

**解** 反応に要した電気量 $Q_r$ と実際に通電した電気量 $Q$ より $\xi_I$ は

$$Q_r = 2 \times Ni(mol) \times F = 2 \times \frac{1.4}{59} \times 96500 = 4580 \text{ [C]}$$

$$\xi_I = \frac{Q_r}{Q} = \frac{4580}{(4.0)(20 \times 60)} = 0.954 \qquad 95.4 \text{ [％]}$$

起電力を印加電圧で割ったものが $\xi_V$ だから

$$\xi_V = \frac{+1.23 - (-0.23)}{3.0} = 0.487 \qquad 48.7 \text{ [％]}$$

エネルギー効率は $\xi_I \times \xi_V$ だから

エネルギー効率 $= 0.954 \times 0.487 = 0.465$ 　　　　　　　　46.5 [％]

---

### 問題 7-5

2.0 [A] で 30 分間，$Sn^{2+}$ を含む水溶液を電解したところ，$Sn^{2+} + 2e^- \longrightarrow Sn$ の電気化学反応で電極上に 2.12 [g] のスズ（Sn）が析出した。電流効率はいくらになるか。ただし $F=96500$ [C/mol]，Sn の原子量は 119 とする。

**ヒント** Sn の析出量から $Q_r$ を求め，実際に通電した電気量 $Q$（$=It$）で割ればよい。

## 7.3 定電位電解と定電流電解

　一定の電位 $E$ で行なう電解を**定電位電解**という[*3]。電気化学反応は固有の $E°$ を有しており，この電解では $E$ を規制して行なうので目的の電気化学反応を選択的に起こすことができる。言い換えれば，副反応を極力抑えることができる。注意しなければならないのは，目的の反応を起こさせる電極（動作電極）の電位を一定にすることが必要なことである。動作電極-対極間の電圧を一定にするだけでは，動作電極の $E$ が変動してしまうので，定電位電解では参照電極も加えた三電極系で電解を行なわなければならない。また，電流が時間とともに減少することは避けられないので，反応が終了するのに長時間かかってしまう欠点がある。

　一定の電流 $I$ で行なう電解を**定電流電解**と呼ぶ[*3]。$I$ が一定なので全体の反応速度は一定に保たれ，$E$ は電解時間 $t$ とともに緩やかに変化する。$I$ を多く流すことによって，反応生成物を短時間に得ることができる利点はあるが，副反応を避けることはできないという短所もある。

　**図7-3**(a)に電解時の $I$-$E$ 曲線の電解の進行にともなう変化を示す。電解の進行（$Q$ の増加）とともに反応物質の濃度が減少するので，限界電流値も減少する。(b)に定電位電解したときの $I$ と，定電流電解したときの $E$ の経時変化を示す。$E=E_c$ とした定電位電解では，限界電流が電解の進行とともに減少するので，$I$ が $t$ とともに減少する。電解開始からある時間 $t_a$ までの $Q$ は $t=0$～$t_a$ で囲まれた $I$-$t$ 曲線の面積になる。したがって $I$ が $t$ のどのような関数になるのかがわかれば，積分することにより $Q$ を決定することができる。実験的には，$I$ が $t$ に対して指数関数的に減衰する場合があることが知られている[*4]。$I$ が $t$ の簡単な関数で表せない場合は，$I$-$t$ 曲線の図面積により $Q$ が求まる。いずれにしても $I$ は $t$ とともに減少し，$t=t_f$ でほぼ反応物質がなくなる。$I=I_b$ とした定電流電解の場合，設定電流値 $I_b$ が限界電流値を超えたところで $E$ が大きく変化する。

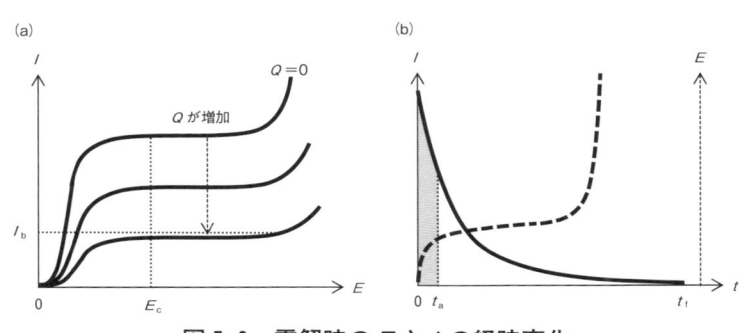

**図7-3　電解時の $E$ と $I$ の経時変化**

　定電流電解時に通電した電気量 $Q$ は $It$ であるが，その $Q$ は副反応に消費された電気量も含まれている。他方，定電位電解したときの $I$-$t$ 曲線を積分して得られた $Q$ は，主として特定の電気化学反応のみに利用されているので，その電気化学反応の電子数 $n$ などを求めることもできる[*5]。

---

[*3] 動作電極-参照電極間の電位を一定に保つためには**ポテンショスタット**という電解装置が用いられる。このポテンショスタットには動作電極-対極間の電流を一定に保つ**ガルバノスタット**の機能も有しているものが多い。

[*4] コットレルの式（4.8 の(23)式）では，拡散層の広がりにより $I$ は $t$ の平方根の逆数に比例する。しかし拡散層は無限には広がらないので，この式は長時間では成立しない（**例題4-4**参照）。なお $t_a$ があまり大きくなく，高い精度が要求されない場合は直線で近似してもよい（**問題7-2** など）。

[*5] 電解したときの $Q$ を解析して，反応の速度論や電子数などを知る方法を**クロノクーロメトリ**という（**例題7-3**および**問題7-7**参照）。

## 【例題 7-3】定電位電解における電気量による反応電子数の決定

ある化合物 Red の電気化学反応は不可逆で，反応電子数を $n$，生成物を Ox とすると次式のように表される。

$$\text{Red} \longrightarrow \text{Ox} + n\text{e}^-$$

いま Red のみを含む水溶液を定電位電解したところ，その電解電流 $I$ は下図のように電解時間 $t$ に対して指数関数的に減衰した。

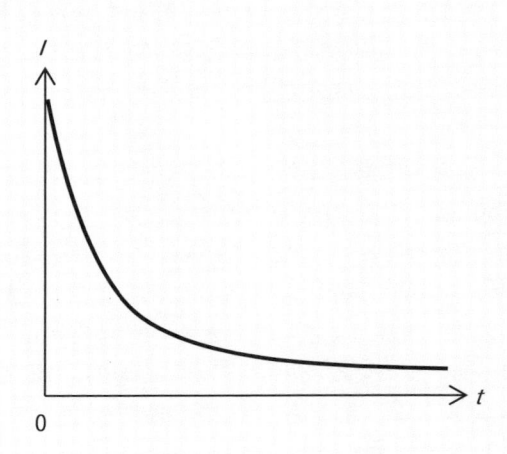

この場合，$I$ と $t$ は次式にしたがうことがわかった。

$$I = \beta_0 nFVC \exp(-\beta_0 t)$$

ここで，$\beta_0$ は物質移動定数 [1/s]，$V$ は溶液の体積 [L]，$C$ は Red のモル濃度 [mol/L] である。この場合，完全に Red を電解するときに要した電気量を $Q_\infty$ とするとき，$n$ と $Q_\infty$ の関係式を導出せよ。

> $I$ と $t$ の関係が分れば，(2)式により $Q$ を求めることができる。Red を完全に電解するための $Q_\infty$ は，与式を $t=0$ から $t=\infty$ まで $t$ で積分すれば求めることができる。

**解** 与式を $t=0$ から $t=\infty$ まで $t$ で積分して $Q_\infty$ を求めれば

$$Q_\infty = \int_0^\infty I\,dt = \int_0^\infty \beta_0 nFVC \exp(-\beta_0 t)\,dt = \beta_0 nFVC \left[\frac{\exp(-\beta_0 t)}{-\beta_0}\right]_0^\infty = nFVC$$

### 問題 7-6

【例題 7-3】において未反応の Red に対応する電気量を $Q_{\text{Red}}$ とするとき，$Q_{\text{Red}}$ と $Q_\infty$ の関係式を導出せよ。また $\beta_0 = 0.0040$ [1/s] とすると，Red を 99.9% 電解するのに必要な時間は何分になるか。

**ヒント** $Q_{\text{Red}}$ は $Q_\infty$ から $t$ [s] 後までの電気量を差し引いたものになる。

### 問題 7-7

反応物質 0.0100 [mol] を定電位電解で完全に電解するのに要した電気量が $1.93 \times 10^3$ [C] であるとき，反応電子数はいくらになるか。ただし $F = 96500$ [C/mol] とする。

**ヒント** 反応物質の物質量を $m$ とすると，$Q = nFm$ となる。

## 7.4 電解プロセスの応用例

電解プロセスの応用例を**表7-1**に示す。電解プロセスには以下のような特徴がある。
1) 自然には起こり得ない反応や，熱エネルギーだけでは起こらない反応を起こすことができる[*6]。
2) 陽極と陰極自体が強い酸化剤と還元剤となれるので，通常の酸化剤や還元剤では起こすことのできない酸化や還元が行なえる[*7]。
3) 反応は電極表面でのみ進行するので，大容量の生成物を得るためには多くの電極と反応容器を要し，電流容量の大きな直流電源も必要になる。
4) 印加する電位（電圧）を選択することによって副反応を抑制できる。
5) 陽極と陰極の二箇所で別の生成物を得ることができる。

電解は電極表面で生起するので，このことを利用して物質の表面を改質・処理することができる（**表面処理**）。典型的な例にはめっきがあるが，その他にも陽極処理，電解加工，電解洗浄がある。電気防食は表面処理と呼べないかもしれないが，電気化学反応を利用して表面を保護するものである。

天然の鉱物資源は主として酸化物や硫化物やそれらの混合物である。目的金属を水溶液や溶融塩中において不純物を除去した後に電解し，陰極上に高純度の金属を析出させる製錬は**電解採取**の一例である。また金属に限らず，食塩からのNaOHと$Cl_2$の製造，水から水素を得るのも電解採取である。

不純物を含む粗原料を電解により精製することを**電解精製（電解精錬）**というが，電線に使用されているCuもこのプロセスによって製造されている。

電気化学反応を用いて物質を合成することもでき，**電解合成**と呼ばれている。アクリロニトリルの電解還元によるアジポニトリルの合成が名高いが，コルベ反応によるアルカン類などの電解合成もある。また$NaClO_4$，$NaClO_3$，$KMnO_4$，$MnO_2$，オゾンなどの無機物の製造も電解合成により行なえる。

イオン交換膜を複数配置した電解槽に海水を導入して電圧を印加すると，濃縮された海水と脱塩された海水が膜に挟まれて交互にできる。この**電気浸透**による海水濃縮製塩法はすでに工業化されている分離操作である。

比較的低い濃度の水溶性塗料（分散性樹脂）溶液に被塗装物体を浸し直流電圧を印加し，電気泳動によって塗料膜を成膜させる自動車などの電着塗装は水溶性塗料の**電気泳動**によるものである。

その他，**電熱変換**や**プラズマ放電**などの電解プロセスもある。

---

[*6] 演習問題3の【3】からもわかるように，熱エネルギーに比べ電解のエネルギーははるかに大きい。
[*7] $E°$ が最も小さいLiの採取や $E°$ が最も大きい$F_2$の採取は，電解でしか行なうことができない。

表 7-1 電解プロセスの応用例

| プロセスの原理 | 応用分野 | | 製品・処理材料の例 |
|---|---|---|---|
| 電気化学反応 | 表面処理 | めっき，電解鋳造 | Ni, Cu, Ni-Cr 合金，Fe 合金 |
| | | 陽極処理 | Al, Ti |
| | | 電解加工 | 鋼材 |
| | | 電解洗浄 | 鋼材 |
| | | （電気防食） | （海洋構造物，埋設物） |
| | 電解採取 | 水溶液 | NaOH, $Cl_2$, Zn, Mn, Cr |
| | | 溶融塩 | Na, $F_2$, Al, Mg |
| | 電解精製 | 金属精製 | Cu, Pb, Ni, Al, Ag, Bi, In, Fe |
| | 電解合成 | 無機化合物 | $NaClO_4$, $MnO_2$, $KMnO_4$, $UCl_4$, $(NH_4)_2S_2O_8$ |
| | | 有機化合物 | アジポニトリル，p-アミノフェノール，電解フッ素化 |
| 電気透析 | 海水の電気透析 | 脱塩 | 脱塩水，濃縮かん水 |
| 電気泳動 | 電気泳動電着 | | 電着塗装，ラテックス |
| 電熱変換 | 電熱冶金 | | 電炉鋼，フェロアロイ |
| | 電熱化学 | | グラファイト，SiC |
| プラズマ放電 | プラズマ合成 | | TiN |

## 7.5 水電解

イオンによる電気伝導を示す固体を**固体電解質**という。固体電解質は電解質溶液と違って，主に一種類のイオンのみが電気伝導に貢献する。したがって固体電解質を電解に利用すれば有益なことがある。その一例として純水の電解についてみてみよう。

純水にはほとんど電気が流れないので，よほど高い電圧でもかけない限り電解できない。希硫酸や水酸化ナトリウムの水溶液を電解すれば，陽極から酸素が陰極から水素が発生し水の電解と同等の気体発生があるが，水自身を電解していることにはならない（$H^+$ の還元による水素発生や $OH^-$ の酸化による酸素発生が生じている）。**固体高分子電解質（SPE）**を用いると，純水の電解が低い電圧でも行なえる。SPE の 1 つである**イオン交換膜**（陽イオン交換樹脂膜）を 2 つの多孔質電極で挟み，給電体に純水を供給すると（図 7-4），陽イオン交換樹脂は強酸性なので[*8] $H^+$ を解離する（図 7-5）。

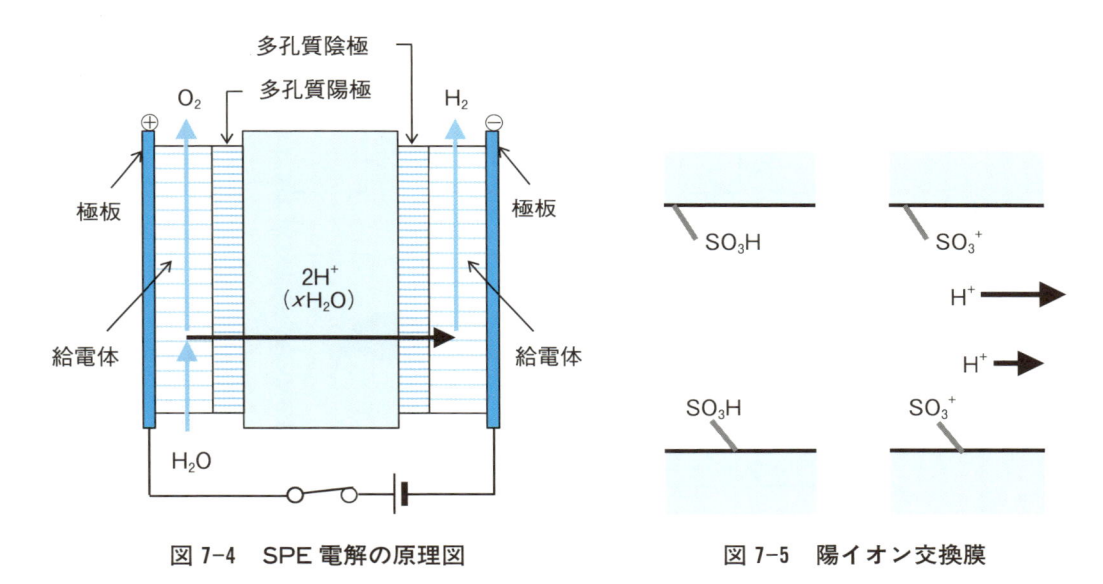

図 7-4　SPE 電解の原理図

図 7-5　陽イオン交換膜

そうすると前出の (3) 式と (4) 式の反応が起こり，陽極で $O_2$ が陰極で $H_2$ が発生する。陽極で同時に生じた $H^+$ は水分子をともなって膜中のスルホン基を介して陰極側に移動し，(4) 式によって $H_2$ 発生が継続する。この電解は **SPE 水電解**と呼ばれる。SPE が強酸性であるため，電極には白金族金属やそれらの合金あるいは酸化物などを用いなければならないが，高い電流密度と効率で水の電解ができる。

---

[*8] この場合，SPE には耐熱性や耐酸化性などを考慮してフッ素樹脂系の膜が適しているとされ，デュポン社のナフィオン®などが用いられる。フッ素樹脂系の陽イオン交換膜は **6.8** と **7.6** においても利用されている。

## 7.6 食塩電解[*9]

NaやClを含む化合物は工業的にも多く利用されている。一次資源であるNaClは岩塩や海水に多く含有されているので，食塩水（NaCl水溶液）[*10]の電解は**食塩電解**，**ソーダ電解**，塩素・アルカリ電解と呼ばれ，水溶液電解の中で最も重要なものとなっている。電解によって，陽極では塩素が陰極ではNaOHと$H_2$が得られる（(8)～(10)式）。電解槽と電解の実際を模式的に**図 7-6**に示す。

（陽極） $2Cl^- \longrightarrow Cl_2 + 2e^-$  (8)

（陰極） $2H_2O + 2e^- \longrightarrow H_2 + 2OH^-$  $2Na^+ + 2OH^- \longrightarrow 2NaOH$  (9)

（全体） $2NaCl + 2H_2O \longrightarrow 2NaOH + H_2 + Cl_2$  (10)

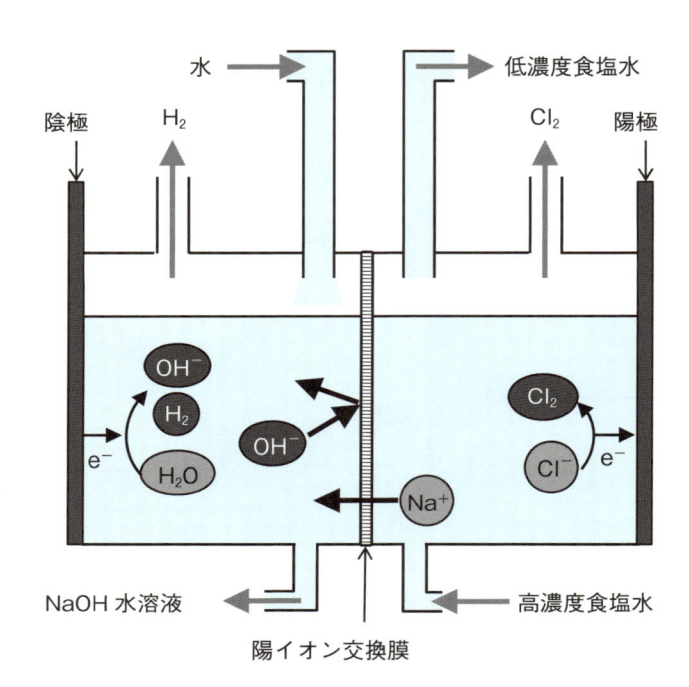

**図 7-6　イオン交換膜法による食塩電解**

陽極に用いられる**寸法安定性アノード（DSA）**は，チタン基板上に$RuO_2$を被覆したもので酸化による消耗がほとんどなく文字通り「寸法が安定している」陽極である。電極間の距離を制御することにより，溶液による**IR**降下を減少できる。陰極には大表面積のNi系電極が用いられる。陽極と陰極部を仕切る陽イオン交換膜があるため$OH^-$は陽極側に移動できないが，$Na^+$は陰極側に移動できる。この膜はペルフルオロカルボン酸型で，選択的に陽イオンが透過できるが，気体，水溶液，陰イオンはほとんど透過できない。この膜によって，$Cl_2$と反応してNaOHの収量が低下することや$Cl_2$と$H_2$が接触・混合して爆発することを防いでいる。よってこの食塩電解では，陽極部には飽和食塩水を陰極部には純水をそれぞれ供給することによって，高純度のNaOH，$Cl_2$，$H_2$を製造することができる。

---

[*9] 従来は水銀法や隔膜法が用いられていたが，水銀や隔膜に用いるアスベストの環境への影響から，現在はここで紹介するイオン交換膜法によって食塩電解が行なわれている。なおこの電解は我国が世界で最高水準の技術を有している。

[*10] **かん水**とも呼ばれている。

## 【例題 7-4】食塩水の電解

食塩電解において陽極の過電圧や食塩濃度によって塩素ガスではなく酸素ガス発生が優勢になる場合がある。いま酸素発生の過電圧が 0.85 [V] で塩素発生の過電圧が 0.21 [V] の電極を用いて，pH＝5.7 の食塩水の電解を 25℃ で行なおうとするとき，酸素発生が優勢になる NaCl のモル濃度は何 [mol/L] 以下になるか。ただしネルンストの式において，気体の圧力は 1 [atm]（$p$＝1），活量はモル濃度に近似できるものとし，$RT/F \ln x = 0.059 \log x$ とする。なお酸素発生と塩素発生の電気化学反応とそれぞれの $E°$ は以下のとおりである。

$$2H_2O \longrightarrow O_2 + 4H^+ + 4e^- \quad (E°=+1.23 \text{ [V]}) \qquad 2Cl^- \longrightarrow Cl_2 + 2e^- \quad (E°=+1.36 \text{ [V]})$$

> $E$ は $E°$ に過電圧を加えたものになるので，反応電子数 $n$ に注意してネルンストの式に代入する。酸素発生の $E$ は，pH＝5.7 なので値が計算できる。他方，塩素発生の $E$ は $Cl^-$ のモル濃度 $[Cl^-]$ を含む式になる。NaCl のモル濃度は $[Cl^-]$ と等しい。

**解** まず酸素発生の $E$ については，$[H^+]=10^{-5.7}$ なので

$$E = E° + \frac{0.059}{4}\log\left(p_{O_2}[H^+]^4\right) + 0.85 = 1.23 + 0.059\log[H^+] + 0.85 = 1.74 \text{ [V]}$$

次に塩素発生の $E$ については，$Cl^-$ の濃度を $[Cl^-]$ とすると

$$E = E° + \frac{0.059}{4}\log\left(\frac{p_{Cl_2}}{[Cl^-]^2}\right) + 0.21 = 1.57 - 0.059\log[Cl^-] \text{ [V]}$$

各 $E$ が等しい場合の $[Cl^-]$ が，酸素発生が優勢になる境界の濃度になるので

$$1.74 = 1.57 - 0.059\log[Cl^-] \iff [Cl^-] = 10^{-\frac{1.74-1.57}{0.059}} = 1.31 \times 10^{-3} \text{ [mol/L]}$$

### 問題 7-8

電流 100 [kA] で操業しているあるイオン交換膜法による食塩電解において，陽極部で塩素ガス（$Cl_2$）が 1 時間あたり 131 [kg]，陰極部で 1 時間あたり水酸化ナトリウム（NaOH）が 142 [g]，水素ガス（$H_2$）が 3.55 [kg] 得られた。$Cl_2$，NaOH，$H_2$ の生成電流効率を求めよ。ただし $F$＝96500 [C/mol] とする。ただしモル質量は，$Cl_2$＝71 [g/mol]，NaOH＝40 [g/mol]，$H_2$＝2 [g/mol] とする。

**ヒント** (8)式と(9)式から，物質量比は $e^-$：$Cl_2$：$H_2$：NaOH＝2：1：1：2 となる。

## 7.1 アルミニウム電解

イオン結晶の物質を加熱すると融解する場合がある。そうした**溶融塩電解**は、水溶液の電解と比べて次の利点がある。

1) 水溶液からの電解では得ることのできない Li, Na, Ca, Mg, Al などの金属[*11]や $F_2$ を得ることができる。
2) 水を用いなくてよいので、水溶液電解において起こりうる酸素発生や水素発生などが生じる電位でも電解を行なうことができる。
3) 溶融塩の電解では、反応物質の濃度が高い。
4) 高温の電解であるため、反応物質や生成物質の拡散速度が速い。
5) 水溶液と比較して導電率が高く、過電圧が小さいので、3)と4)の要素も併せて、高い電解電流で電解できる。

溶融塩電解で代表的なものはアルミニウム（Al）の製造である。輸入されたボーキサイト（Al鉱石）はバイヤー法などでアルミナ（$Al_2O_3$）にされる。このアルミナをほぼ 1000℃ で氷晶石（$Na_3AlF_6$）を主体とする溶融塩に溶解させて電解する[*12]。

$$(陽極)\ C + 2O^{2-} \longrightarrow CO_2 + 4e^- \qquad (陰極)\ Al^{3+} + 3e^- \longrightarrow Al \tag{11}$$

$$(全体)\ 2Al_2O_3 + 3C \longrightarrow 4Al + 3CO_2 \tag{12}$$

(11)式の反応式を見ればわかるように、電極である炭素（C）が消費されながら電解が進行する（Alを1トン得るのに 400〜450 [kg] のCが減少する）[*13]。したがってCを供給する必要があり、ゼーダーベルグ式とプリベーク式電気炉が採用されている。ゼーダーベルグ式は、電気炉中にコークスとコールタールピッチを混合してペーストにしたものを流し込み、電気炉自身の熱で焼成して電極とする方法である。定期的にペーストを流し込んで電極を作製しながら電解するので陽極を取り替える必要がない。プリベーク式は、あらかじめ焼成した炭素電極をいくつか用いて電解を行なう方式で電解が進行すると陽極を交換する必要があるが、排ガスの回収が簡単に行なえる。

(12)式よりこの電解は 12 電子反応である。理論分解電圧は 1.2 [V] 程度であるが、実際の電解には 4 [V] 程度を要する。電流効率は約 90% であり、Alを1トン得るのに 13000 [kWh] もの電力を必要とする。Al が電気の塊や電気の缶詰と呼ばれるのはこのためで、我国では現在その地金のほとんどを輸入に頼っている。

---

[*11] これらの金属は水素よりもイオン化傾向が大きいので、水溶液中で電解することができない。

[*12] この電解は**ホール・エルー法**と呼ばれている。なお、融点を下げるために $AlF_3$ や $CaF_2$ を加え $Al_2O_3$ を 5〜8% 溶解させて電解を行なう。

[*13] 陽極反応が酸素発生反応である場合、理論分解電圧が高くなってしまう。電圧を低くして消費電力をできる限り低くするために、陽極にはCが用いられている。

## 7.8 銅の電解精錬

金属鉱石から製錬で得られた粗金属は不純物を含んでいるので、さらに精製が必要である場合が多い。粗金属板を陽極に純粋な金属板を陰極にして電解すると、粗金属中の目的金属はそのイオンとなって溶解する。そのイオンは純粋な金属板上に析出するので、目的金属の精製が行なえる。これを**電解精錬（電解精製）**という。銅の精製は、主としてこの電解精錬により行なわれている。銅は粗金属で純度がほぼ98.7〜99.5%であり、このままでは電気抵抗が大きすぎて電線として使用できず、純度を99.99%以上にしなければならない。粗銅は不純物としてFe, Ni, Pb, Ag, Auなどを含んでいるが、粗銅を陽極に純銅を陰極に用いて硫酸銅を溶解させた硫酸水溶液中で電解すると、イオン化傾向がCuより大きいFe, Ni, Pbなどはイオンとなって溶解していく[*14]。他方イオン化傾向がCuより小さいAgやAuなどは、電解してもイオンとなって溶解せず、陽極付近かその底部に**アノードスライム**[*15]となって沈殿する（図7-7(a)）。一方、陰極では$E°$が負である（イオン化傾向がHより大きい）FeやNiなどのイオンは析出せず、Cuのみが析出する(b)。

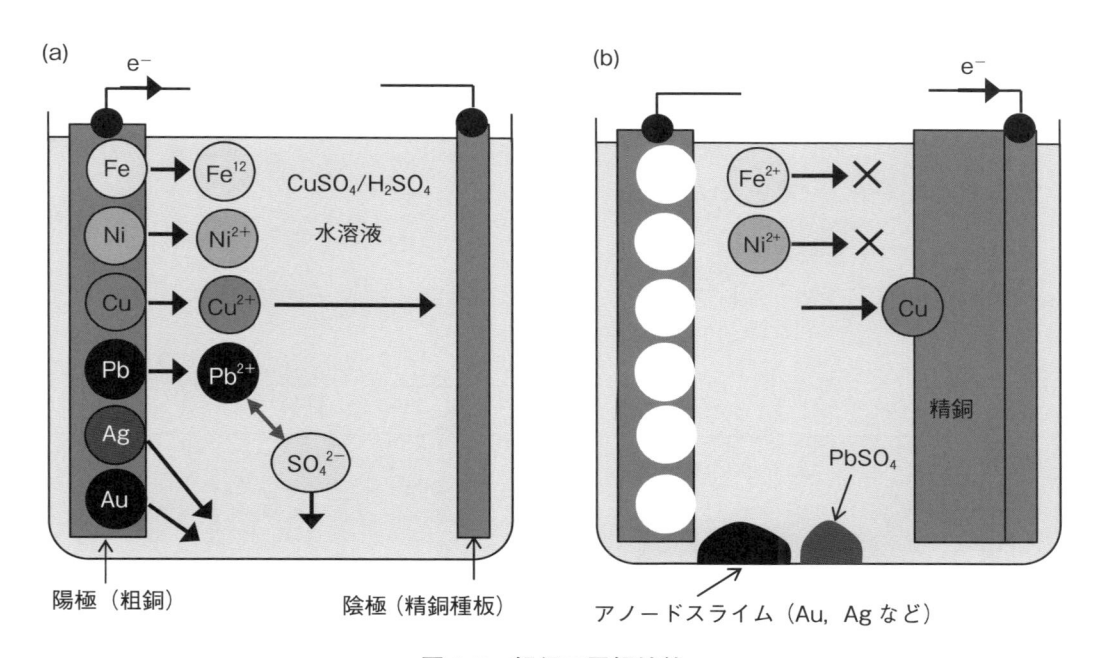

**図7-7 粗鋼の電解精錬**

各極の反応は(13)式と(14)式となるので、理論分解電圧は0 [V] である[*16]。

（陽極）$Cu(粗銅) \longrightarrow Cu^{2+} + 2e^-$　　　（陰極）$Cu^{2+} + 2e^- \longrightarrow Cu(精銅)$ 　　(13)

（全体）$Cu(粗銅) \longrightarrow Cu(精銅)$ 　　(14)

---

[*14] $Pb^{2+}$は溶液中の$SO_4^{2-}$と反応して、$PbSO_4$となって沈殿する。
[*15] **アノードスラッジ**とも呼ばれ、AuやAgなどの貴重な金属などを含んでいるため、回収される。
[*16] 実際には0.2〜0.4 [V] の電圧であるが、それでも消費電気エネルギーは比較的小さい。

## 7.9 発展 有機電解合成

金属などの無機化合物だけでなく，有機化合物の電解ももちろん可能であり，**有機電解合成**と呼ばれている．反応が電極表面で始まるので大量に電解することは困難であるが，電気化学反応の特徴を活かした以下の長所がある．

1) 試薬は$e^-$であり，通常の有機合成反応では起こすことのできない反応を起こすことも可能である．
2) 電極の電子移動によって酸化・還元反応を行なうので，酸化剤や還元剤（重金属や有害試薬を含む）を使用する必要がなく環境に優しい．
3) 電極基板，電解質溶液，濃度，電位，電流など反応条件を変えることにより，反応の選択性や収率を向上させることができる．
4) 電位や電流の制御によって，反応をより精密に行なえる．
5) 電解は常温・常圧やそれに近い条件で行なうので，安全性が高い．

有機電解合成において実用化された有名な例は，モンサント社のバイザー博士によって開発されたアクリロニトリルの電解還元二量化によるアジポニトリルの合成である．各極の反応は(15)式と(16)式のとおりであり，アクリロニトリルは$H^+$の存在のもとに陰極上で還元されて二量化しアジポニトリルとなる．陽極では水の酸化により酸素が発生する（**図 7-8**）[17]．

$$（陽極）\ H_2O \longrightarrow \frac{1}{2}O_2 + 2H^+ + 2e^- \tag{15}$$

$$（陰極）\ 2CH_2=CHCN + 2H^+ + 2e^- \longrightarrow NC(CH_2)_4CN \tag{16}$$

なお有機電解合成は，香料や医薬品などのファインケミカルの合成にも実用化されている．

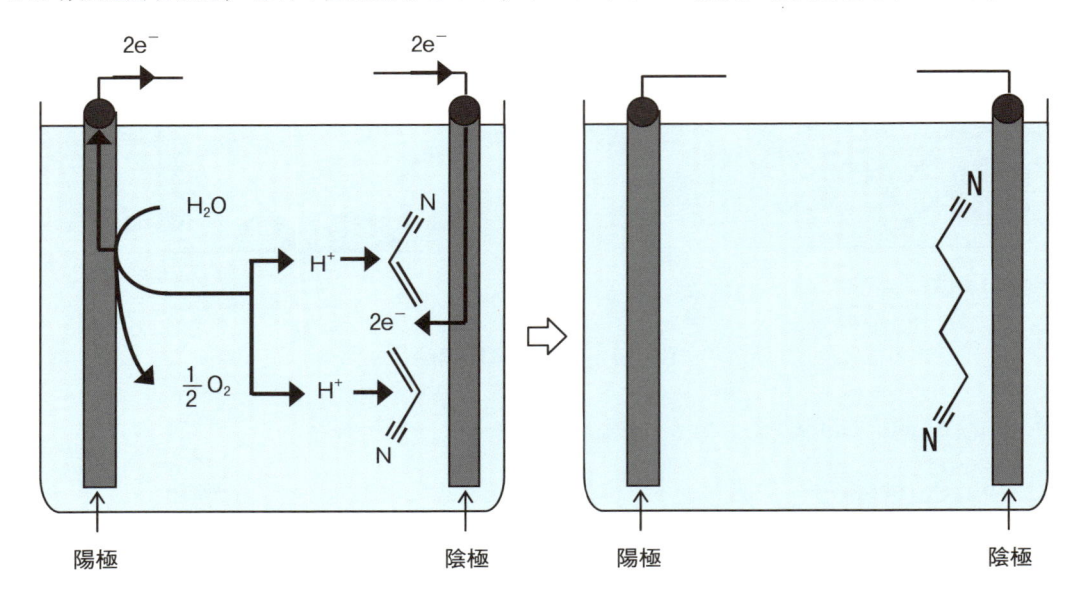

**図 7-8 電解還元によるアクリロニトリルの二量化**

[17] 従来は隔膜として陽イオン交換膜などが用いられていたが，技術の進歩により無隔膜電解になった．隔膜がないことで，膜のメンテナンスの必要がなくなった．また膜の抵抗による **IR** 降下もなくなり，電解電力が大きく低減された．なお陰極には水素発生に対する過電圧が大きい鉛や鉛合金が用いられている．

## 7.10 発展 電着塗装

自動車の外装の塗装は複雑で入組んだ形状をしているため，通常の塗装では均一なコーティングが困難である．不均一な部分があると，腐食が生じてしまう．そこで自動車外装の塗装にはフォード社が開発した**電着塗装**という手法がとられている．これは水溶液に溶解あるいは分散させた陽イオン性塗料分子[*18]が，電圧の印加によって陰極である被塗装材料に泳動していくことによって塗装を行なうものである（図7-9）．塗料分子にはアミン系の樹脂などが用いられ，その陽イオンは被塗装材料表面上で水の還元によって生成した$OH^-$と反応して樹脂として表面に吸着する（(17)～(18)式）．

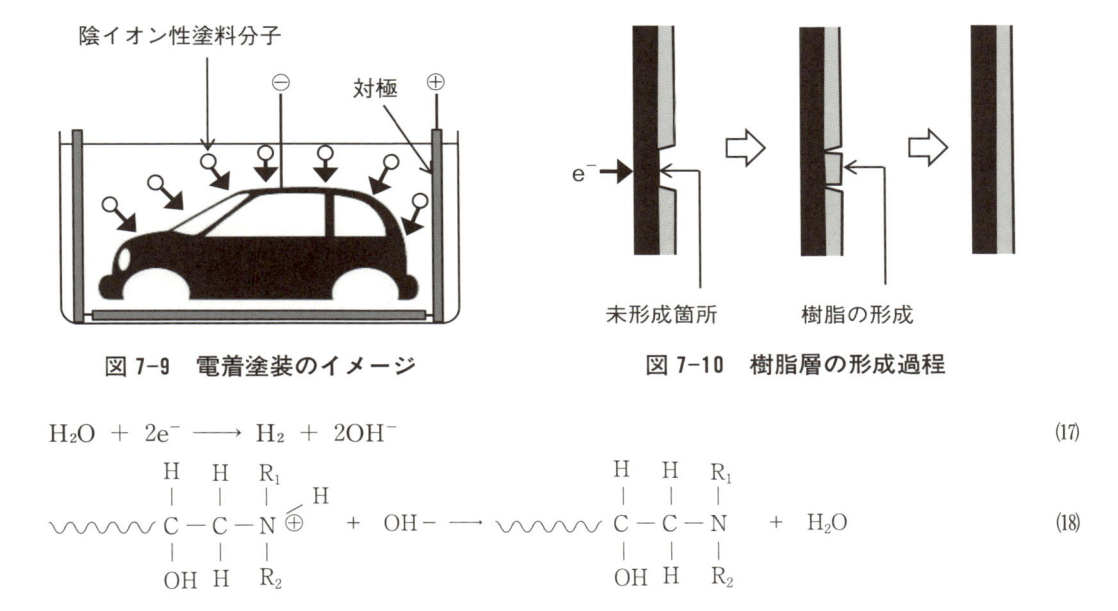

図7-9 電着塗装のイメージ

図7-10 樹脂層の形成過程

$$H_2O + 2e^- \longrightarrow H_2 + 2OH^- \tag{17}$$

$$\sim\sim\sim\overset{H}{\underset{OH}{C}}-\overset{H}{\underset{H}{C}}-\overset{R_1}{\underset{R_2}{N}}{}^{\oplus}\text{H} + OH^- \longrightarrow \sim\sim\sim\overset{H}{\underset{OH}{C}}-\overset{H}{\underset{H}{C}}-\overset{R_1}{\underset{R_2}{N}} + H_2O \tag{18}$$

形成された樹脂層はほとんど導電性を持たないので，樹脂層の形成が進行するにつれて，樹脂層が薄い箇所や未形成箇所に集中して電解反応が生じ，そこで樹脂層が形成されていく．その結果，樹脂層は被塗装材料全体に均一に形成される（図7-10）．これを充分に洗浄・乾燥した後に200℃弱に加熱処理することによって架橋が起こり，硬く安定な塗装面となる．

電着塗装は仕上がりも美しいので自動車だけでなくアルミニウム建材や家電製品の塗装にも利用されている．電着塗装は有機溶媒を使用しないので，作業環境を考えても優れた塗装方法であり，大量生産が可能で生産性も高い．

---

[*18] 従来は塗装分子にカルボキシル基を導入した陰イオン性塗料分子が用いられていたが，その場合は被塗装材料を陽極にしなければならない．そうすると自動車のボディーの鉄分が溶解することがあるので，陽イオン性塗料分子が用いられるようになった．

## 演習問題 7

① 白金電極などの不活性電極を用いて酸性水溶液，中性水溶液，塩基性水溶液を 25℃ で電解する場合，以下の電気化学反応のみが生じるとして，酸性，中性，塩基性水溶液の電解について，理論分解電圧 $V_0$ はほぼ同じ電圧になることを示せ。ただしネルンストの式において，気体の圧力は 1 [atm]，活量はモル濃度に近似でき $RT/F \ln x = 0.059 \log x$ とする。

酸性水溶液　　$O_2 + 4H^+ + 4e^- \Longleftrightarrow 2H_2O$　　　　　　$E° = +1.23$ [V]
　　　　　　　$2H^+ + 2e^- \Longleftrightarrow H_2$　　　　　　　　　　$E° = 0$ [V]
中性水溶液　　$O_2 + 4H^+ + 4e^- \Longleftrightarrow 2H_2O$　　　　　　$E° = +1.23$ [V]
　　　　　　　$2H_2O + 2e^- \Longleftrightarrow H_2 + 2OH^-$　　　　$E° = -0.83$ [V]
塩基性水溶液　$O_2 + 2H_2O + 4e^- \Longleftrightarrow 4OH^-$　　　　$E° = +0.40$ [V]
　　　　　　　$2H_2O + 2e^- \Longleftrightarrow H_2 + 2OH^-$　　　　$E° = -0.83$ [V]

**ヒント** ネルンストの式において，反応電子数 $n$ に注意する。

② ある有機化合物 R の電解還元を定電位で行なったところ，電解電流 $I$ [A] が電解時間 $t$ [s] に対して指数関数的に減少した。電解時間が 30 分のときに得られた生成物 $RH_2$ が 0.0850 [mol] であったときの電流効率はいくらか。ただし，電解還元反応と $I$ と $t$ の関係は以下のとおりである。また，$F = 96500$ [C/mol] とする。

$$R + 2H^+ + 2e^- \longrightarrow RH_2 \qquad I = 100 \exp(-0.005t)$$

**ヒント** $Q = \int_0^{30 \times 60} I t \, dt$ によって $Q$ を求める。反応式から，$n = 2$ であることに注意する。

③ アルミニウムを得るための溶融塩電解の反応とその標準ギブス自由エネルギー $\Delta G_0$ は以下のとおりである。以下の(1)〜(3)の各問に答えよ。ただし $F = 96500$ [C/mol] とし，原子量は C=12, Al=27 として計算せよ。

$$2Al_2O_3 + 3C \longrightarrow 4Al + 3CO_2 \qquad \Delta G_0 = 1350 \text{ [kJ]}$$

(1) 理論分解電圧は何 [V] か。
(2) Al を 1.00 [kg] を得るために必要な理論炭素量は何 [kg] か。
(3) Al を 1.00 [kg] を得るために，13.5 [kWh] で電解を行なったとすると，エネルギー効率はいくらか。
(4) 溶融塩電解においては，**金属霧**や**アノード効果**という好ましくない現象が生じる。これらについて調べて説明せよ。

**ヒント** (1) 反応電子数 $n$ は 12 になることに注意する。

# 8　センサ

私たち人間は，五官（目，鼻，耳，舌，皮膚）などによって外部の情報を得ている。

五官が感じた刺激が神経を介した電気信号によって脳に伝達されるのである。

外部情報を電気信号に変換するものをセンサと呼ぶ。目は光センサとイメージセンサ，耳は音センサと圧力センサ，皮膚は圧力センサ，鼻は臭い（ガス）センサ，舌は味覚センサといえる。

私たちの身の回りにも多くのセンサがある。

たとえば光，温度，方位（磁気），気圧，速度，湿度，などをデジタル表示できるのも，それらを電気信号に変換するセンサがあるからこそ可能になる。

多種多様なセンサがあればそれらをコンピュータなどで制御することによって，さらに便利な装置やシステムが構築できることは間違いない。

ここでは電気化学反応を利用したいくつかのセンサについてその原理や実際についてみていくことにする。

国産初のガラス電極式 pH メーター

株式会社堀場製作所提供

## 8.1 電位と電流どちらを測るか

　測定したい物質の量（濃度）を電気信号に変換するとき，信号としては電位（電圧）と電流ということになる．電気化学システムでは物質の濃度を電位や電流に変換できる．大きくいえば情報の変換ができる．ここでは，その濃度が電位と電流にどう応答するのかについてみていくことにする．

　3.3において説明したネルンストの式は，電位を測定すれば活量（濃度）がわかることを意味している．また3.7の濃淡電池や3.8の膜電位のように，膜を介して濃度が異なる場合も電位が発生する．このようなネルンストの式にもとづく電位応答型のセンサが多数市販されている．この型のセンサの欠点として，共存物質の影響を受けやすい点があげられる（【例題 8-1】参照）．

　試料溶液にはさまざまな物質が混在しているため，測定したい物質に対してのみの電位の応答は得られない．しかし，もし特定の物質やイオンを選択的に通過させる膜やそれらと選択的に電子授受を行なうことができる物質で修飾した電極などがあれば，それらを用いて選択性の高いセンサを構築することができる．たとえば，測定したい物質 Red のみを選択的に透過させ，電位を発生させる他の物質（$Red_1$ や $Red_2$）はブロックする膜を介して電極を配置することができれば，Red のみに電位応答するセンサを得ることが原理的に可能である（図 8-1）．電位応答型センサの場合，外部電源を必要としない．またネルンストの式からわかるように電位は濃度の対数に比例し，100万倍もの広範囲の濃度（$1 \sim 10^{-6}$ [mol/L] 程度）に応答する（pHセンサの場合には，実に $10^{-14}$ [mol/L] まで応答する）．

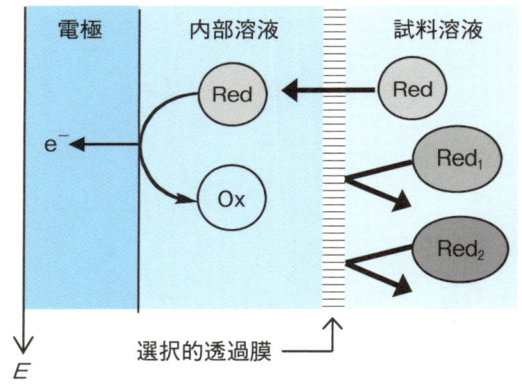

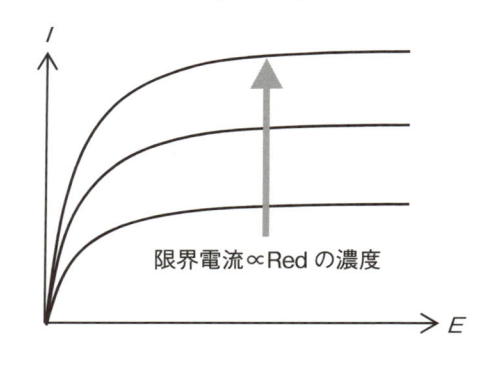

図 8-1　選択膜による電位応答　　　　　　図 8-2　限界電流による応答

　測定物質 Red を充分に酸化できる電位を電極に印加しておけば，Red の酸化電流が観測される．やがて限界電流に達すると，限界電流は濃度に比例するので（4.6 (18)式参照），電流応答型のセンサとして機能する．電流応答型センサの場合，限界電流が直接濃度に比例するので出力の制御を行ないやすい．また選択膜を使えば，高感度なセンサを作製できる（8.6 参照）[*1]．

　検出下限濃度については，電流応答型は電位応答型より特に優れているわけではない．しかし**ストリッピング法**を用いれば，$10^{-10}$ [mol/L] 程度の低濃度まで検出できる．この方法は測定物質を析出や吸着などの方法であらかじめ電極表面に濃縮し，次いでボルタンメトリーにより検出するものである[*2]．

---

[*1] 電位応答型の場合，目的物質が低濃度になると不純物などの電位応答の影響が相対的に大きくなってしまうが，電流応答型の場合は電位を規制しているので副反応が抑制されて低濃度でも検知できる．

[*2] 簡単な装置を用いて，電流 1 [μA] と時間 1 [s]（電気量 1 [μC]）は容易に測定できる．ファラデー定数より 1 [mol] が約 $10^5$ [C] に対応するので，1 [μC] は $10^{-11}$ [mol]（=10 [pmol]）の物質量に相当する．5.5で述べたように，ボルタンメトリーは単原子（分子）層以下の微少量を容易に検出できる．測定法を工夫すれば，pmol 以下の量の検出も可能である．

## 8.2 参照電極

センサを構築するときに，3.2で紹介した**参照電極**が必要となる。参照電極は安定に一定の電位を示し，測定中に外的要因によって電位がほとんど変動しないことが要求されるため，次の条件に適合するものが望ましい。

(1) 示す電位が安定で経時変化がない。
(2) 温度変化に対する電位のヒステリシスがない（温度が変化して最初の温度に戻るとき，ある温度に達するときと最初の温度に戻るときの電位の変化が同じである）。
(3) 示す電位が可逆的な酸化還元反応によるもので，ネルンストの式に従う。
(4) Ag/AgClなどの金属/金属塩の場合は金属塩が溶液中に溶解しない。

実際に用いられる参照電極について，参照電極/溶液界面に電位が印加されたときの電位$E$と電流$I$の関係は，図8-3の実線のようになる。$I$が大きくなっても$E$の変化はわずかである。このように$I$の変化に対して$E$がほとんど変化しない電極を**非分極性電極**といい，参照電極は非分極性電極である必要がある。逆に図8-3の破線で示したように$I$の変化に対して$E$が大きく変化する場合は，参照電極としては不適切である。

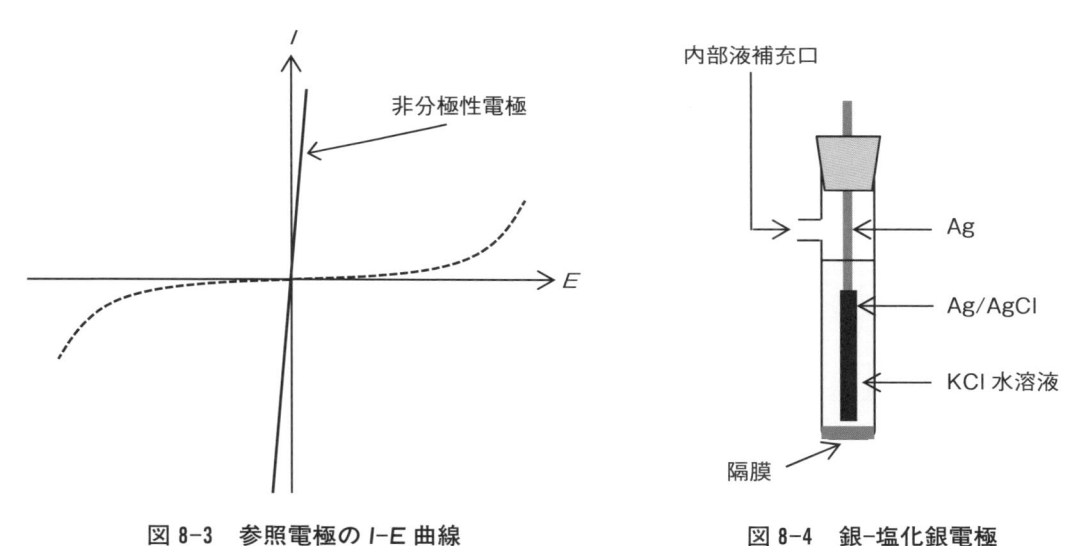

図8-3　参照電極の$I$–$E$曲線

図8-4　銀-塩化銀電極

以前はカロメル電極などもよく用いられていたが，環境面に考慮して水銀を用いていない銀-塩化銀電極が最もよく使用されるようになった[*3]。

---

[*3] 測定溶液中にCl$^-$があると不都合がある場合には水銀-硫酸水銀電極などが，測定溶液がアルカリ性である場合には水銀-酸化水銀電極などが用いられる。また溶液が非水溶液である場合には，Ag/Ag$^+$などが参照電極として用いられる。

## 8.3 イオン選択性電極(1)：ガラス電極

**イオン選択性電極（ISE）**は**イオンセンサ**や**イオン電極**とも呼ばれ，あるイオンに対して，その活量（濃度）に応答した電位を示す電極をいう。初めて公表されたイオン選択性電極は，1906年にクレマーによって作製された$H^+$の濃度に応答するガラス膜[*4]を利用したpH測定用のガラス電極である。

ガラス電極は，先端にガラス膜を装着した容器内をpHが一定の内部液で満たし，参照電極を挿入した構造をとる。ガラス電極の内部液の$H^+$の濃度（$c_0$）よりも高い$H^+$の濃度（$c_s$）の試料溶液にガラス電極を浸した場合（図8-5），$H^+$は試料溶液からガラス膜を透過して内部液に向かって移動する。

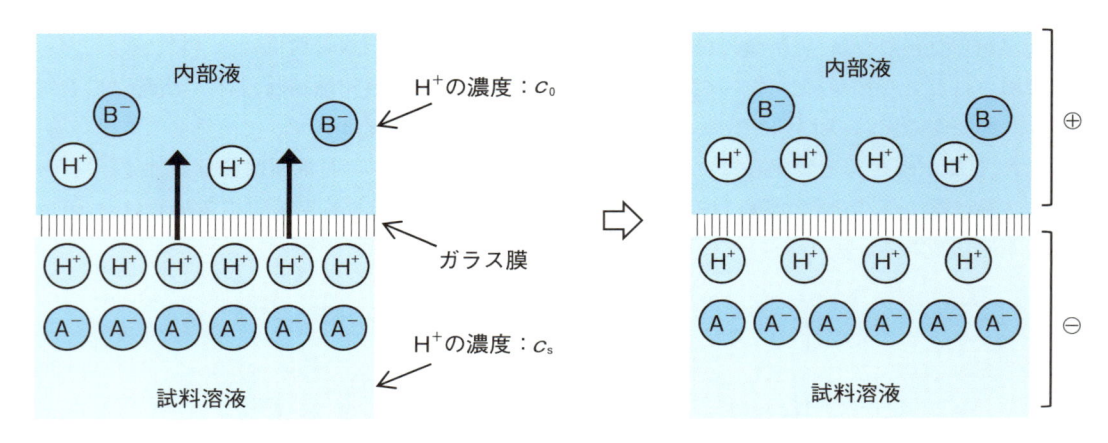

**図 8-5 ガラス膜を介した電荷の偏りによる電位の発生**

$A^-$や$B^-$の陰イオンはガラス膜を透過できないため，相対的に内部液側が正に試料溶液側が負になる。このことにより電位$E$が発生する。$E_M$は3.8の膜電位の式（(19)式）において，$H^+$以外のイオンの輸率を0とし活量を濃度で近似すると(1)式となり，$\ln c_0$が一定で$c_s = [H^+]$を考慮すると(2)式となる。

$$E_M = \frac{RT}{F} \ln\left(\frac{c_s}{c_0}\right) \quad (1)$$

$$E_M = \text{const.} - \text{pH}^{*5} \quad (2)$$

実際の測定ではこの$E_M$とAg/AgClなどの参照電極の電位の差（$\Delta E$）によって$H^+$の濃度がわかる（図8-6）。

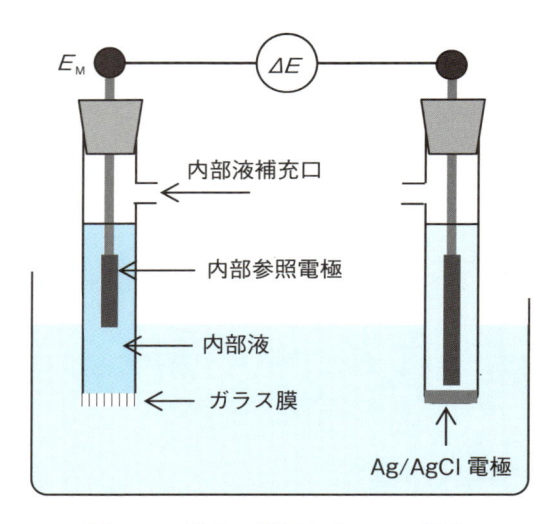

**図 8-6 ガラス電極によるpH測定**

---

[*4] ガラスの主成分であるケイ酸塩にCaOやNa$_2$Oなどを含有するガラス膜が用いられていたが，このガラス膜は強アルカリ性中で$H^+$に対してネルンストの式に従う電位応答を示さなくなる（**アルカリ誤差**）。このため現在ではLi$_2$O系のガラス膜が多く用いられている。

[*5] const.は英語のconstant（定数）を意味し，一定の値であることを表す。

## 8.4 イオン選択性電極(2)：固体膜と液体膜

イオン選択性電極に利用される固体膜には，前述のガラス膜のほか難溶性無機塩膜と高分子膜がある。$Al_2O_3$ などを添加したガラス膜は $Na^+$ を選択的に透過させる。同様に組成の異なるガラス膜を利用することによって，$Li^+$，$K^+$，$Ag^+$ などに対しても選択的に応答するガラス電極を作製することができる。膜電位の発生の原理は $H^+$ の場合（図 8-5）と同じである。ガラス膜の電位応答は $H^+$ により影響を受けるが，一般にイオン選択性電極の電位応答は共存する他のイオンによって影響される（これらのイオンのことを**妨害イオン**という）。目的とするイオン i の価数を $z_i$，活量を $a_i$，妨害イオン j の価数を $z_j$，活量を $a_j$ とすると膜電位 $E_M$ は (3) 式のように与えられ，この式を**ニコルスキー–アイゼンマンの式**という。ここで，$K_{ij}$ は**選択係数**あるいは**選択定数**と呼ばれ，$K_{ij}$ が小さいほど選択性が高いことを意味している。

$$E_M = \text{const.} - \frac{RT}{z_i F} \ln \left\{ a_i + \sum_j k_{ij} (a_j)^{\frac{z_i}{z_j}} \right\} \tag{3}$$

難溶性無機塩膜を用いたイオン選択性電極のいくつかを下表に示す。膜電位の発生原理は図 8-5 と同じように考えてよい。これらは単結晶膜，粉末を加圧・溶融成形した膜，粉末を高分子中に分散させた膜などとして用いる[*6]。このような固体膜電極の検出下限濃度は，難溶性塩の溶解度により制約され $10^{-5} \sim 10^{-7}$ [mol/L] 程度である（演習問題 8 ② 参照）。

| 難容性塩 | $LaF_3$ | $AgCl$, $AgCl-Ag_2S$ | $AgBr$, $AgBr-Ag_2S$ | $AgSCN$ | $Ag_2S$ | $CuS-Ag_2S$ | $PbS-Ag_2S$ |
|---|---|---|---|---|---|---|---|
| 目的イオン | $F^-$ | $Cl^-$ | $Br^-$ | $SCN^-$ | $Ag^+$, $S^{2-}$ | $Cu^{2+}$ | $Pb^{2+}$ |

イオン選択性電極に利用される液体膜には，**イオン交換膜**[*7] と**ニュートラル・キャリアー膜**[*8] などがあるが，いずれも試料溶液と液体膜界面のイオン分配による電荷分離により膜電位が発生する。ニュートラル・キャリアー（18-クラウン-6）膜が $K^+$ を取り込むことによって電位が発生する様子を図 8-7 に示す。液体膜電極は，キャリアーの設計により選択性や応答性に優れた電極が作製できる。

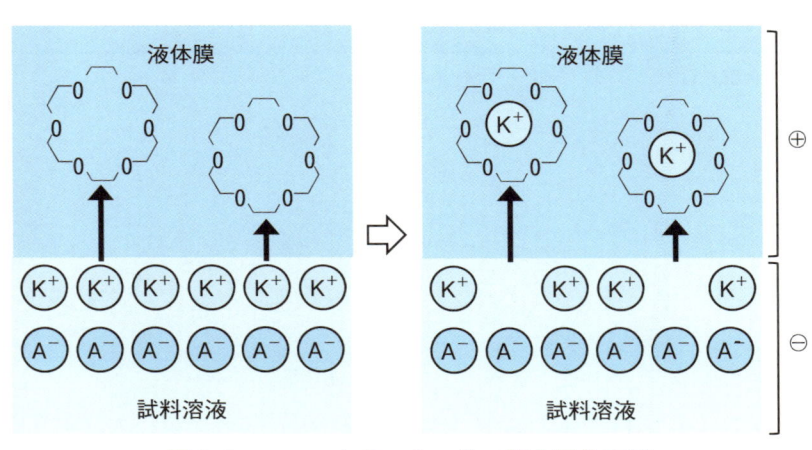

図 8-7　ニュートラルキャリア膜の電位応答

---

[*6] いくつかの膜に $Ag_2S$ が添加されているのは，成膜性の向上などのためである。

[*7] 4 級アンモニウムイオン（$Cl^-$），o-フェナントロリン誘導体イオン（$NO_3^-$，$ClO_4^-$，$BF_4^-$），ジデシルリン酸イオン（$Ca^{2+}$）などを，水と混ざらない有機極性溶媒中に溶解させ，ポリ塩化ビニルなどの高分子や多孔質支持体中に含浸・固定化させたものである（（　）内は対イオンを示す）。

[*8] 電気的に中性のイオン輸送担体であるクラウンエーテル誘導体や大環状ポリアミンなどを含む膜で，$Na^+$，$K^+$，$Li^+$，$NH_4^+$ などに電位応答する。

## 【例題 8-1】 妨害イオンとイオン選択性電極の電位

ガラス膜を用いたある $Na^+$ のイオン選択性電極を用いて，いくつかの $Na^+$ 濃度のアルカリ性溶液の電位を測定したところ，その電位は $Na^+$ の濃度に対して傾き 0.059 [V] の比例関係を示した。いまこの電極を2本用意し，一方を 10 [mmol/L] の $Na^+$ を含む pH が 3 の水溶液に，他方を 1.0 [mmol/L] の $Na^+$ と 1.0 [mmol/L] の $K^+$ を含む pH が 3 の水溶液に浸した。この 2 本の電極間の電位差は 25℃ においていくらになるか。ただしこの電極の $H^+$ と $K^+$ に対するイオン選択係数は，$1.20 \times 10^2$ と $1.50 \times 10^{-3}$ であり，活量は濃度で近似できるものとする。なお，$RT/F \ln x = 0.059 \log x$ とする。

題意より，(3)式のニコルスキー−アイゼンマンの式における $a_i$ と $a_j$ にそれぞれのモル濃度（$[Na^+]$, $[H^+]$, $[K^+]$）を代入して各電極の $E_M$ を求め，その差をとればよい。また，$z_i$ と $z_j$ はともに 1 である。

**解**　それぞれの選択係数を $K_{Na^+, H^+}$ と $K_{Na^+, K^+}$ で表すと (3) 式は

$$E_M = \text{const.} - 0.059 \log([Na^+] + K_{Na^+, H^+}[H^+] + K_{Na^+, K^+}[K^+])$$

したがって 2 本の電極の電位（$E_M^{H^+}$ と $E_M^{H^+, K^+}$）はそれぞれ，

$E_M^{H^+} = \text{const.} - 0.059 \log\{10 \times 10^{-3} + (1.20 \times 10^2)(10^{-3})\} = \text{const.} + 0.0523$

$E_M^{H^+, K^+} = \text{const.} - 0.059 \log\{1.0 \times 10^{-3} + (1.20 \times 10^2)(10^{-3}) + (1.50 \times 10^{-3})(1.0 \times 10^{-3})\} = \text{const.} + 0.0541$

したがって電位差は $0.0541 - 0.0523 = 0.0018 = 1.8$ [mV] となる。

本来は $[Na^+]$ が一桁異なるので 59 [mV] の電位差が現れるはずであるが，そのようにはならない。このようにガラス電極を用いたイオン選択性電極の電位は，酸性水溶液において $H^+$ の濃度に大きく依存するので，酸性水溶液での測定は避けるべきである。

### 問題 8-1

【例題 8-1】において pH が 3 でなく，pH が 7 の場合はどうなるか。

**ヒント**　$[H^+] = 10^{-7}$ [mol/L] として【例題 8-1】とまったく同様にして求めればよい。

## 8.5 発展 イオン感応性 FET

FET（**電界効果トランジスター**）の動作原理は，ソースからドレインに向かって流れる電子の流れをゲートに電圧をかけることで制御することである[*9]。逆にゲートの電圧が変われば，それに対応してソース-ドレイン間の電流が変化する。試料溶液中の特定のイオンによってゲートの電圧が変化すれば，電流応答型のイオンセンサになる。

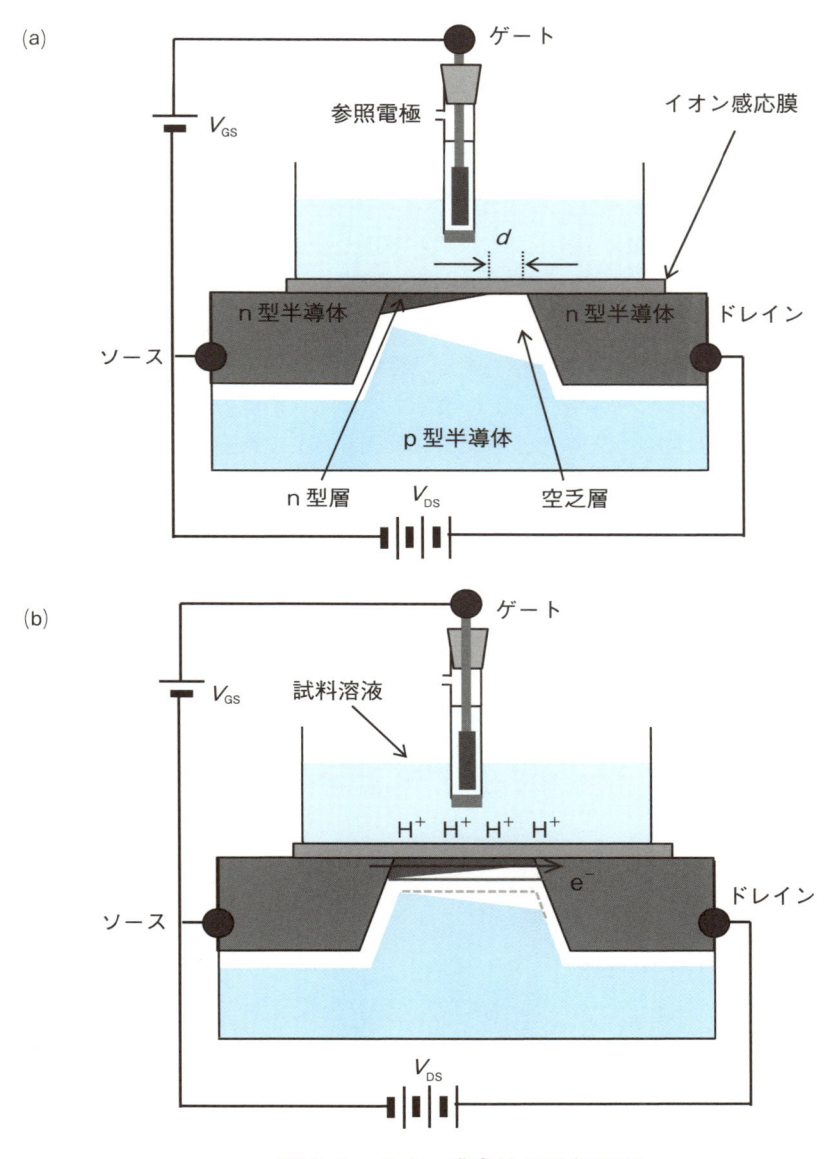

図 8-8 イオン感応性の動作原理

---

[*9] ちょうど水源からホースの中を流し口に向かって流れる水流を，途中のゲートという場所でホースを握ることによって水流の量を多くしたり少なくしたりできることと似ている。ソースとドレインという言葉も，水源を意味するソース，流し口を意味するドレインからきている。

p型半導体の両端にn型半導体を接合したイオン感応性FETを例にとって説明しよう。**6.10**でも触れたように，接合部付近はn型半導体の電子とp型半導体の正孔が結合し，キャリアが存在しない層（**空乏層**）が形成される。ソースに対して正の電位がイオン感応膜を隔ててゲートに印加されると，p型半導体の溶液に接している側の表面の正孔が内部に押しやられ，p型半導体表面にも空乏層が形成される。さらに正の電位が印加されると，p型半導体では少数キャリアである電子が表面に引き寄せられn型層が形成される[*10]。この状態においてドレイン−ソース間にドレインが正になるように電圧が印加されると，ドレインのn型半導体側近傍のp型半導体の正孔が内部に押しやられるので，その近傍の空乏層はさらに広がることになる。ゲートの電位があまり高くないときは，ソース側のn型半導体から成長したn型層はドレイン側のn型半導体まで到達せず，$d$だけ電子が存在しない距離ができてしまう[*11]。したがってドレイン−ソース間に電流は流れない（**図8-8**(a)）。

ゲートの電位がある程度以上に高くなると，ピンチオフ状態が解除されて，n型半導体から成長したn型層がドレイン側のn型半導体に達する。こうなるとnチャンネルが形成されるので，ドレイン−ソース間に電流（**ドレイン電流**）が観測されるようになる(b)。ゲートの電位がさらに高くなりp型半導体の空乏層が小さくなり（(b)の破線）nチャンネルが平坦になると（(b)中の実線），このドレイン電流は最大になる。このようにドレイン電流はゲートの電位の変化に対応して増減する。

FETは本来，金属のゲート電極の下に酸化物などの絶縁膜を重ねた積層した構造となっているが，金属の電極の代わりに参照電極を，絶縁膜としてイオン感応膜を用いたものがイオン感応性FETである。(b)は$H^+$（pH）に対するイオン感応性FETの例である。試料溶液の$H^+$が多くなると，イオン感応膜／溶液間の界面電位が正に増加するので，ドレイン電流も多く流れることになる。

pH測定の場合のイオン感応膜には$Al_2O_3$，$Ta_2O_5$，$Si_3N_4$などが用いられているが，イオン選択性電極に用いられるガラス膜や液体膜を用いて$Na^+$や$K^+$などに対するイオン感応性FETも作製されている。いずれにしてもイオン感応性FETは集積回路の微細加工技術により作製できるので，超小型のものや各種イオン感応性FETを集積したマルチセンサを作製することも可能である。

---

[*10] **反転層**と呼ばれることもある。

[*11] n型層がドレイン側のn型半導体に達すればドレイン−ソース間の電圧によってドレイン−ソース間に電流が流れるので，n型層は**nチャンネル**と呼ばれている。このnチャンネルがドレイン側のn型半導体に達していない状態を**ピンチオフ状態**と呼ぶ。

## 8.6 アンペロメトリックセンサ

イオン選択性電極は試料溶液中の目的物質の濃度（活量）に応答する電位を測定するものであり，**ポテンショメトリックセンサ**と呼ばれている。他方，目的物質の濃度に応答する酸化還元電流を測定するものを**アンペロメトリックセンサ**という。このタイプの代表的なものとして，ここではアンペロメトリック酸素センサ[*12]について説明する。テフロンなどの $O_2$ 透過性高分子膜によって，測定したい $O_2$ が内部の電解液中に進入してくる。この進入してきた $O_2$ の還元電流を測定することによって $O_2$ 量を検知するものである。このアンペロメトリック酸素センサには，主に定電位電解型とガルバニ電池型の2種類がある。

**図 8-9** に定電位電解型を模式的に示す。$O_2$ 透過性高分子膜を先端に取り付け，その近傍に Pt 電極を設ける。Pt 電極を取り囲むように Ag/AgCl 電極が配置されている。外部電源を用いて透過してきた $O_2$ が充分に電解還元される電位（$-0.6$ [V] vs. Ag/AgCl）に動作電極を保持しておけば，(4) 式の電流が流れるので $O_2$ 量を知ることができる。

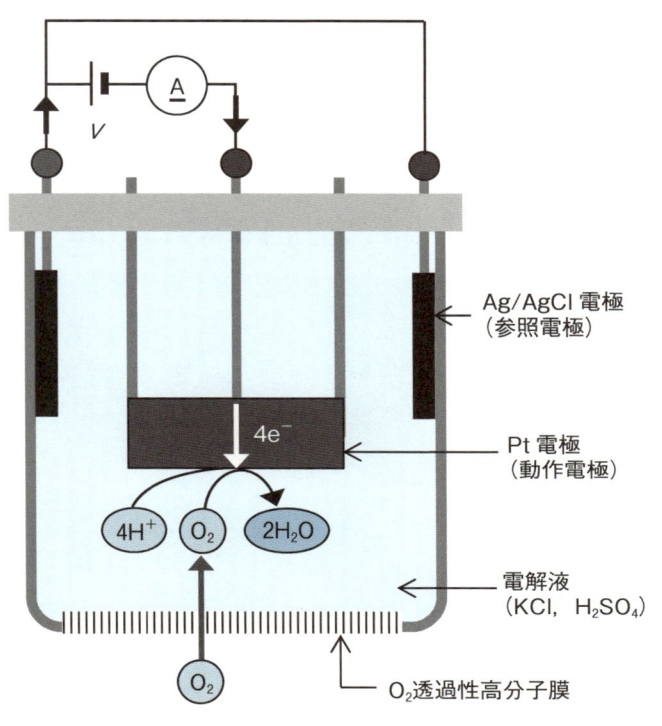

図 8-9　定電位電解型

$$\text{(陰極)} \quad O_2 + 4H^+ + 4e^- \longrightarrow 2H_2O \tag{4}$$

$$\text{(陽極)} \quad 4Ag + 4Cl^- \longrightarrow 4AgCl + 4e^- \tag{5}$$

このセンサでは参照電極が対極をかねており，対極では (5) 式の反応が生じるが，流れる電流はわずかなうえ $Cl^-$ は電解液中に豊富に存在するので，その電位はほとんど変化せず測定に悪影響を及ぼすことはない。

---

[*12] この型の酸素センサは，考案者の名前が冠せられ**クラーク型酸素センサ**と呼ばれることがある。なお酸素のような気体は電解液にわずかしか溶解せず，電気化学反応が平衡に達してもそれらの電位は他に存在する微量の溶質に強く影響される。したがってポテンショメトリックセンサよりもアンペロメトリックセンサの方が適している。

図 8-10 にガルバニ電池型を模式的に示す。先端に取り付けられている $O_2$ 透過性高分子膜は定電位電解型と同様のものであり，$O_2$ の電解還元も同じ Pt 電極で生じる。しかし特徴的なのは陽極に Pb を用いていることである。このセンサの陰極の電気化学反応は定電位型と同じであるが，その $E°$ は ＋0.40 [V] である ((6)式)[*13]。陽極で生じる Pb の電極反応の $E°$ は－0.13 [V] なので ((7)式)，$O_2$ が存在すれば $O_2$ の還元が自発的に進行する ((8)式)。

$$O_2 + 2H_2O + 4e^- \rightleftarrows 4OH^- \qquad E°=+0.40\,[V] \tag{6}$$
$$Pb^{2+} + 2e^- \rightleftarrows Pb \qquad E°=-0.13\,[V] \tag{7}$$
$$O_2 + 2Pb + 2H_2O \longrightarrow 2Pb^{2+} + 4OH^- \tag{8}$$

したがって (8) 式の反応が生じるときに測定される電流は $O_2$ 量に比例するので，この電流によって $O_2$ 量を計測することができる。

このセンサは使用するごとに電極自身が溶解して失われていくため，使い捨てタイプのものにならざるを得ない[*14]。しかし自ら一種の電池が形成され外部電源を必要としないので，きわめて簡単で持ち運びに便利なセンサとして手軽に利用できる利点がある。

定電位電解型とガルバニ電池型のアンペロメトリック酸素センサに用いられている $O_2$ 透過性高分子膜はイオンを透過させないので，溶液中の酸素量（溶存酸素量）も検知することができる。

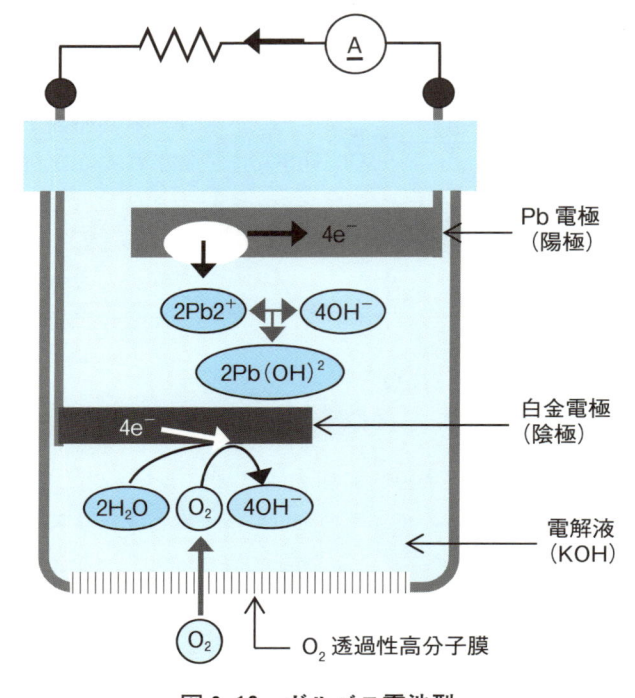

**図 8-10 ガルバニ電池型**

---

[*13] **問題 3-1** 参照（アルカリ性水溶液における電気化学反応の $E°$）。
[*14] 生成した $Pb^{2+}$ は豊富に存在する $OH^-$ と反応し $Pb(OH)_2$ になる。

## 【例題 8-2】酸素アンペロメトリックセンサによる溶存酸素量の測定

試作したクラーク型酸素センサを用いて溶存酸素濃度の測定を試みた。まず 25℃ において検量線を作製する目的で，純水の入った容器を 5 個用意し，それぞれ異なる酸素圧力下で接触させて酸素の飽和溶液を 5 種類調製した。それら 5 種類の水溶液中にクラーク型酸素センサを挿入してそれぞれについて限界電流を測定した。接触させる酸素の圧力と酸素の溶解量はヘンリーの法則にしたがって比例するので，それぞれの水溶液の溶存酸素濃度［ppm］は求めることができた。溶存酸素濃度［ppm］と限界電流の関係は下表のとおりであった。次に溶存酸素濃度を求めたい試料溶液にクラーク型酸素センサを挿入して限界電流を測定したところ 7.12［μA］であった。下表から作成した**検量線**（濃度既知の溶液について得られる測定量と濃度の関係を表すグラフであり，これを作成しておけば濃度未知の溶液について得られる測定量から濃度を決定することができる）をもとに，この試料溶液の溶存酸素濃度を決定せよ。

| 溶存酸素濃度［ppm］ | 1.28 | 2.62 | 4.21 | 5.46 | 6.57 |
|---|---|---|---|---|---|
| 限界電流［μA］ | 2.17 | 5.24 | 8.02 | 10.2 | 12.0 |

溶存酸素濃度［ppm］と酸素の還元反応の限界電流［μA］は比例するので，表のデータをプロットして検量線を作成してもとめればよい。

**解** 与えられた表のデータをもとに検量線を作成すると下図のようになる。良好な直線関係を示す検量線となり，最小二乗法によりその直線関係は，$y=0.542x-0.0501$ となる。これに $x=7.12$ を代入すると，$y=3.81$［ppm］となるので，試料溶液の溶存酸素濃度は 3.81［ppm］と求められる。

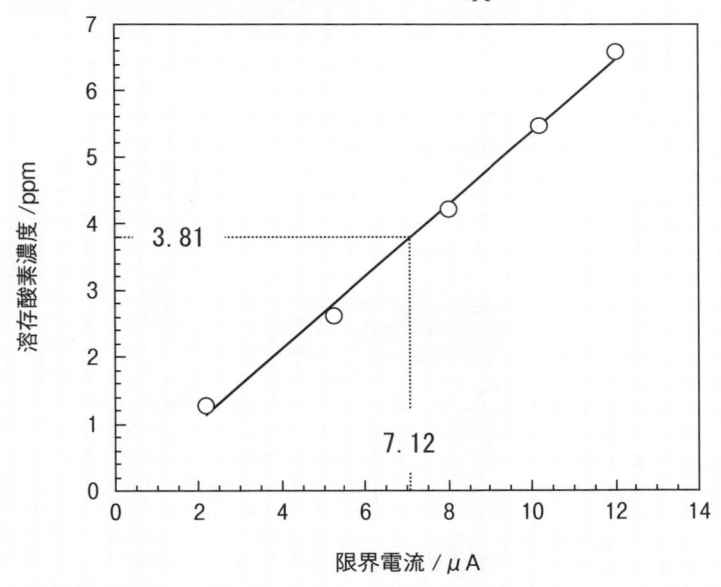

## 8.7 発展 バイオセンサ

酵素などの生体物質は優れた物質認識機能を有するが，それらの機能やその機能を模倣して利用するセンサを**バイオセンサ**と呼ぶ。バイオセンサは目的物質に作用して物理的・化学的変化を生じる物質認識機能部位（レセプタ[*15]）とその変化を検出可能な電気信号などに変換する部位（トランスデューサー[*16]）とからなる。最初に開発されたバイオセンサは酵素センサである。ここではその中から，市販されている代表的な酵素センサである**グルコースセンサ**について説明する。これはレセプタに酵素を用い，トランスデューサーにはアンペロメトリックセンサを利用するものである。

グルコースを酸化する酵素は**グルコースオキシダーゼ**（GOD）と呼ばれ，グルコース（$C_6H_{12}O_6$）が $O_2$ と反応してグルコン酸（$C_6H_{10}O_6$）と $H_2O_2$ が生成する反応を触媒する（(9)式）。$O_2$ あるいは $H_2O_2$ とグルコースの物質量変化は等しいので，$O_2$ あるいは $H_2O_2$ のアンペロメトリックセンサを利用すればグルコース量を知ることができる。

$$\text{グルコース}(C_6H_{12}O_6) + O_2 \xrightarrow{\text{GOD}} \text{グルコン酸}(C_6H_{10}O_6) + H_2O_2 \tag{9}$$

図 8-11 にグルコースセンサの原理図を示す。酸素とグルコースを透過する高分子膜の上に酵素膜（GOD を含ませたポリアクリルアミドゲル膜）を配置した構成で，GOD によって(9)式の反応で生じた $H_2O_2$ あるいは消費された $O_2$ をそれらのアンペロメトリックセンサで検知する仕組みである。この他にも酵素反応におけるイオン濃度変化をイオン選択性電極で検知するポテンショメトリック型センサやイオン感応性 FET（酵素 FET）なども考案されている。バイオセンサは医療関係に特に重要であり，多種多様なものが現在も開発が進んでいる。

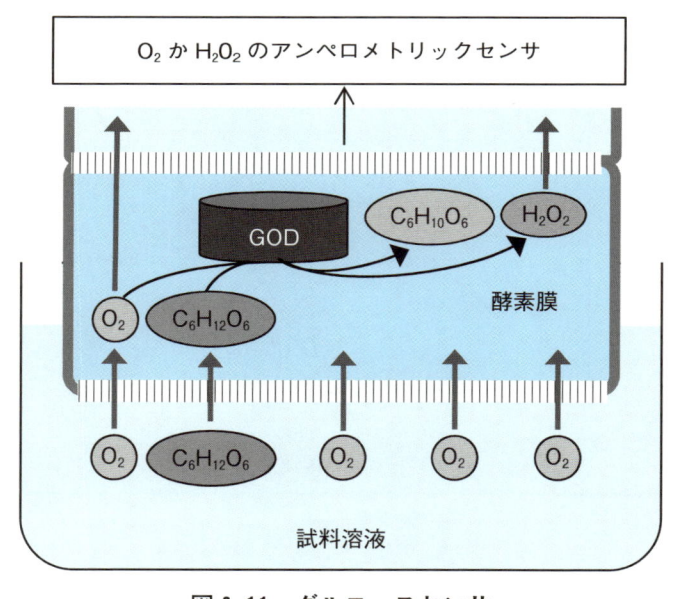

**図 8-11 グルコースセンサ**

---

[*15] レセプタとして利用されるものには，酵素，抗原，抗体，微生物，DNA，RNA，細胞小器官，受容体タンパク質などがある。
[*16] トランスデューサーとして利用されるものには，電気化学的なものとしてイオン選択性電極，アンペロメトリックセンサ，FET などがある。その他には，吸収スペクトル変化，水晶振動子の振動数変化なども用いることができる。

## 8.8 固体電解質型ガスセンサ

**6.9** で触れた**固体電解質**（SPE）を用いてガスセンサを構築することもできる。その最も典型的なものが安定化ジルコニア酸素センサで，自動車の排気ガス中の酸素量を検知するのに用いられている[*17]。**安定化ジルコニア**とは，ジルコニア（$ZrO_2$）に CaO や $Y_2O_3$ を適量加えて高温に加熱して固溶させ，結晶構造を安定化させたものである。これは結晶構造中の Zr(IV) の一部が Y(III) や Ca(II) に置換されているため酸素の空格子点が存在し，500℃以上の高温になると，その空格子点を $O^{2-}$ が移動できるようになる（選択的な $O^{2-}$ 伝導体）。

安定化ジルコニア酸素センサの動作原理は，安定化ジルコニア膜を介した $O_2$ の濃淡電池といえる。多孔質の白金電極で膜をサンドイッチ状にはさみ，一方が空気側に他方が排気ガス中になるようにする。空気中の酸素分圧（$p_1$）の方が排気ガス中の酸素分圧（$p_2$）よりも高いので，$O_2$ は空気側から排気ガス側に移動しようとする（**図 8-12**）。

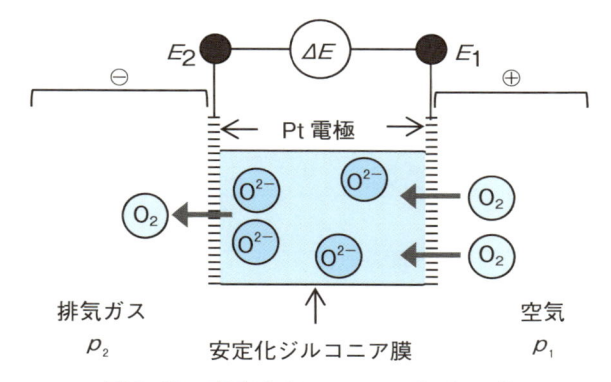

**図 8-12 安定化ジルコニア $O_2$ センサ**

このとき Pt 電極/空気界面では $O_2$ が $O^{2-}$ になろうとして，排気ガス/Pt 電極界面では $O^{2-}$ が $O_2$ になろうとして，(10)式の反応が平衡に達する。

$$O_2 + 4e^- \rightleftarrows 2O^{2-} \tag{10}$$

それぞれの Pt 電極の電位 $E_1$ と $E_2$ は，ネルンストの式にしたがって(11)式のようになる。よって両極間に発生する電位差 $\Delta E$ は(12)式で与えられる。$p_1$ はよく知られているので，電位測定により $p_2$ が求まる。逆に外部から電圧を与えると，酸素ポンプとして機能する（**問題 8-2** 参照）。

$$E_1 = E° - \frac{RT}{4F}\ln\left(\frac{[O^{2-}]^2}{p_1}\right) \qquad E_2 = E° - \frac{RT}{4F}\ln\left(\frac{[O^{2-}]^2}{p_2}\right) \tag{11}$$

$$\Delta E = E_1 - E_2 = \frac{RT}{4F}\ln\left(\frac{p_1}{p_2}\right) \tag{12}$$

酸素以外の固体電解質ガスセンサにはハロゲン化銀膜を用いたハロゲンガスセンサやアルカリ土類金属塩を用いた $NO_2$ や $SO_3$ センサなどがある。

---

[*17] 走行時のエンジンにおいて燃料が完全燃焼し高い燃料効率であれば，排気ガス中にある程度の酸素が存在している。しかし燃料に対して空気が不足し不完全燃焼状態になると，排気ガス中の酸素量はかなり少なくなる。したがって酸素量を検知して走行状態に応じた最適な燃料供給になるように電子制御されている（理論的には空気：燃料＝14.6：1 である）。

## 【例題 8-3】 安定化ジルコニア酸素センサによる酸素分圧の測定

自動車の排気ガスが通過する箇所に安定化ジルコニア酸素センサを装着し，運転中のエンジンに送り込む空気と燃料との混合比率（空燃比）の制御を，燃料ノズルの電子制御により行ないたい。以下の各問に答えよ。ただし大気圧を $1.01×10^5$ [Pa]，空気中の酸素の体積百分率を 21% とし，排気ガスの温度は 720℃ とする。また，$F=96500$ [C/mol]，$R=8.31$ [J/(K·mol)] とする。

① 空燃比を高めにしてエンジンを運転したところ，センサの出力電圧が 40.0 [mV] であった。このときの酸素分圧はいくらか。

② 排気ガス中に酸素がほとんどなく，酸素分圧が 10.0 [Pa] 以下になった場合に，燃料ノズルを電子制御させたい。センサの出力電圧が何 [mV] になったときに燃料ノズルを作動させればよいか。

> 気体の体積は物質量に比例するので，分圧の法則によって酸素の分圧を求め，(12)式に代入して求めればよい。

**解** ① $p_1=1.01×10^5×0.21$，$\varDelta E=40.0×10^{-3}$ [V] を (12)式に代入して $p_2$ を求めれば，

$$p_2 = p_1 \exp\left(-\frac{4F\varDelta E}{RT}\right) = (1.01×10^5×0.21)\exp\left\{-\frac{(4)(96500)(40.0×10^{-3})}{(8.31)(720+273)}\right\} = 3.27×10^3 \text{ [Pa]}$$

② $p_1=1.01×10^5×0.21$，$p_2=1.00×10^{-8}$ [Pa] を (12)式に代入して $\varDelta E$ を求めれば，

$$\varDelta E = \frac{RT}{4F}\ln\left(\frac{p_1}{p_2}\right) = \frac{(8.31)(720+273)}{(4)(96500)}\ln\left(\frac{1.01×10^5×0.21}{10.0}\right) = 0.164 \text{ [V]}$$

---

### 問題 8-2

$O^{2-}$ 伝導体である固体電解質膜を介した電極間に電圧を印加すると，酸素分圧が低圧側から高圧側へ酸素を送ることもできる。いま酸素分圧が 100 [Pa] である箇所から大気圧側に酸素を移動させたいとき，最低何 [mV] 以上の電圧をかければよいか。ただし大気圧を $1.01×10^5$ [Pa]，空気中の酸素の体積百分率を 21% とし，動作温度は 800℃ とする。また $F=96500$ [C/mol]，$R=8.31$ [J/(K·mol)] とする。

> **ヒント** 電池と電解の関係を考慮し，理論分解電圧を (12)式により求めればよい。

## 8.9 発展 半導体ガスセンサ

家庭内にあるガス漏れを知らせる警報器は当然，ガスセンサの一種に違いないが，これは**半導体ガスセンサ**と呼ばれるものを利用している。金属はキャリアである電子が豊富に存在するので，その表面に物質が吸着してもその電気伝導度はほとんど変化しない。これに対し半導体はキャリアである電子や正孔の数が金属に比べて顕著に少ないので，表面に吸着した物質によって電子や正孔の数が変化する。その変化に対応して電気伝導度が変化するので，ガスセンサに利用することができる。

家庭用のガス漏れ警報器にはn型半導体である$SnO_2$が多く用いられている[18]。n型半導体のキャリアはほぼ電子で伝導帯にあり，フェルミ準位（$E_f$）は伝導帯のすぐ下に存在する（図8-13(a)）。表面に$O_2$，窒素酸化物，イオウ酸化物などの酸化性ガスの分子 Ox が吸着した場合，半導体表面近傍の電子を Ox が引き寄せ負に帯電して吸着する（負電荷吸着，(b)）。半導体の表面付近の電子が少なくなるので，半導体の価電子帯と伝導帯のエネルギーが表面付近で上側に曲がる。キャリアである電子が半導体内で減少するので，半導体の電気伝導度は低くなる。他方，プロパンなどの炭化水素，アルコール，CO，$H_2$ などの還元性ガスの分子 Red が吸着した場合，半導体表面近傍に Red が電子を与え Red 自身は正に帯電して吸着する（正電荷吸着，(c)）。半導体の表面付近の電子が多くなるので，半導体の価電子帯と伝導帯のエネルギーが表面付近で下側に曲がる。電子が半導体内で増加するので，半導体の電気伝導度は高くなる。半導体内の電子の増減はガス分子の吸着量によって変化するので，電気伝導度を測定することによって酸化性・還元性ガスを検知することができる[19]。

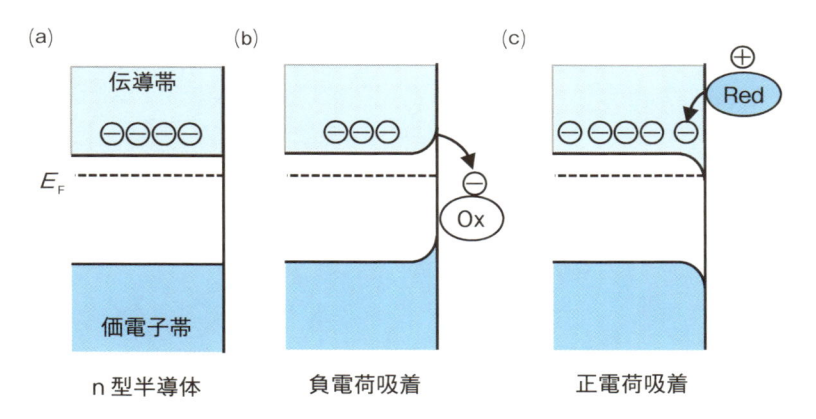

図8-13 n型半導体表面のガス分子の吸着

---

[18] $SnO_2$ は空気中で比較的高温でも安定であり，$O_2$ もあまり吸着しないので，プロパンガスや都市ガスのガスセンサに利用されている。

[19] ガスセンサの目的ガスに対する選択性はあまり高くないので，選択性を向上させるために金属などが半導体に添加されている。

## 8.10 発展 温度センサ（熱電対とサーミスタ）

温度センサは現在の私たちの生活のいたるところで利用されている。これまでにいろいろなタイプの温度センサが実用化されているが、ここでは**熱電対**と**サーミスタ**についてみてみることにする。

一般に 2 種類の金属線 A と金属線 B の両端をそれぞれ接合し、その接合部間に温度差があると、電流が流れることが知られている（図 8-13 (a)）。

これは**ゼーベック効果**と呼ばれている現象であるが[20]、接合部の片端を開放しておけば、その開放部間に熱起電力 V が生じる (b)[21]。この熱起電力は、金属の種類と高温側と低温側の温度差に依存するが、金属の大きさと形状には依存しない。このため低温側を基準温度（たとえば 0℃）に置いて基準接点にし、高温側を測温接点にすれば、その接点の温度に対応する熱起電力が発生する温度センサになる (c)。これは**熱電対**と呼ばれ、金属の種類やそれらの組み合わせによって数十種のものが実用化されている。熱電対は、1) 熱起電力が比較的大きく特性のバラツキが少ない、2) 熱起電力が安定で長寿命である、3) 耐熱性が高い、4) 耐食性が高く腐食性ガス中でも使用できる、などの長所がある。

金属も半導体も温度 ($T$) によって電気伝導度 ($\sigma$) が変化するので、温度センサに利用できる。金属の $\sigma$ は $T$ に反比例するので、耐腐食性のある Pt を用いた白金抵抗温度計などが作製されている。他方、半導体の $\sigma$ は主にボルツマン因子 $\exp(E_a/RT)$ に比例して変化し、$T$ の上昇により $\sigma$ は増加するので、同様に温度センサとすることができる。このように温度変化に対して $\sigma$ が大きく変化する抵抗体を**サーミスタ**という。これらの温度センサの測温範囲は －50〜1000℃ 程度である。通常サーミスタといえば温度の増加により抵抗が減少する素子 (NTC) をさし、Ni、Co、Mn、Fe などの酸化物を混合して焼結させた半導体が用いられる。逆に温度の増加により抵抗が増加する素子 (PTC) としてチタン酸バリウムを主体としたセラミック、ある温度で急激に抵抗が変化する素子として低融点のポリマーに Ni などの導電性粒子を分散させたものなどが用いられている。

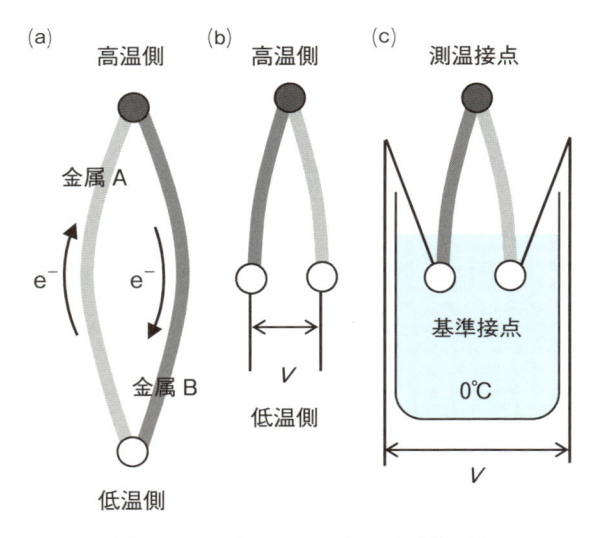

図 8-14 ゼーベック効果と熱電対

---

[20] **熱電効果**とも呼ばれ、このときに流れる電流を**熱電流**という。逆に電流を流すと一方の接合部が冷却され、他方の接合部が加熱される。これはちょうどゼーベック効果の逆の現象であり**ペルチェ効果**と呼ばれている。

[21] 1℃の温度差で数 [$\mu$V] の起電力が発生するといわれている。

## 【例題 8-4】 金属の電気伝導度の温度依存性

金属の電気電導度（$\sigma$）は，温度が上がるとキャリアが格子振動によって散乱されるので，温度の上昇により低下する（半導体と異なり，キャリア数は温度に依存しない）。$\sigma$ の逆数が抵抗率 $\rho$ であり，金属においては $\rho$ と温度 $t$ [℃] の関係は，広い温度範囲にわたって以下の実験式が成り立つ。

$$\rho = \rho_0(1 + \alpha t)$$

ここで $\alpha$ は抵抗率の温度係数という。

白熱電球のフィラメントにはタングステン線が多く用いられているが，白熱電球を点灯したとき，フィラメントの電気抵抗は点灯前の何倍になるか。ただし，点灯前の温度を 20 [℃] タングステンフィラメントの点灯時の温度を 2000 [℃]，抵抗の温度係数を $5.3 \times 10^{-3}$ [1/℃] とし，熱膨張は無視してよい。

> $t = 20$ [℃] の場合と $t = 2000$ [℃] の場合について与式に代入し，$\rho$ の比をとればよい。

**解** 20 [℃] における抵抗率を $\rho_{20}$，2000 [℃] における抵抗率を $\rho_{2000}$ とすると，$\alpha = 5.3 \times 10^{-3}$ [1/℃] なので与式にそれぞれ代入すれば，

$$\rho_{20} = \rho_0(1 + \alpha t) = \rho_0\{1 + (5.3 \times 10^{-3})(20)\} = 1.106\rho_0$$

$$\rho_{2000} = \rho_0(1 + \alpha t) = \rho_0\{1 + (5.3 \times 10^{-3})(2000)\} = 11.6\rho_0$$

$\rho_{20}$ と $\rho_{2000}$ の比をとると，

$$\frac{\rho_{2000}}{\rho_{20}} = \frac{11.6}{1.106} = 10.5$$

10.5倍

---

### 問題 8-3

半導体が加熱されその温度が上昇すると，熱エネルギーによって価電子帯から伝導帯に電子が励起されてキャリア数が増加するので電気伝導度（$\sigma$）が増加するが，その $\sigma$ は主にボルツマン因子 $\exp(E_a/RT)$ に比例して変化する。いくつかの温度において半導体の $\sigma$ を測定した。活性化エネルギー $E_a$ を求めるには，どういったデータ処理をすればよいか。

**ヒント** 比例定数を $\sigma_0$ とすると，$\sigma = \sigma_0 \exp(E_a/RT)$ と表すことができる。

## 演習問題 8

① ある $Na^+$ のイオン選択性電極の $Ag^+$, $H^+$, $K^+$ に対するそれぞれのイオン選択係数が $3.12\times 10^2$, $1.20\times 10^2$, $1.50\times 10^{-3}$ であるとき,25℃における $1.0$ [mmol/L] の $Na^+$ を含む水溶液の測定で 10% の誤差を生じさせる $Ag^+$, $H^+$, $K^+$ の濃度($[Ag^+]$, $[H^+]$, $[K^+]$)はいくらになるか。ただし活量は濃度で近似できるものとする。

**ヒント** (3)式において,10%の誤差にあたる濃度が 0.1 [mmol/L] であることから求める。

② 固体膜として難溶性のハロゲン化銀(AgX)膜を用いて,$Ag^+$ とハロゲン化物イオン($X^-$)に対するイオン選択性電極を作製することができる。AgX は $Ag^+$ のイオン伝導体なので,$Ag^+$ の膜電位による $Ag^+$ のイオン選択性電極として機能する。また,以下の電極反応により $X^-$ のイオン選択性電極としても機能する。いま①〜③の場合のイオン選択性電極の電位 $E_M$ を表す式を導け。ただし $F$, $R$, $T$ はそのまま用い,活量は濃度に近似してよい。また AgX の溶解度積を $K_{sp}$ とする。

$$AgX + e^- \rightleftharpoons Ag + X^-$$

(1) 内部液の $Ag^+$ の濃度を $c_i$, 試料溶液の $Ag^+$ の濃度を $c_s$ としたときの $Ag^+$ のイオン選択性電極の $E_M$
(2) 内部液の $X^-$ の濃度を $c_i$, 試料溶液の $X^-$ の濃度を $c_s$ としたときの $X^-$ のイオン選択性電極の $E_M$
(3) 内部液の $X^-$ の濃度を $c_i$, 試料溶液が純水であるときの $X^-$ のイオン選択性電極の $E_M$

**ヒント** $Ag^+$ と $X^-$ の濃度の積が $K_{sp}$ であり,純水中の $X^-$ の濃度は $K_{sp}$ でから求める。

③ $F^-$ を選択的に透過する $LaF_3$ を含有する固体膜を利用したある $F^-$ イオン選択性電極がある。25℃において,この電極を用いフッ化物イオンの濃度 $c_s$ が $1.00$ [mmol/L] の水溶液の電位を測定したところ,$50.0$ [mV] vs. Ag/AgCl であった。いまこの電極を用いた $F^-$ を含む水溶液の測定について,以下の(1)と(2)の各問に答えよ。ただし(1)式が成り立つものとし,$RT/F \ln x = 0.059 \log x$ とする。

(1) ある $F^-$ を含む水溶液にこの電極を浸すと,電位は $-21.0$ [mV] Ag/AgCl であった。この溶液の $c_s$ はいくらか。
(2) $c_s = 1.00\times 10^{-5}$ [mol/L] の場合,この電極の電位はいくらか。

**ヒント** 陰イオンなので,(1)式の $c_s/c_i$ 比は逆転する。

④ 熱電対における熱起電力 $V$ は,高温側と低温側の温度差を $\Delta t$ とすると次式のように近似的に表される。ここで $a$ と $b$ は構成する金属固有の定数である。

$$V = a\Delta t + \frac{1}{2}b\Delta t^2$$

いま基準接点の温度を 20℃としたとき,Cu と Fe からなる熱電対の $V$ と温度 $t$ の関係を示すグラフを描け。ただし,$a = 10.3$ [$\mu$V/K], $b = -0.0366$ [$\mu$V/K$^2$] とする。

**ヒント** 基準接点の温度が 20℃なので,$\Delta t = t - 20$ となる。また式を $t$ で微分したものが 0 である $t$ が最大値となることを利用してグラフを描けばよい。

# 解　答

## 2　物質と電気

**問題 2-1**　317 [S/m]

**問題 2-2**　0.133 [Ω]

**問題 2-3**　$\frac{3}{2}$ 倍

**問題 2-4**　0.07841 [S/m]

**問題 2-5**　1.1 個

**問題 2-6**　1) 0.00750 [S·m²/mol]，2) 7.77×10⁻⁸ [m²/(V·s)]，3) $\kappa$=0.125 [S/m]，$\kappa_+$=0.0500 [S/m]，$\kappa_-$=0.0750 [S/m] であるから，貢献度の割合は，Na⁺ が 0.0500÷0.125=0.400，Cl⁻ が 0.0750÷0.125=0.600 となる．Na⁺ が 40.0%，Cl⁻ が 60.0% の貢献をしている．

**問題 2-7**　984 [nm] 以下

**問題 2-8**　CaSO₄ 水溶液：0.0238 [S·m²/mol]，CaCl₂ 水溶液：0.0233 [S·m²/mol]

**問題 2-9**　$\sqrt{c}$ と $\Lambda$ のグラフは下図のようになる．各切片を読み取ることにより，$\Lambda^\infty_{\text{HClO}_4}$=0.04165 [S·m²/mol]，$\Lambda^\infty_{\text{NaNO}_3}$=0.01222 [S·m²/mol]，$\Lambda^\infty_{\text{NaClO}_4}$=0.01165 [S·m²/mol]．これらの値から (9) 式を用いると，$\Lambda^\infty_{\text{HNO}_3}=\Lambda^\infty_{\text{HClO}_4}-\Lambda^\infty_{\text{NaClO}_4}+\Lambda^\infty_{\text{NaNO}_3}$=0.04222 [S·m²/mol]

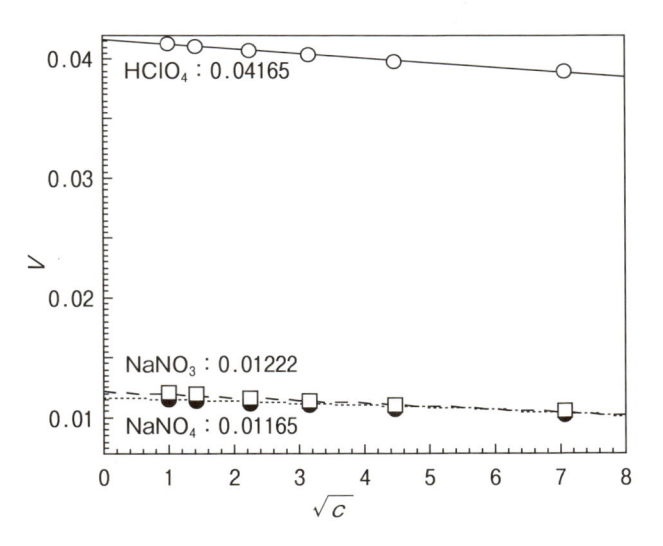

**問題 2-10**　1) 1.11×10⁻¹⁰ [S·m²/mol]，2) 2.29×10⁻⁹，3) 1.27×10⁻⁴ [mol/m³]，4) 6.90

**問題 2-11**　イオン強度：0.150，平均活量係数：0.0650

**問題 2-12**　K₂SO₄ 水溶液：$t^\infty_+$=0.479，$t^\infty_-$=0.521，KCl 水溶液：$t^\infty_+$=0.491，$t^\infty_-$=0.509

### 演習問題 2

① $1.96 \times 10^5$ [Ω]

② $C/(V \cdot m \cdot s)$

③ $0.0405$ [$S \cdot m^2/mol$]

④ $1.80 \times 10^{-4}$ [$mol^2/m^6$]

⑤ グラフは下図のようになり，傾きは $0.00472$ となる。

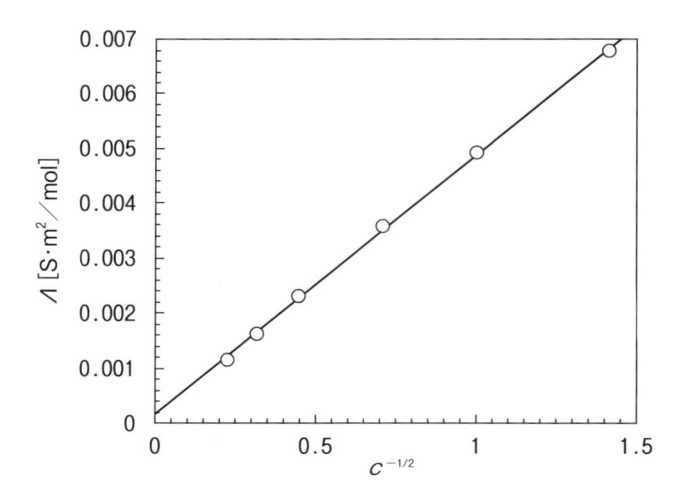

$0.0180$ [$mol/m^3$]

⑥ イオン強度：$0.0300$，平均活量係数：$0.294$

⑦ 文献値より，$\lambda^\infty_{H^+}=0.0350$ [$S \cdot m^2/mol$]，$\lambda^\infty_{Cl^-}=0.00764$ [$S \cdot m^2/mol$]，$\lambda^\infty_{Na^+}=0.00501$ [$S \cdot m^2/mol$]，$\lambda^\infty_{OH^-}=0.0199$ [$S \cdot m^2/mol$] である。(5)式より，各陽イオンと陰イオンについて $\kappa = \lambda c$ である。終点までの $\kappa$ は $Na^+$，$Cl^-$，$H^+$ によるもの，終点以降の $\kappa$ は $Na^+$，$Cl^-$，$OH^-$ によるものである。中和反応はイオン式を用いると，$H^+ + Cl^- + Na^+ + OH^- \rightarrow H_2O + Cl^- + Na^+$ のようになる。したがって，終点前は $H^+$ が $OH^-$ と反応して $H_2O$ になるので，$H^+$ による導電率は低下していく。反応に関与しない $Cl^-$ と $Na^+$ については，$Cl^-$ による導電率は滴定を通じて一定であり，$Na^+$ の導電率は加えられ続けるので高くなっていく。終点後は $OH^-$ が過剰になり増え続けるので，$OH^-$ による導電率は高くなっていく。これらを考慮し NaOH 水溶液滴下量と導電率の関係を模式的にグラフに示す。$H^+$ と $OH^-$ の導電率が他のイオンよりも極めて高いので，終点では明らかな導電率の変化が観測され，終点を知ることができる。

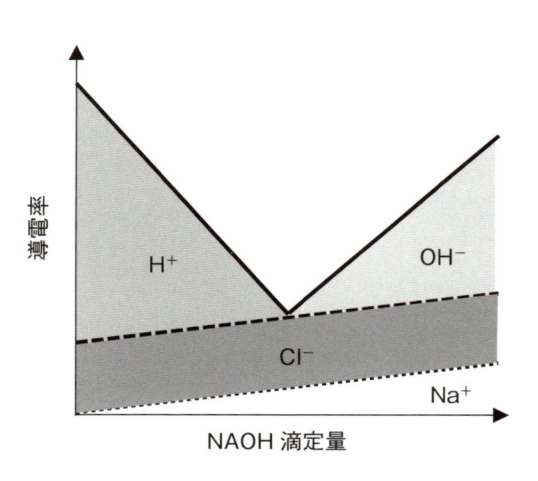

## 3 電極電位

**問題 3-1** $E_+ = 0.401 + 0.059 \, (\text{pH} - 8)$, $E_- = -0.828 + 0.059 \, (\text{pH} - 8)$, $E_+ - E_- = 1.23 \, [\text{V}]$ (pHが上昇すると，陽極の電位と陰極の電位はともに増加するが，電圧は変わらない。なお，塩基性水溶液の場合も同じ値になる。)

**問題 3-2** Al：$2\text{Al} + 6\text{H}^+ \longrightarrow 2\text{Al}^{3+} + 3\text{H}_2$, Zn：$\text{Zn} + 2\text{H}^+ \longrightarrow \text{Zn}^{2+} + \text{H}_2$, Cu：×

**問題 3-3** Cuは2価で酸化されると$\text{Cu}^{2+}$になる。つまり，Cu1個は$e^-$を2個奪われることになる。反応式では3Cuとなっているので，移動した$e^-$は6個である。$2\text{HNO}_3$が3Cuから$6e^-$を奪ったことになる。よって，$\text{HNO}_3 + 3\text{H}^+ + 3e^- \longrightarrow \text{NO} + 2\text{H}_2\text{O}$

**問題 3-4** 銀イオンとアルミニウムの反応は以下のとおりである。

$$3\text{Ag}^+ + \text{Al} \longrightarrow 3\text{Ag} + \text{Al}^{3+}$$

$\text{Ag}^+$の物質量[mol]：$1.00 \, [\text{mol/L}] \times 0.100 \, [\text{L}] = 0.100 \, [\text{mol}]$

$\text{Ag}^+$の物質量[mol]の1/3のAlが反応して溶解するから，溶液中に溶けることのできるAlの最大量は，

$$0.100 \times \frac{1}{3} \times 27.0 = 0.900 \, [\text{g}]$$

よって，1[g]のAlはすべて溶けることができない。

**問題 3-5** $-0.906 \, [\text{V}]$

**問題 3-6** 1) $2.583 \, [\text{V}]$, $\text{Zn} + 2\text{Co}^{3+} \longrightarrow \text{Zn}^{2+} + 2\text{Co}^{2+}$

2) $0.222 \, [\text{V}]$, $\text{H}_2 + 2\text{AgCl} \longrightarrow 2\text{H}^+ + 2\text{Ag} + 2\text{Cl}^-$

3) $0.443 \, [\text{V}]$, $\text{Fe(CN)}_6^{4-} + \text{Ag}^+ \longrightarrow \text{Fe(CN)}_6^{3-} + \text{Ag}$

**問題 3-7** $K = \exp\left[\dfrac{(10)(96485)\{1.51-(-0.490)\}}{(8.314)(298.15)}\right] \exp(778.5) \longrightarrow \infty$

(したがって，この反応は完全に右に進行することがわかる)

**問題 3-8** $\beta_2 = (1.2 \times 10^{31}) \exp\left\{-\dfrac{(0.771 - 0.356)(96485)}{(8.314)(298.15)}\right\}$
$= 1.2 \times 10^{24} \, [\text{mol}^6/\text{L}^6]$

**問題 3-9** $E = -\dfrac{2t_- RT}{F} \ln\left\{\dfrac{a_\pm(1)}{a_\pm(2)}\right\} = -\dfrac{(2)(1-0.815)(8.314)(298.15)}{96485} \ln\left(\dfrac{0.060}{0.010}\right) = -0.017 \, [\text{V}]$

**問題 3-10** $K_{\text{sp}} = \exp\left[\dfrac{\{-109.8 - (77.1 - 131.2)\} \times 10^3}{(8.31)(298)}\right] = 1.70 \times 10^{-10} \, [\text{mol}^2/\text{L}^2]$

### 演習問題 3

① $\dfrac{3E_1 + E_2 + 2E_3}{6} = \dfrac{3(-1.66) + (-0.52) + 2(+0.27)}{6} = -0.83 \, [\text{V}]$

② 底の変換公式より，$\ln \square = 2.303 \log \square$ であることを考慮して

$$\dfrac{RT}{nF} \ln\left(\dfrac{a_C^c a_D^d \cdots}{a_A^a a_B^b \cdots}\right) = 2.303 \times \dfrac{(8.312)(298.15)}{96485n} \log\left(\dfrac{a_C^c a_D^d \cdots}{a_A^a a_B^b \cdots}\right)$$

$$= \dfrac{0.059}{n} \log\left(\dfrac{a_C^c a_D^d \cdots}{a_A^a a_B^b \cdots}\right)$$

③ $\dfrac{2FE}{3R} - 273.15 = \dfrac{2(96485)(1.5)}{3(8.314)} - 273.15 = 11300 \, ℃$

④ $[\text{Cu}^{2+}] = 10^{\frac{2(0.518+0.199-0.337)}{0.059}} = 1.20 \times 10^{-3} \, [\text{mol/L}]$

⑤ $\dfrac{(8.314)(298.15)}{96485} \ln(5.01 \times 10^{-13}) + (+0.799) = +0.0714 \, [\text{V}]$

## 4 電流と電位の関係

**問題 4-1** 酸素発生反応速度より

$$I = nFv = 4 \times 96500 \times \frac{\frac{10}{22400}}{60} = 2.872 \; [\text{A}]$$

銀の析出反応の $v$ は

$$v = \frac{I}{nF} = \frac{2.872}{1 \times 96500} = 2.98 \times 10^{-5} \; [\text{mol/s}]$$

**問題 4-2** $v = \dfrac{I}{nF} = \dfrac{100 \times 10^{-3}}{2 \times 96500} = 5.18 \times 10^{-7} \; [\text{mol/s}]$

**問題 4-3** $\eta = -0.25 - (-0.44) = 0.19 \; [\text{V}]$

$a = -0.059 \log(2.2 \times 10^{-7}) = 0.393 \; [\text{V}]$

$i = 10^{\frac{\eta-a}{b}} = 10^{\frac{0.19-0.393}{0.059}} = 3.63 \times 10^{-4} \; [\text{A/cm}^2] = 0.363 \; [\text{mA/cm}^2]$

**問題 4-4** Fe と Pt の $I_0$ について比をとると

$$\frac{10^{-\frac{0.52}{0.12}}}{10^{-\frac{0.81}{0.12}}} = 10^{\frac{0.81-0.52}{0.12}} = 261 \text{倍}$$

**問題 4-5** $\eta = 0.75 + \eta_c = 0.75 + \left| \dfrac{RT}{nF} \ln\left(\dfrac{I_{\text{lim}} - I}{I_{\text{lim}}}\right) \right|$

$= 0.75 + \left| \dfrac{(8.31)(298)}{(2)(96500)} \ln\left(\dfrac{45-27}{45}\right) \right| = 0.762 \; [\text{V}]$

**問題 4-6** $I = \dfrac{nFSD(c-c^*)}{\delta}$

$= \dfrac{(1)(96500)(0.20)(6.0 \times 10^{-6})\{(0.050 - 1.5 \times 10^{-4}) \times 10^{-3}\}}{1.2 \times 10^{-4}}$

$= 0.048 \; [\text{A}] = 48 \; [\text{mA}]$

**問題 4-7** $E_{1/2} = E_{\text{pa}} - \dfrac{1}{2} \times \dfrac{0.057}{n} = +0.444 - \dfrac{1}{2} \times \dfrac{0.057}{2} = 0.430 \; [\text{V}] \; \textit{vs.} \; \text{Ag/AgCl}$

$E_{1/2} = E_{\text{pc}} + \dfrac{1}{2} \times \dfrac{0.057}{n} = +0.213 + \dfrac{1}{2} \times \dfrac{0.057}{1} = 0.242 \; [\text{V}] \; \textit{vs.} \; \text{Ag/AgCl}$

### 演習問題 4

① $\Delta G^{\ddagger} = -RT \ln 0.5 = -(8.31)(20+273)\ln 0.5 = 1690 \; [\text{J}] = 1.69 \; [\text{kJ}]$

② 平衡なので $I=0$ として与式を変形して [Red]/[Ox] 比を求めれば

$$\frac{[\text{Red}]}{[\text{Ox}]} = \exp\left\{-\frac{(1-\alpha)nF\eta}{RT} - \frac{\alpha nF\eta}{RT}\right\} = \exp\left(-\frac{nF\eta}{RT}\right)$$

両辺の自然対数をとると

$$\ln \frac{[\text{Red}]}{[\text{Ox}]} = -\frac{nF\eta}{RT}$$

$\eta = E - E_{\text{eq}}$ を考慮して変形し, $a_{\text{Red}} \fallingdotseq [\text{Red}]$, $a_{\text{Ox}} \fallingdotseq [\text{Ox}]$ と近似すると

$$E = E_{\text{eq}} - \frac{RT}{nF} \ln \frac{[\text{Red}]}{[\text{Ox}]} = E_{\text{eq}} - \frac{RT}{nF} \ln \frac{a_{\text{Red}}}{a_{\text{Ox}}}$$

③ $Q = \displaystyle\int_0^t I \, dt = nFSc\sqrt{\frac{D}{\pi}} \int_0^t t^{-\frac{1}{2}} dt = nFSc\sqrt{\frac{D}{\pi}} \left[\frac{t^{-\frac{1}{2}+1}}{-\frac{1}{2}+1}\right]_0^t$

$= 2nFSc\sqrt{\dfrac{Dt}{\pi}}$

解 答　155

④　(1) $D = \pi t \left(\dfrac{I}{nFSc}\right)^2 = \pi(0.40)\left\{\dfrac{90 \times 10^{-3}}{(1)(96500)(0.50)(0.20 \times 10^{-3})}\right\}^2$
$= 1.09 \times 10^{-4}$ [cm$^2$/s]

　　(2) $\sqrt{\dfrac{0.40}{3.0}} \times 90 = 32.9$ [mA]

⑤　$E = E_{eq} + \eta = E_{eq} + b \log I = +0.337 - 0.059 \log 80$
$= +0.225$ [V]

## 5　電極表面の過程

**問題 5-1**　$C_S = \dfrac{C_H C_G}{C_H + C_G} = \dfrac{C_H(9C_H)}{C_H + 9C_H} = \dfrac{9}{10} C_H$

**問題 5-2**　$U = \int_0^V Q\, dV = \int_0^V CV\, dV = C\left[\dfrac{V^2}{2}\right]_0^V = \dfrac{1}{2}CV^2$

**問題 5-3**　$I = nFSv \dfrac{\{\beta\varGamma \exp(\beta x)\}}{\{1 + \exp(\beta x)\}^2} = \dfrac{\dfrac{n^2F^2}{RT} S\varGamma v \exp\left\{\dfrac{nF(E-E^\circ)}{RT}\right\}}{\left[1 + \exp\left\{\dfrac{nF(E-E^\circ)}{RT}\right\}\right]^2}$

**問題 5-4**　$S = 2.0$ [cm$^2$], $R = 8.3$ [J/(K·mol)], $v = 100$ [mV/s] $= 0.100$ [V/s], $T = 298$ [K], $n = 1$ (電気化学反応から)，また M 分子 1 個が被覆する面積の逆数は 1 [cm$^2$] あたりの M 分子の被覆数になるので,

$\varGamma = \dfrac{1}{600 \times 10^{-16}} \cdot \dfrac{1}{6.0 \times 10^{23}} = 2.78 \times 10^{-11}$ [mol/cm$^2$]

$I_p = \dfrac{n^2F^2S\varGamma}{4RT}v = \dfrac{(1)^2(96500^2)(2.0)(2.78 \times 10^{-11})}{4(8.3)(298)} \cdot (0.100)$
$= 5.23 \times 10^{-6}$ [A] $= 5.23$ [μA]

**問題 5-5**　㋑　$E = E^\circ(Fe(OH)_3/Fe(OH)_2) - \dfrac{0.059}{n} \log\left(\dfrac{a_{Fe(OH)_2} a_{OH^-}}{a_{Fe(OH)_3}}\right)$
$= -0.56 - 0.059 \log a_{OH^-} = -0.56 + 0.059(14 + \log a_{H^+})$
$E = 0.27 - 0.059$pH

㋒　$E = E^\circ(Fe(OH)_2/Fe) - \dfrac{0.059}{n} \log\left(\dfrac{a_{Fe} a^2_{OH^-}}{a_{Fe(OH)_2}}\right)$
$= -0.89 - 0.059 \log a_{OH^-} = -0.89 + 0.059(14 + \log a_{H^+})$
$E = -0.064 - 0.059$pH

### 演習問題 5

①　$R = 80$ [Ω], $C = 250$ [μF] $= 250 \times 10^{-6}$ [F], $V = 0.10$ [V] で,
$t = 1$ [ms] $= 1 \times 10^{-3}$ [s] のときは
$I = \dfrac{0.10}{80} \exp\left\{-\dfrac{1 \times 10^{-3}}{(80)(250 \times 10^{-6})}\right\} = 1.2 \times 10^{-3}$ [A] $= 1.2$ [mA]
$t = 10$ [ms] $= 10 \times 10^{-3}$ [s] のときは
$I = \dfrac{0.10}{80} \exp\left\{-\dfrac{10 \times 10^{-3}}{(80)(250 \times 10^{-6})}\right\} = 7.6 \times 10^{-4}$ [A] $= 0.76$ [mA]
$t = 100$ [ms] $= 100 \times 10^{-3}$ [s] のときは

$$I = \frac{0.10}{80} \exp\left\{-\frac{100 \times 10^{-3}}{(80)(250 \times 10^{-6})}\right\} = 8.4 \times 10^{-6} \text{ [A]} = 0.0084 \text{ [mA]}$$

$t = 1000$ [ms] $= 1$ [s] のときは

$$I = \frac{0.10}{80} \exp\left\{-\frac{1}{(80)(250 \times 10^{-6})}\right\} = 2.4 \times 10^{-22} \text{ [A]}$$

（電流は 0.1 秒以降にはほぼ無視できるくらいになることがわかる）

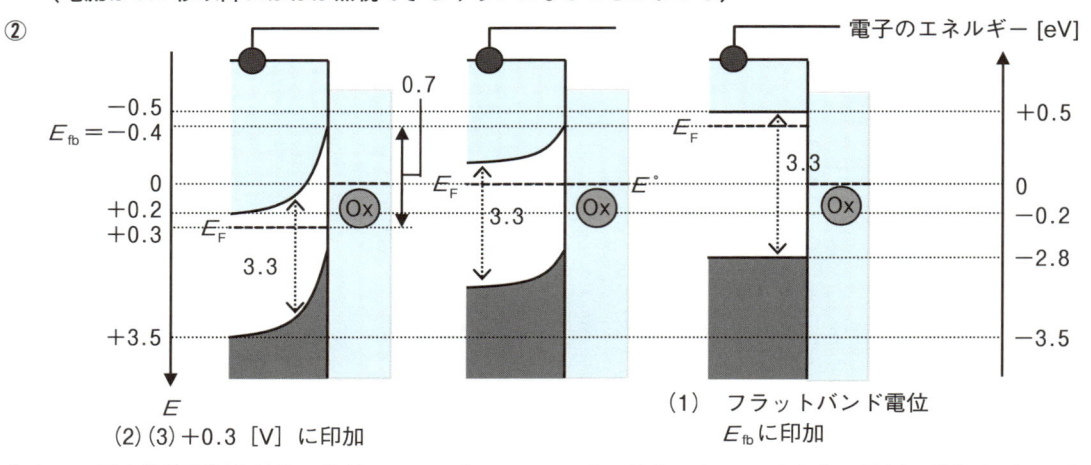

② 

中央が n 型半導体電極を溶液に接触させたときで，$E_F = E°$ の状態である。$E°$ を参照電極の基準点（$E = 0$）と考える。

(1) フラットバンド電位に印加されると（右図，$E_F = -0.4$ [V]），伝導帯-$E_F$ 間が 0.1 [eV] なので伝導帯下端は $-0.5$ [V] になる。$E$ と電子のエネルギーは逆方向なので，伝導帯下端は $+0.5$ [eV] となる。また禁制帯の幅は 3.3 [eV] なので，価電子帯上端は $-2.8$ [eV] になる。

(2) $+0.3$ [V] に印加されると（左図，$E_F = +0.3$ [V]），伝導帯と価電子帯は半導体内部から電極表面に向かって 0.7 [V] 変化することになる。

(3) $+0.3$ [V] に印加されると（左図，$E_F = +0.3$ [V]），伝導帯-$E_F$ 間が 0.1 [eV] なので伝導帯下端は $-0.2$ [eV]，価電子帯上端は $-3.5$ [eV] になる。

③ (1) 水平線について

$$E = E°(\text{Fe}^{3+}/\text{Fe}^{2+}) - \frac{0.059}{n}\log\left(\frac{a_{\text{Fe}^{2+}}}{a_{\text{Fe}^{3+}}}\right) = +0.77$$

$$E = E°(\text{Fe}^{2+}/\text{Fe}) - \frac{0.059}{n}\log\left(\frac{a_{\text{Fe}}}{a_{\text{Fe}^{2+}}}\right)$$

$$= -0.44 - \frac{0.059}{2}\log\left(\frac{1}{10^{-6}}\right) = -0.44 - \frac{0.059}{2} \cdot 6 = -0.62$$

(2) 垂線について

これらの化学平衡は溶解度積と水のイオン積によって束縛されているので，溶解度積の対数をとって関係を求めると

$\text{Fe(OH)}_2$: $\log(8.0 \times 10^{-16}) = \log(a_{\text{Fe}^{2+}} a_{\text{OH}^-}^2) = \log 10^{-6} + 2\log a_{\text{OH}^-} = -15 = -6 + 2(\text{pH} - 14) = 2\text{pH} - 34$

pH $= 9.5$

$\text{Fe(OH)}_3$: $\log(3.2 \times 10^{-38}) = \log(a_{\text{Fe}^{2+}} a_{\text{OH}^-}^3) = \log 10^{-6} + 3\log a_{\text{OH}^-} = -37.5 = -6 + 3(\text{pH} - 14) = 3\text{pH} - 48$

pH $= 3.5$

④ $E$ を $y$，$\log I$ を $x$ とすると，鉄の溶解反応の直線関係は傾きが 59 [mV] $= 0.059$ [V] で $(\log 0.12, -0.44)$ を通過することから

$y = 0.059x - 0.39$

水素発生反応の直線関係も同様にして，傾きが 120 [mV]＝－0.12 [V] で（log 0.96, 0）を通過することから

$$y = -0.12x - 0.0021$$

この 2 式の連立方程式を解くと，$x=2.2$，$y=-0.26$。

よって，$E_{corr}=-0.26$ [V]，$i_{corr}=10^{2.2}=160$ [μA/cm²]

⑤ 図から正方形内には貴金属原子が (1/4) 個×4 個＝1 個存在する。したがって貴金属原子 1 個あたりの面積は，$1\div(3\times10^{-8})^2$ [cm²]。貴金属原子 1 個上で 2 個の電子移動があるので，求める電気量は，

$$\frac{1}{(3\times10^{-8})^2}\cdot 2\cdot(1.6\times10^{-19})=3.6\times10^{-4} \text{ [C]}$$

⑥ $E=h\dfrac{u}{l}=(6.6\times10^{-34})\left(\dfrac{3.0\times10^8}{550\times10^{-9}}\right)\dfrac{1}{1.6\times10^{-19}}=2.25$

$+0.75-2.25=-1.5$ [V]

⑦ 六角形の面積は一辺が 6 [Å]（＝$6\times10^{-8}$ [cm]）の正三角形が 6 個あるとして求めればよく，六角形内には 3 個の分子があるので

$$\frac{3}{\left(\dfrac{6\times10^{-8}\times3\sqrt{3}\times10^{-8}}{2}\right)\times 6}=3.2\times10^{14} \text{ 個}$$

## 6 電池

**問題 6-1** 正極活物質が AgCl，負極の活物質が Li の場合は電池全体の質量は $108+35+7=150$ [g]＝$150\times10^{-3}$ [kg] となるから

$$2.84\times\frac{\dfrac{96500}{3600}}{150\times10^{-3}}=508 \text{ [W·h/kg]}$$

正極活物質が NiF₂，負極の活物質が Li の場合は電池全体の質量は $59+19\times2+2\times7=111$ [g]＝$111\times10^{-3}$ [kg] となるから

$$2.84\times\frac{\dfrac{2\times96500}{3600}}{111\times10^{-3}}=1372 \text{ [W·h/kg]}$$

**（エネルギー密度は同じ起電力でも電池質量に大きく影響されることがわかる）**

**問題 6-2** 反応式より負極の Cd が 1 [mol] 反応すると負極上に Cd(OH)₂ が 1 [mol] 生成するので，式量分として $(Cd(OH)_2)-(Cd)=((OH)_2)=34$ [g] の質量増加がある。また H₂O は 2 [mol] 失われるので

$$\frac{0.85}{34}\times 2\times 18=0.90 \text{ [g]}$$

**問題 6-3** 24 [A·h]＝$24\times 3600$ [A·s＝C] となるから

$$e^- \text{ [mol]}=\frac{24\times3600}{96500}, \quad O_2 \text{ [mol]}=\frac{24\times3600}{96500}\times\frac{1}{4}$$

$$\text{空気 [L]}=\frac{24\times3600}{96500}\times\frac{1}{4}\times 30.6\times\frac{1}{0.20}=34.2 \text{ [L]}$$

**問題 6-4** $\text{SiC}: \dfrac{1240}{+1.25-(-1.75)}=413$ [nm]

$\text{GaP}: \dfrac{1240}{+1.05-(-1.25)}=539$ [nm]

$\text{SnO}_2: \dfrac{1240}{+4.00-(+0.20)}=326$ [nm]

## 演習問題 6

① 全体反応は以下のようになる。

したがって電池全体の質量は 1 [mol] を考えると，$(12 \times 24 + 14 \times 4 + 1 \times 20)n + 35 \times 2n + 7 \times 2n = 448n$ [g] $= 448n \times 10^{-3}$ [kg]。したがって理論エネルギー密度は

$$3.6 \times \frac{2n \times \frac{96500}{3600}}{448 \times 10^{-3}n} = 431 \text{ [W·h/kg]}$$

② (1) 負極活物質：Cd，正極活物質：NiOOH

(2) $E_- = -0.80 - \frac{0.059}{2} \log\left(\frac{1}{[OH^-]^2}\right) = -0.80 + 0.059 \log [OH^-]$

$E_+ = +0.52 - \frac{0.059}{1} \log [OH^-] = +0.52 - 0.059 \log [OH^-]$

(3) $2NiOOH + Cd + 2H_2O \rightarrow 2Ni(OH)_2 + Cd(OH)_2$

(4) Cd が Cd(OH)$_2$ に変化するので，差し引き (OH)$_2$ の質量の増加がある。1 [mol] の Cd が反応すると (OH)$_2 = (16+1) \times 2 = 34$ [g] の質量増加がある。1 [mol] の Cd が反応すると，e$^-$ は 2 [mol] 流れるので放電で消費した電気量は

$$\frac{1.7}{34} \times 2 \times 96500 = 9.65 \times 10^3 \text{ [C]}$$

③ 重量容量密度 $= \dfrac{\dfrac{1.5}{500} \times 4 \times 24}{10 \times 10^{-3}} = 28.8$ [A·h/kg]

エネルギー密度 $= \dfrac{1.5 \times \dfrac{1.5}{500} \times 4 \times 24}{10 \times 10^{-3}} = 43.2$ [W·h/kg]

## 7 電解

**問題 7-1** $H_2(\text{mol}) = \dfrac{PV}{RT} = \dfrac{(1.01 \times 10^5)(200 \times 10^{-6})}{(8.31)(25+273)} = 0.00816$ [mol]

$e^-(\text{mol}) = 2 \times H_2(\text{mol}) = 2 \times 0.00816 = 0.0163$ [mol]

$t = \dfrac{Q}{I} = \dfrac{(0.0163)(96500)}{(800)(10^{-3})} = 1966$ [s] $\fallingdotseq 33$ [min]

**問題 7-2** 陽極と陰極における反応した e$^-$ の物質量は等しいので，O$_2$ と Cu の物質量比は O$_2$：Cu $= 1:2$ になる。よって状態方程式より，

$O_2(\text{mol}) = \dfrac{1}{2} \times Cu(\text{mol}) = \dfrac{1}{2} \times \dfrac{0.719}{64} = 0.00562$ [mol]

$V = \dfrac{nRT}{P} = \dfrac{(0.00562)(8.31)(25+273)}{1.01 \times 10^5} = 0.000138$ [m$^3$] $= 138$ [mL]

$Q$ は Cu と e$^-$ の物質量比が Cu：e$^- = 1:2$ より，$Q = 2 \times Cu(\text{mol})F$ となる。また題意より求めたい電解時間を $t_0$ [s] とすると，下式のような関係式になるから

$$Q = 2 \times \text{Cu(mol)} F = 2 \times \frac{0.719}{64} \times 96500 = 2168 \ [\text{C}]$$

$$= \int_0^{t_0} I \, dt = \int_0^{t_0} \left(1.2 - \frac{1.2-0.8}{t_0} \cdot t\right) dt = \left[1.2t - \frac{0.4}{t_0} \cdot \frac{t^2}{2}\right]_0^{t_0}$$

$$= 1.2t_0 - 0.2t_0 = t_0$$

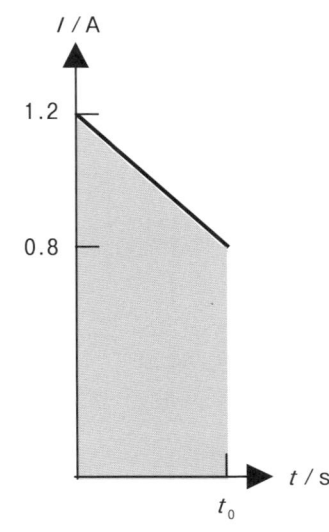

**(別解)**

$I$–$t$ 曲線の $t_0$ までの積分値は，上底が 0.8 [A]，下底が 1.2 [A]，高さが $t_0$ の台形の面積になるので

$$Q = \frac{(0.8+1.2) \times t_0}{2} = t_0$$

電解時間 = 2168 [s] ≒ 36 [min]

**問題 7-3** 電流値が 10 [kA] であるから，1 時間あたりの通電電気量は，$10[\text{kA}] = 10 \times 10^3 [\text{A} = \text{C/s}] = 10 \times 10^3 \times 60 \times 60 = 3.6 \times 10^7$ [C/h]。陽極と陰極における反応した $\text{e}^-$ の物質量は等しいので，$\text{e}^-$ と $\text{H}_2\text{O}$ の物質量比は $\text{e}^- : \text{H}_2\text{O} = 2 : 1$（陽極と陰極分）である。したがって，毎時供給しなければならない水の質量は

$$\frac{1}{2} \times \frac{3.6 \times 10^7}{96500} \times 18 = 3358 \ [\text{g}] = 3.36 \ [\text{kg}]$$

**問題 7-4** 成膜速度の単位を [cm/s] にして，電極表面積 1 [cm$^2$] を考えると，1 [s] 間に析出した Ni の体積 [cm$^3$] は

$$1 \times \frac{1 \times 10^{-4}}{60} \ [\text{cm}^3]$$

密度と原子量から 1 [s] 間に析出した Ni の物質量 [mol] は

$$1 \times \frac{1 \times 10^{-4}}{60} \times 8.9 \times \frac{1}{58.7} \ [\text{mol}]$$

1 [mol] の Ni を析出させるためには 2$F$ 必要なので電流密度は

$$1 \times \frac{1 \times 10^{-4}}{60} \times 8.9 \times \frac{1}{58.7} \times 2 \times 96500 = 0.0488 \ [\text{A/cm}^2]$$

**問題 7-5** $Q_r = \frac{2.12}{119} \times 2 \times 96500$, $Q = It = 2.0 \times 30 \times 60$, だから

$$\xi_I = \frac{\frac{2.12}{119} \times 2 \times 96500}{2.0 \times 30 \times 60} = 0.955 \ (95.5 \ [\%])$$

問題 7-6　$Q_{Red} = Q_\infty - \int_0^\infty I\,dt = Q_\infty - \int_0^t \beta_0 nFVC \exp(-\beta_0 t)dt$

$\qquad = nFVC - \beta_0 nFVC \left[\dfrac{\exp(-\beta_0 t)}{-\beta_0}\right]_0^t$

$\qquad = nFVC - \{-nFVC \exp(-\beta_0 t) + nFVC\} = nFVC \exp(-\beta_0 t)$

したがって $Q_{Red}$ と $Q_\infty$ の関係は

$$\dfrac{Q_{Red}}{Q_\infty} = \exp(-\beta_0 t)$$

Red を 99.9% 電解するためには，$Q_{Red}$ が 0.1% 分になるので

$$\dfrac{Q_{Red}}{Q_\infty} = 0.001 = \exp(-\beta_0 t) = \exp(-0.0040t)$$

$$t = -\dfrac{\ln(0.001)}{0.0040} = 1727\ [\text{s}] \fallingdotseq 29\ [\text{min}]$$

問題 7-7　$n = \dfrac{1.93 \times 10^3}{(96500)(0.0100)} = 2$

問題 7-8　$\text{Cl}_2$ の生成電流効率 $= \dfrac{\dfrac{131 \times 10^3}{71} \times 2 \times 96500}{100 \times 10^3 \times 3600} \times 100 = 98.9\ [\%]$

$\qquad$ NaOH の生成電流効率 $= \dfrac{\dfrac{142 \times 10^3}{40} \times 1 \times 96500}{100 \times 10^3 \times 3600} \times 100 = 95.2\ [\%]$

$\qquad$ $\text{H}_2$ の生成電流効率 $= \dfrac{\dfrac{3.55 \times 10^3}{2} \times 2 \times 96500}{100 \times 10^3 \times 3600} \times 100 = 95.2\ [\%]$

### 演習問題 7

① 陽極の電位を $E_a$，陰極の電位を $E_c$ とすると，各理論分解電圧は，酸性水溶液の場合は

$E_a = E° - \dfrac{0.059}{4} \log\left(\dfrac{1}{p_{\text{O}_2}[\text{H}^+]^4}\right) = 1.23 - 0.059\text{pH}$

$E_c = E° - \dfrac{0.059}{2} \log\left(\dfrac{p_{\text{H}_2}}{[\text{H}^+]^2}\right) = 0 - 0.059\text{pH}$

$V_0 = E_a - E_c = 1.23$

中性水溶液の場合，$E_a$ は酸性水溶液の場合と同じなので

$E_c = E° - \dfrac{0.059}{2} \log(p_{\text{H}_2}[\text{OH}^-]^2) = -0.83 + 0.059(14 - \text{pH})$

$V_0 = E_a - E_c = 1.23 - 0.059\text{pH} - (-0.059\text{pH}) = 1.23$

塩基性水溶液の場合，$E_c$ は中性水溶液の場合と同じなので

$E_a = E° - \dfrac{0.059}{4} \log\left(\dfrac{p_{\text{O}_2}}{[\text{OH}^-]^4}\right)$

$\quad = +0.40 - 0.059(\text{pH} - 14) - (-0.059\text{pH})$

$V_0 = E_a - E_c = 1.23 - 0.059\text{pH} - (-0.059\text{pH}) = 1.23$

② $Q = \int_0^{30 \times 60} It\,dt = 100\left[\dfrac{\exp(-0.005t)}{-0.005}\right]_0^{30 \times 60} = 2.00 \times 10^4\ [\text{C}]$

$\xi_I = \dfrac{2 \times 0.085 \times 96500}{2.00 \times 10^4} \times 100 = 82.0\ [\%]$

③ (1) $\Delta G° = -nFE°$ で $n = 12$ であるから

$$E° = -\frac{1350 \times 10^3}{(12)(96500)} = 1.17 \ [\text{V}]$$

(2) 反応式から物質量比は Al：C＝4：3 となるので，C の必要量は

$$C(\text{kg}) = \frac{3}{4} \times \frac{1}{27} \times 12 = 0.33 \ [\text{kg}]$$

(3) 反応式から 4 [mol] の Al が生成する $\Delta G°$ が 1350 [kJ] なので

$$\frac{\frac{1}{4} \times \frac{1 \times 10^3}{27} \times 1350}{13.5 \times 3600} \times 100 = 25.7 \ [\%]$$

(4) 金属霧：陰極に析出した金属が再溶解し，そのため，陰極近傍がさまざまな色調を呈し霧のように見える現象である。溶解した金属は活性なので，空気酸化を受けたり陽極で発生したガスと結合したりするので電流効率が低下してしまう。金属霧は電解槽を冷却したり，混合溶融塩を用いたりすることによって抑制することができる。

アノード効果：陽極に炭素系材料が採用されることが多いが，陽極で発生したハロゲンガスとで電極自身が反応してハロゲン化物が生成してしまう。このため陽極の表面エネルギーが低下し，電解質溶液の電極への濡れが減少する。その結果，電解電流が低下して電解が生じにくくなる。この現象をアノード効果という。

## 8 センサ

**問題 8-1** $E_M^{H^+} = \text{const.} - 0.059 \log\{10 \times 10^{-3} + (1.20 \times 10^2)(10^{-7})\} = \text{const.} + 0.118$

$E_M^{H^+, K^+} = \text{const.} - 0.059 \log\{1.0 \times 10^{-3} + (1.20 \times 10^2)(10^{-7}) + (1.50 \times 10^{-3})(1.0 \times 10^{-3})\} = \text{const.} + 0.177$

電位差＝0.177－0.118＝0.059＝59 [mV]

（[H$^+$] が低いと K$^+$ が存在してもほぼ理論どおりの 59 [mV] の電位差が発生する）

**問題 8-2** $\Delta E = \frac{RT}{4F} \ln\left(\frac{p_1}{p_2}\right) = \frac{(8.31)(800+273)}{(4)(96500)} \ln\left(\frac{1.01 \times 10^5 \times 0.21}{100}\right) = 0.124 \ [\text{V}] = 124 \ [\text{mV}]$

**問題 8-3** 比例定数を $\sigma_0$ とすると，$\sigma$ は $\sigma = \sigma_0 \exp(E_a/RT)$ と表されるので，両辺の自然対数を取ると

$$\ln \sigma = \ln \sigma_0 + \frac{E_a}{RT}$$

したがって $\sigma$ の自然対数と $T$ の逆数をプロットすれば直線関係が得られるので，その傾きから $E_a$ を求めることができる。なお，このプロットはアレーニウス・プロットと呼ばれている。

### 演習問題 8

① [Na$^+$]＝1.0 [mmol/L] に対する 10% の誤差は 0.1 [mmol/L]＝1.0×10$^{-4}$ [mol/L] にあたるので，(3)式において妨害イオンの濃度を求めると

$$[\text{Ag}^+] = \frac{1.0 \times 10^{-4}}{K_{\text{Na}^+, \text{Ag}^+}} = \frac{1.0 \times 10^{-4}}{3.12 \times 10^2} = 3.2 \times 10^{-7} \ [\text{mol/L}]$$

$$[\text{H}^+] = \frac{1.0 \times 10^{-4}}{K_{\text{Na}^+, \text{H}^+}} = \frac{1.0 \times 10^{-4}}{1.20 \times 10^2} = 8.3 \times 10^{-7} \ [\text{mol/L}]$$

$$[\text{K}^+] = \frac{1.0 \times 10^{-4}}{K_{\text{Na}^+, \text{K}^+}} = \frac{1.0 \times 10^{-4}}{1.50 \times 10^{-3}} = 0.067 \ [\text{mol/L}]$$

② (1) 膜を介した濃淡電池になっているので

$$E_M = \frac{RT}{F} \ln\left(\frac{c_s}{c_i}\right)$$

(2) 内部溶液/膜界面の電位 $E_i$ と膜/試料溶液界面の電位 $E_s$ についてネルンストの式を適用して，そ

れらの差をとると $E_M$ は

$$E_i = E° - \frac{RT}{F}\ln c_i \qquad E_S = E° - \frac{RT}{F}\ln c_s$$

$$E_M = E_s - E_i = \frac{RT}{F}\ln\left(\frac{c_i}{c_s}\right)$$

(3) 純水における $X^-$ の濃度は溶解度積の平方根になるので $E_M$ は

$$E_M = E_s - E_i = \frac{RT}{F}\ln\left(\frac{c_i}{\sqrt{K_{sp}}}\right)$$

**(この型のイオン選択性電極における測定限界は，溶解度積によって制約されている)**

③ (1) $c_s = 1.00\,[\text{mmol/L}] = 1.00 \times 10^{-3}\,[\text{mol/L}]$ および $E_M = 5.00\,[\text{mV}] = 5.00 \times 10^{-3}\,[\text{V}]$ を代入すると

$$50.0 \times 10^{-3} = 0.059 \log\left(\frac{c_i}{1.00 \times 10^{-3}}\right)$$

$c_s$ を求めたい溶液の $E_M$ は $21.0\,[\text{mV}]$ なので代入すると

$$21.0 \times 10^{-3} = 0.059 \log\left(\frac{c_i}{c_s}\right)$$

これらの2式の差をとることにより

$$50 \times 10^{-3} - 21.0 \times 10^{-3} = 0.059 \log(3 + \log c_s)$$

$c_s = 0.00310\,[\text{mol/L}] = 3.10\,[\text{mmol/L}]$

(2) $c_s = 1.00 \times 10^{-5}\,[\text{mol/L}]$ を代入すると $E_s$ は，

$$E_M = 0.059 \log\left(\frac{c_i}{1.00 \times 10^{-5}}\right)$$

(1) の最初の式との差をとることにより

$$E_M - 50.0 \times 10^{-3} = 0.059 \log\left(\frac{1.00 \times 10^{-3}}{1.00 \times 10^{-5}}\right) = 0.059 \times 2 \qquad E_M = +0.168\,[\text{V}]$$

④ $\Delta t = t - 20$, $a = 10.3$, $b = -0.0366$ を与式に代入すれば

$$V = a\Delta t + \frac{1}{2}b\Delta t^2 = 10.3(t-20) + \frac{1}{2}(-0.0336)(t-20)^2 = 10.3(t-20) - 0.0183(t-20)^2$$

上式を微分して最大値を示す $t$ を求めると

$$\frac{dV}{dt} = 10.3 - 0.0336(t-20) = 0 \quad \Longleftrightarrow \quad t = \frac{10.3}{0.0336} = 301$$

この $t$ の値を代入すると，$V = 1449\,[\mu\text{V}] = 1.45\,[\text{mV}]$ となる。また与式により $V=0$ を与える $t$ は $20℃$ と $583℃$ になるので，これらをもとにグラフを描くと下図のようになる。よって，この熱電対は $301℃$ を超えると熱起電力の温度係数の符号が逆転する。

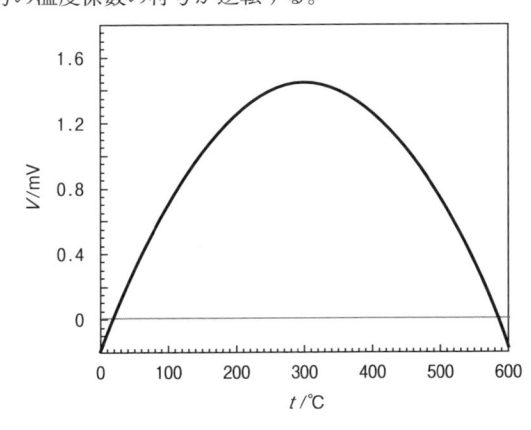

# 索　引

## あ 行

アドアトム　80
アノード効果　132
アノードスライム　129
アノードスラッジ　129
アノード　30
アノード防食法　88
アルカリ型燃料電池（AFC）　106
アルカリ乾電池　97
アルカリ誤差　136
アルカリ二次電池　99
アンダーポテンシャル析出（UPD）　80
安定化ジルコニア　145
安定度定数　42
アンペロメトリックセンサ　141

イオン化傾向　38
イオン化列　38
イオン強度　24
イオン交換膜　46，125
イオンセンサ　136
イオン選択性電極　136
イオン電極　136
イオン伝導体　30
イオンの独立移動の法則　20
一次電池　94，97
移動係数　60
移動度　15
陰極　30，116
陰性膜　46

液間電位　28，46
エネルギー効率　119
エネルギー密度　77，94
エンタルピー　48
エントロピー　48
塩橋　46

オンサーガーの極限式　24

FET（電界効果トランジスター）　139
IR降下　74
n型半導体　19，82
nチャンネル　140
SPE水電解　125

## か 行

回転円板電極ボルタンメトリー　66，69
外部回路　30
外部電位　35
化学平衡の法則　22
可逆電極電位　35
拡散係数　62
拡散層　62
拡散電流　65
拡散二重層　75
拡散分極　62
拡散方程式　65
拡散律速　65
隔膜　30
カソード　30
カソード防食法　88
活性化エネルギー　58
活性化状態　58
活物質　94
活量　24
活量係数　24
過電圧　56
価電子帯　17
ガルバニ電位差　35
ガルバノスタット　121
還元体　36
還元ピーク電位　67
還元ピーク電流　67
かん水　126
乾電池　97

基準電極　35
犠牲アノード　88
起電力　40
ギブズエネルギー　48
キャリア　15，82
キャパシタンス　75
強制通電　88
局部電池機構　87
禁制帯　17
金属霧　132

グイ・チャップマンのモデル　75
空間電荷層　82
空乏層　110，140
クラーク型酸素センサ　141
グルコースオキシダーゼ（GOD）　144
グルコースセンサ　144
クーロスタット法　69
クロノアンペロメトリー　65
クロノクーロメトリー　69，121

限界拡散電流　57
検量線　143

交換電流　56
交換電流密度　56
公称電圧　98
交流インピーダンス法　69
交流ポーラログラフィー　69
コージェネレーション（コージェネ）　107
コールラウシュの実験式　20
固体高分子型燃料電池（PEFC）　106
固体高分子電解質（SPE）　125
固体酸化物型燃料電池（SOFC）　107
固体電解質　125，145
コットレルの式　65
混成電位　89

## さ 行

サーミスタ　148
サイクリックボルタンメトリー　66
サイクリックボルタモグラム　66
サイクル寿命　77，94
酸化還元対　36
酸化体　36
酸化ピーク電位　67
酸化ピーク電流　67
参照電極　35，135

色素増感　83
色素増感太陽電池　111
式量電位　38
自己組織化単分子膜（SAM）　85
湿式太陽電池　111
湿式光電池　111
修飾電極　85
自由電子　15
重量放電密度　94
出力密度　77，94
シュテルンのモデル　75
照合電極　35
真性半導体　19
食塩電解　126

水素経済（hydrogen economy）　6
寸法安定性アノード（DSA）　126

正孔　17
静電容量　75
整流作用　83
ゼーベック効果　148
絶縁体　18
接触電位　28
接触電位差　35
セル定数　12
選択係数　137
選択定数　137

層間化合物　102
ソーダ電解　126
速度論的パラメーター　58

## た 行

ターフェル・ステップ　79
ターフェル係数　57
ターフェルの式　57
ターフェル領域　57
体積放電密度　94
太陽電池　110
対流ボルタンメトリー　66
ダニエル電池　29

定電位電解　121
定電流電解　121
デバイ-ヒュッケルの極限式　24
電圧効率　119
転移係数　60
電位走査（掃引）　66
電界効果トランジスター　139
電解合成　123
電解採取　123
電解質　30
電解精製　123, 129
電解精錬　123, 129
電解電流　54, 116
電解塗装　131
電気泳動　123
電気化学ステップ　79
電気化学反応　28
電気化学光電池　111
電気化学列　38
電気自動車（EV）　103
電気浸透　123
電気抵抗率　12
電気伝導率　12
電気二重層　74
電気二重層キャパシター（EDLC）　77
電気分解　3
電気めっき　80
電極　30
電極触媒　79
電極電位　28
電子伝導体　30
電池　3
電池図式　40
電着塗装　131
伝導帯　17
伝導電子　15
伝導度滴定　31
デンドライト　102
電熱変換　123
電場　34
電流効率　119

動作電極　35
導電率　12
ドナン膜電位　47
ドレイン電流　140

## な 行

内部電位　35
ニコルスキー-アイゼンマンの式　137
二次電池　94
ニッケルカドミウム電池　99
ニッケル-金属水素化物電池　99
ニュートラル・キャリアー膜　137

熱電効果　148
熱電対　148
熱電流　148
ネルンストの式　36
燃料電池　104

濃淡電池　44
濃度過電圧　62
濃度分極　62
ノーマルパルスボルタンメトリー　69

## は 行

場　34
バイオセンサ　144
バトラー・フォルマー式　60
反転層　140
半電池　29
半導体ガスセンサ　147
バンドギャップ　17
バンド構造　17
半波電位　67
反応熱　48

光電池　110
光腐食　111
ヒットルフ数　26
比抵抗　12
非分極性電極　135
微分パルスボルタンメトリー　69
標準酸化還元電位　35
標準水素電極（SHE）　35
標準生成ギブズエネルギー　49
標準単極電位　35
標準電極電位　35
標準レドックス電位　35
表面処理　123
表面電位　35

ピンチオフ状態　140
ファラデー電流　54, 116
ファラデーの電気分解の法則　116
ファラデーの法則　116
ファンデルワールス層　102

フィックの拡散の第一法則　62
フィックの拡散の第二法則　65
フェルミ準位　82
フォルマー・ステップ　79
腐食　87
腐食電位　87
腐食部位　87
不働態　88
部分アノード電流　54
部分カソード電流　54
プラズマ放電　123
フラットバンド電位　82
プルベーダイヤグラム　90
分極抵抗　61

平衡定数　42
平衡電極電位　35
ペルチェ効果　148
ヘルムホルツ固定層　75

妨害イオン　137
防食　88
放電容量　94
ホール　17
ホール・エル一法　128
ポテンシャルステップ法　65
ポテンショスタット　121
ポテンショメトリックセンサ　141
ポリアニリン　85
ボルタ電位差　35
ボルタンメトリー　66
ボルツマン因子　58
本多・藤嶋効果　111

p 型半導体　19, 82
pn 接合　110

## ま 行

膜電位　28, 46
マンガン乾電池　97

無限希釈モル導電率　20

メモリー効果　99

モル導電率　15

## や 行

有機電解合成　130
輸率　26

溶解度積　42
陽極　30, 116
陽性膜　46
溶融塩電解　128
溶融炭酸塩型燃料電池（MCFC）　107

## ら 行

リチウムイオン二次電池　102

理論分解電圧　119
リン酸型燃料電池（PAFC）　106

励起　17
レドックス対　36

**著者略歴**

矢野　潤（やの　じゅん）

新居浜工業高等専門学校数理科　工学博士

1987 年　広島大学大学院工学研究科博士課程終了
1987 年　山梨大学教育学部化学教室
1991 年　山口大学工学部応用化学工学科
1994 年　東亜大学工学部食品工業科学科
2004 年　新居浜工業高等専門学校数理科
2012 年　UCLA（カリフォルニア大学ロサンジェルス）客員教授
2024 年　新居浜工業高等専門学校数理科　定年退職，名誉教授

趣味・特技：バドミントン（元国体選手および監督），登山，ギター，ウクレレ

木谷　晧（きたに　あきら）

元広島大学工学部　工学博士

1969 年　広島大学工学部
1979 年　在外研究員（ミネソタ大学）
2009 年　広島大学工学部定年退職

趣味・特技：旅行，山歩き

---

これでわかる電気化学（でんきかがく）

2014 年 3 月 31 日　初版第 1 刷発行
2025 年 3 月 31 日　初版第 2 刷発行

　Ⓒ　著　者　矢　野　　　潤
　　　　　　　木　谷　　　晧
　　　発行者　秀　島　　　功
　　　印刷者　入　原　豊　治

発行所　三共出版株式会社　東京都千代田区神田神保町 3 の 2
郵便番号 101-0051　振替 00110-0-1065
電話 03-3264-5711　FAX 03-3265-5149
https://www.sankyoshuppan.co.jp

一般社団法人 日本書籍出版協会・一般社団法人 自然科学書協会・工学書協会　会員

Printed in Japan　　　　印刷・製本　太平印刷社

JCOPY〈(社)出版者著作権管理機構 委託出版物〉

本書の無断複写は著作権法上での例外を除き禁じられています。複写される場合は，そのつど事前に，(社)出版者著作権管理機構（電話 03-3513-6969，FAX 03-3513-6979，e-mail：info@jcopy.or.jp）の許諾を得て下さい。

ISBN 978-4-7827-0695-4

# 元素の周期表

| 族 周期 | 1 | 2 | 3 | 4 | 5 | 6 | 7 | 8 | 9 | 10 | 11 | 12 | 13 | 14 | 15 | 16 | 17 | 18 |
|---|---|---|---|---|---|---|---|---|---|---|---|---|---|---|---|---|---|---|
| 1 | 1 H 水素 1.00784~1.00811 | | | | | | | | | | | | | | | | | 2 He ヘリウム 4.002602 |
| 2 | 3 Li リチウム 6.938~6.997 | 4 Be ベリリウム 9.0121831 | | | | | | | | | | | 5 B ホウ素 10.806~10.821 | 6 C 炭素 12.0096~12.0116 | 7 N 窒素 14.00643~14.00728 | 8 O 酸素 15.99903~15.99977 | 9 F フッ素 18.998403162 | 10 Ne ネオン 20.1797 |
| 3 | 11 Na ナトリウム 22.98976928 | 12 Mg マグネシウム 24.304~24.307 | | | | | | | | | | | 13 Al アルミニウム 26.9815384 | 14 Si ケイ素 28.084~28.086 | 15 P リン 30.973761998 | 16 S 硫黄 32.059~32.076 | 17 Cl 塩素 35.446~35.457 | 18 Ar アルゴン 39.792~39.963 |
| 4 | 19 K カリウム 39.0983 | 20 Ca カルシウム 40.078 | 21 Sc スカンジウム 44.955907 | 22 Ti チタン 47.867 | 23 V バナジウム 50.9415 | 24 Cr クロム 51.9961 | 25 Mn マンガン 54.938043 | 26 Fe 鉄 55.845 | 27 Co コバルト 58.933194 | 28 Ni ニッケル 58.6934 | 29 Cu 銅 63.546 | 30 Zn 亜鉛 65.38 | 31 Ga ガリウム 69.723 | 32 Ge ゲルマニウム 72.630 | 33 As ヒ素 74.921595 | 34 Se セレン 78.971 | 35 Br 臭素 79.901~79.907 | 36 Kr クリプトン 83.798 |
| 5 | 37 Rb ルビジウム 85.4678 | 38 Sr ストロンチウム 87.62 | 39 Y イットリウム 88.905838 | 40 Zr ジルコニウム 91.222 | 41 Nb ニオブ 92.90637 | 42 Mo モリブデン 95.95 | 43 Tc* テクネチウム (99) | 44 Ru ルテニウム 101.07 | 45 Rh ロジウム 102.90549 | 46 Pd パラジウム 106.42 | 47 Ag 銀 107.8682 | 48 Cd カドミウム 112.414 | 49 In インジウム 114.818 | 50 Sn スズ 118.710 | 51 Sb アンチモン 121.760 | 52 Te テルル 127.60 | 53 I ヨウ素 126.90447 | 54 Xe キセノン 131.293 |
| 6 | 55 Cs セシウム 132.90545196 | 56 Ba バリウム 137.327 | 57~71 ランタノイド | 72 Hf ハフニウム 178.486 | 73 Ta タンタル 180.94788 | 74 W タングステン 183.84 | 75 Re レニウム 186.207 | 76 Os オスミウム 190.23 | 77 Ir イリジウム 192.217 | 78 Pt 白金 195.084 | 79 Au 金 196.966570 | 80 Hg 水銀 200.592 | 81 Tl タリウム 204.382~204.385 | 82 Pb 鉛 206.14~207.94 | 83 Bi* ビスマス 208.98040 | 84 Po* ポロニウム (210) | 85 At* アスタチン (210) | 86 Rn* ラドン (222) |
| 7 | 87 Fr* フランシウム (223) | 88 Ra* ラジウム (226) | 89~103 アクチノイド | 104 Rf* ラザホージウム (267) | 105 Db* ドブニウム (268) | 106 Sg* シーボーギウム (271) | 107 Bh* ボーリウム (272) | 108 Hs* ハッシウム (277) | 109 Mt* マイトネリウム (276) | 110 Ds* ダームスタチウム (281) | 111 Rg* レントゲニウム (280) | 112 Cn* コペルニシウム (285) | 113 Nh* ニホニウム (278) | 114 Fl* フレロビウム (289) | 115 Mc* モスコビウム (289) | 116 Lv* リバモリウム (293) | 117 Ts* テネシン (293) | 118 Og* オガネソン (294) |

ランタノイド: 57 La ランタン 138.90547 | 58 Ce セリウム 140.116 | 59 Pr プラセオジム 140.90766 | 60 Nd ネオジム 144.242 | 61 Pm* プロメチウム (145) | 62 Sm サマリウム 150.36 | 63 Eu ユウロピウム 151.964 | 64 Gd ガドリニウム 157.249 | 65 Tb テルビウム 158.925354 | 66 Dy ジスプロシウム 162.500 | 67 Ho ホルミウム 164.930329 | 68 Er エルビウム 167.259 | 69 Tm ツリウム 168.934219 | 70 Yb イッテルビウム 173.045 | 71 Lu ルテチウム 174.96669

アクチノイド: 89 Ac* アクチニウム (227) | 90 Th* トリウム 232.0377 | 91 Pa* プロトアクチニウム 231.03588 | 92 U* ウラン 238.02891 | 93 Np* ネプツニウム (237) | 94 Pu* プルトニウム (239) | 95 Am* アメリシウム (243) | 96 Cm* キュリウム (247) | 97 Bk* バークリウム (247) | 98 Cf* カリホルニウム (252) | 99 Es* アインスタイニウム (252) | 100 Fm* フェルミウム (257) | 101 Md* メンデレビウム (258) | 102 No* ノーベリウム (259) | 103 Lr* ローレンシウム (262)

※ 日本化学会の原子量専門委員会による原子量表(2024)および国際純正・応用化学連合(IUPAC)の同位体存在比および原子量委員会(CIAAW)による推奨原子量(2024)をもとに作成。

注1 元素記号の右に*がある元素は、安定同位体が存在しないことを示す。( )内の数値は放射性同位体の質量数の一例を示す。ただし、83Bi、90Th、91Pa、92Uについては天然で特定の同位体組成が見られるため、その原子量を示す。

注2 原子量は単一の数値または変動範囲を示す。原子量が範囲で示される元素は複数の安定同位体が存在し、その組成が天然において大きく変動するため、単一の原子量を与えられない。その他の元素の原子量は、数値の最後の桁に不確かさがある。